21世纪
果树优良新品种

赵进春 主编

中国林业出版社

图书在版编目(CIP)数据

21世纪果树优良新品种／赵进春主编.—北京：中国林业出版社，2010.1

ISBN 978-7-5038-5743-0

I. ①2… II.①赵… III.①果树－优良品种 IV.①S660.3

中国版本图书馆CIP数据核字（2009）第218902号

出版：中国林业出版社

网址：http://www.cfph.com.cn

E-mail:cfphz@public.bta.net.cn　电话：010-83227584

社址：北京市西城区德内大街刘海胡同7号　邮编：100009

发行：新华书店北京发行所

印刷：北京画中画印刷有限公司

开本：140mm×203mm

版次：2010年1月第1次

印次：2010年1月第1次

印张：8.75

字数：320千字

印数：1～6000册

定价：25.00元

《21世纪果树优良新品种》编写委员会

主　　编：赵进春

副 主 编：郝红梅　胡成志　刘佳棽

编写人员：（按姓氏笔画排序）

王　斐　米文广　刘佳棽　张红军

杜红岩　胡成志　郝红梅　赵进春

姜淑苓　翁维义　康国栋

顾　　问：汪景彦

前　言

改革开放以来，我国果树生产迅速全面发展。据《中国农业年鉴2008》统计，2007年，我国果园面积达1 047.11万hm^2，水果产量达10 520.32万t，质量也有了长足的进步。20多年前，我国果树生产迅速发展主要体现在苹果、梨、桃、葡萄等树种，近10年来，猕猴桃、草莓、核桃、板栗、树莓、蓝莓等树种也在迅速发展。经过20多年的生产，苹果等树种的一些果园到了更新的时期。果园的更新和一些新兴果树的发展，都对果树品种提出更高的要求，要求果树技术人员和果农对现有的果树新品种有较为全面的了解。

30年来，我国的果树科研也取得了很大的成就，在新品种选育方面，我国果树科研部门或生产者选育并发表了大量的新品种。这些新品种在某一个方面或综合性状优于一些果树主产地现有的主栽品种或国外引入品种。为了提高我国果品在国内国际市场的竞争力，加速推广我国选育的果树新品种，我们收集近10年来我国发表的果树新品种选育报告，编著成《21世纪果树优良新品种》一书，供广大果树育种工作者、果树技术人员、果农、果树育苗户及农业院校师生参考。

这里谨对《21世纪果树优良新品种》一书作几点说明：

1.本书共收集23个树种新品种（或品系）204个，其中，苹果16个，梨15个，桃53个，杏（含杏梅）11个，李（含杏李）13个，甜樱桃（含中国樱桃）6个，枣11个，葡萄（含酿酒葡萄）15个，猕猴桃13个（含雄性品种1个），草莓5个，石榴6个，核桃12个，板栗8个，榛子4个，柑橘2个，香蕉2个，荔枝2个，龙眼5个，越橘1个，黑穗醋栗1个，枇杷1个，杨梅1个，杨桃1个。大部分品种是我国选育的，仅有少部分品种从国外引入并经试栽适合在我国发展；绝大部分是栽培品种，个别为砧木品种；绝大部分为新品种（均经过审定或认定），极少数为经过鉴定的新品系，在文中均有清楚的说明。

2.同一树种不同品种基本上按熟期顺序排列。其中，桃先按普通桃、蟠桃、油桃和扁桃分类，每一类按熟期顺序排列；葡萄先按鲜食葡萄、酿酒葡萄分类，每一类按熟期顺序排列。

3.每个品种介绍介绍主要内容有选育经过、果实经济性状、生长结果特性、物候期、适应性等。为了便于果树育种工作者借鉴经验和生产者引种、鉴别，本书详细说明了每一品种的育种经过，多数品种特别提出了其作为新品种的突出优点。为便于读者联系，每品种均标明选育单位（按作者发表时标明的单位名及其顺序）。

4.为使读者对新品种有一个直观认识，除个别品种（品系）外，其他品种均配有彩图。

由于编著者水平有限，书中错误之处，敬请读者指出。

编著者

2009年8月于辽宁兴城

目　录

彩版1

1-1 泰山早霞苹果

1-3 秦阳苹果

1-2 云早红苹果

1-4 金蕾1号苹果

1-5 金蕾2号苹果

1-6 华金苹果

1-7 华兴苹果

1-8 华红苹果

彩版2

1-9　丰富1号苹果

1-10　B96-1苹果

1-11　苏富苹果

1-12　灵宝短富1号苹果

1-13　天富1号苹果

1-14　成纪1号苹果

1-15　华富苹果

彩版3

2-1 华酥梨
2-2 清香梨
2-3 玉绿梨
2-4 金玉梨
2-5 华金梨
2-6 早金香梨
2-7 香红蜜梨

彩版4

2-8 早香水梨

2-9 奥冠红梨

2-10 蜜露梨

2-11 中华玉梨

2-12 雪香梨

2-13 冬蜜梨

2-14 以中矮1号为中间砧的梨树

2-15 以中矮2号为中间砧的梨树

彩版5

3-1 龙山红蜜桃

3-2 历山佛桃

3-3 春明桃

3-4 春晓桃

3-5 锦春桃

3-6 华春桃

3-7 瑞红桃

3-8 霞晖5号桃

彩版6

3-9 霞脆桃

3-10 河洛红蜜桃

3-11 华葆桃

3-12 双久红桃

3-13 华玉桃

3-14 金世纪桃

3-15 金露桃

3-16 晚9号桃

3-17 晚世纪桃

彩版7

3–18 玉西红蜜桃

3–19 铁岭秋桃

3–20 金秋桃

3–21 金秋红蜜桃

3–22 双红蟠蟠桃

3–23 红蜜蟠蟠桃

3–24 瑞蟠13号蟠桃

3–25 贵妃红蟠桃

3–26 瑞蟠14号蟠桃

彩版8

3-27 瑞蟠2号蟠桃　3-28 瑞蟠5号蟠桃　3-29 丽春油桃

3-30 新春油桃　3-31 秀春油桃

3-32 超红珠油桃　3-33 早红珠油桃

3-34 丹墨油桃　3-35 早红霞油桃

彩版9

3－36　春光油桃

3－37　瑞光22号油桃

3－38　望春油桃

3－39　金春油桃

3－40　锦霞油桃

3－41　92－1油桃

3－42　红珊瑚油桃

3－43　香珊瑚油桃

3－44　瑞光19号油桃

彩版10

3-45 瑞光18号油桃

3-46 瑞光28号油桃

3-47 仙岛明珠油桃

3-48 艳霞油桃

3-49 美秋油桃

3-50 红芙蓉油桃

3-51 晚金油桃

3-52 天扁一号扁桃

3-53 晋扁2号扁桃

彩版11

4-1 沧早甜杏2号杏

4-2 沧早甜杏1号杏

4-3 鲁南早红杏

4-4 丰园红杏

4-5 甘玉杏

4-6 珍珠油杏

4-7 龙园甜杏

4-8 中仁1号仁用杏

4-9 围选1号仁用杏

彩版12

4-10　美林黄果梅

4-11　龙廷杏梅

5-1　关公李

5-2　迟花芙蓉李

5-3　紫晶李

5-4　牡丰李

5-5　红喜梅李

5-6　秋香李

彩版13

5-7　风味玫瑰杏李

5-8　味馨杏李

5-9　味帝杏李

5-10　金皇后杏李

5-11　恐龙蛋杏李

5-12　味王杏李

5-13　味厚杏李

彩版14

6–1　超早红中国樱桃

6–2　秦早甜樱桃

6–3　黑珍珠甜樱桃

6–4　砂蜜豆甜樱桃

7–1　伏脆蜜枣

7–2　北京马牙枣优系

7–3　早丰脆枣

7–4　悠悠枣

彩版15

7-5　金丝特3号枣

7-6　金铃圆枣

7-7　京枣39

7-8　宁梨巨枣

7-9　大老虎眼酸枣

7-10　脆酸枣

7-11　高维C甜酸枣

彩版16

8-1　90-1葡萄

8-2　洛浦早生葡萄

8-3　6-12葡萄

8-4　夏至红葡萄

8-5　京蜜葡萄

8-6　京翠葡萄

8-7　京香玉葡萄

彩版17

8-8 瑞都香玉葡萄

8-9 状元红葡萄

8-10 巨玫瑰葡萄

8-11 香悦葡萄

8-12 瑞锋无核葡萄

8-13 金田0608葡萄

8-14 左优红酿酒葡萄

8-15 北冰红酿酒葡萄

彩版18

9–1　金早猕猴桃

9–2　鄂猕猴桃2号

9–3　楚红猕猴桃

9–4　鄂猕猴桃3号

9–5　华优猕猴桃

9–6　鄂猕猴桃4号

9–7　金霞猕猴桃

9–8　红华猕猴桃

彩版19

9–9　金桃猕猴桃

9–10　红美猕猴桃

9–11　实美猕猴桃

9–12　金硕猕猴桃

9–13 雄性猕猴桃磨山4号

10–1　红实美草莓

10–2　星都1号草莓

10–3 枥乙女草莓

10–4　447–3草莓

彩版20

10-5　奉冠1号草莓

11-1　孟里矮红石榴

11-2　枣选-018石榴

11-3　短枝红石榴

11-4　太行红石榴

11-5　豫石榴4号

彩版21

12-1　云新云林核桃

12-2　云新高原核桃

12-3　陇南15号核桃

12-4 鲁果2号核桃

12-5　云新90306核桃

12-6　硕丰核桃

12-7 岱辉核桃

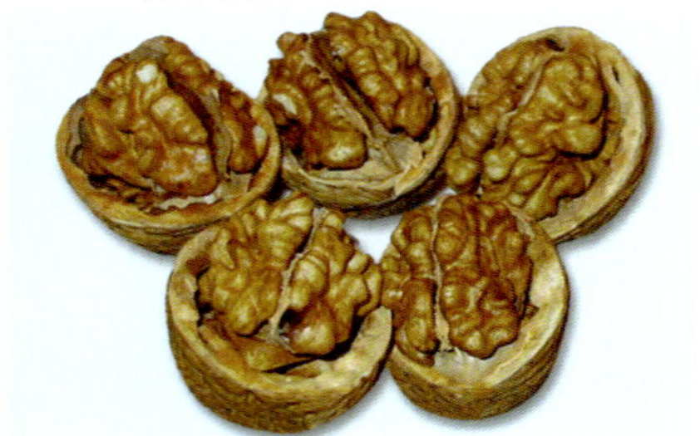

12-8　金薄香2号核桃

彩版22

12-9　鲁果4号核桃

12-10　云新90301核桃

12-11　寒丰核桃

12-12　辽宁10号核桃

13-1　节节红板栗

13-2　紫珀板栗

彩版23

13-3 莲花栗

13-4 遵玉板栗

13-5 丽抗板栗

13-6 辽栗10号板栗

14-1 辽榛3号榛子

14-2 辽榛4号榛子

14-3 辽榛2号榛子

14-4 辽榛1号榛子

彩版24

15–1　少核红橙

15–2　春橙1号

16–1　大丰1号香蕉

16–2　大丰2号香蕉

17–1　贵妃红荔枝

17–2　红绣球荔枝

18–1　桂花龙眼

彩版25

18-2　东莞三号龙眼

18-3　良庆1号龙眼

18-4　桂明一号龙眼

18-5　友谊106龙眼

19-1　蓝丰越橘

19-2　东湖早枇杷

19-3　桐子杨梅

19-4　大果甜杨桃1号

一、苹果

【泰山早霞】（见彩版1图1-1）

选育单位：山东农业大学园艺科学与工程学院 聊城市果树站

1.选育经过 山东省泰安市北上高乡白家庄村的张太岩1990年从泰安市一个苗圃购买了以苹果栽培品种种子为砧木的苹果半成苗230株，接穗品种为极早熟品种早捷和贝拉，以4m×3m的行株距定植建园。1991～1992年对接芽没有萌发的砧木苗进行改接，其中有1株砧木苗因为有花芽，为让其结果而未进行改接。该单株1994年就已坐果，童期仅3年，表现出较强的早果性，进一步对果实性状进行初步鉴定，结果表明具有果皮红色、风味酸甜适口、品质优良、成熟期极早等优点。当年张太岩把有关情况报告给山东农业大学辛培刚、陈学森教授等，辛培刚教授等对母树进行了几年的定点观察，性状基本稳定，1997年选为优良单株。2000年将该优良单株确定为优良品系，并暂定名为泰山早霞。为查明泰山早霞的亲本，2003～2007年在山东农业大学果树生物学国家重点实验室，分别从泰山早霞、藤牧1号、早捷、辽伏、美国8号、岱绿、萌、嘎拉、金帅、红将军及烟富3号等苹果品种幼叶中提取DNA进行SSR鉴定，初步鉴定结果表明，泰山早霞与藤牧1号具有较近的亲缘关系，但这有待进一步鉴定核实。

2.果实经济性状 果实宽圆锥形，纵径6.0～6.5cm，横径

6.5～7.5cm，果形指数0.93，高桩端正。平均单果重138.6g，最大单果重216.0g。果皮底色淡黄色，果面着均匀鲜红色条纹，着色好的苹果整个果面为鲜红色，果面光洁，极美观；萼洼浅，梗洼较深。果肉白色，肉质细嫩，酸甜适口，风味浓。可溶性糖含量12.77%，可滴定酸含量0.6%。

3.生长结果特性 幼树长势较旺，成龄树树势中庸，萌芽率高，成枝力较强。具有腋花芽结果能力，表现出较强的早果性和丰产性，一般3年生树开始结果，4～5年生丰产，7年生树每667m^2产量2 131.2kg。

4.物候期 在山东省泰安地区，泰山早霞4月中旬开花，果实6月25日前后成熟上市，果实发育期70～75天，果实成熟期比极早熟品种贝拉、早捷晚2～3天，但比早熟品种萌、藤牧1号早10～15天。

5.适应性 泰山早霞适应性良好，特别适宜在早春气温回升较快的鲁中、鲁西南、河南以及陕西、山西等省、地区发展，以充分发挥泰山早霞果实成熟早的特点。果实基本无病虫害。

【云早红】（见彩版1图1-2）

选育单位：云南省农业科学院园艺作物研究所

1.选育经过 云早红（原代号T6-1-12）母本为富丽，父本为元帅，1980年杂交，1992年选为优良单株，1996年通过云南省有关专家鉴定，2001年正式定名。

2.果实经济性状 云早红果实短圆锥形，果实大，平均单果重250g；果面平滑，有光泽，果皮底色浅绿，果面3/4着鲜红色宽断条纹。果粉薄，果点小、稀、浅褐绿色，不明显；果梗粗、短，平均长1.5cm，肉质化；梗洼广、深，萼洼中广、中深；萼片中大，直立或半开张。果皮较薄，果心中大，果心线抱合，心室闭合，萼筒呈漏斗形；种子软小，黄褐色，平均每果5～7粒。果肉浅绿白色，肉质酥脆，汁液多，微芳香，酸甜可口，品质上等。可溶性固形物含量11.8%～13.0%，在室温下可贮藏20天左右。

3.生长结果习性　云早红树体强健，新梢生长中庸，生长停止较早。5年生树干周15.4cm，树高2.32m，枝展1.83m×1.94m。1年生枝平均长39.30cm、粗0.68cm，平均节间长2.2cm。成枝力弱，剪口下萌发长枝1～2个；剪后当年萌芽率只有9.4%，2年后萌芽率增为64.4%，均形成短枝，极易形成花芽。以短果枝结果为主，短果枝约占94.8%，中果枝只有5.2%，花序坐果率97.1%，果台副梢有连续结果能力。适宜授粉品种有云短枝、云早、嘎拉、Elite、新世界等，自然授粉率86.42%。嫁接苗定植后第2年，有14.5%的植株开花结果，第3年有87.2%的植株开花结果，5年生树平均产量1 983kg/667m^2，丰产。

4.物候期　云早红在昆明海拔1 900m的地区，2月下旬花芽膨大，3月中旬初花，果实7月上旬成熟，果实发育期约110天，11月中、下旬开始落叶，年营养生长期约280天。

【秦阳】（见彩版1图1-3）

选育单位：西北农林科技大学园艺学院果树研究所

1.选育经过　秦阳（原代号12–9–53）是皇家嘎拉自然杂交。1989年采集皇家嘎拉自然杂交种子，1990年播种，1998年初为优良单株，随后被选为优系。2005年5月通过陕西省果树品种审定委员会审定，并命名为秦阳。

2.果实经济性状　果实近圆形，果形指数0.86，果形端正。平均单果重198g，最大单果重245g。果皮底色黄绿色，果面着红色条纹，充分成熟时全面呈鲜红色，色泽艳丽。果面光洁无锈，果粉薄，蜡质厚，有光泽；果点中大，中多，白色。果肉黄白色，肉质细脆，汁液中多，风味甜，有香气。可溶性固形物含量12.18%，总糖含量11.22%，可滴定酸含量0.38%，维生素C含量72.6μg/g，果肉硬度8.32kg/cm^2。果实在室温条件下贮藏10天，硬度为6.45kg/cm^2，硬度比采收时降低22.5%。

3.生长结果特性　秦阳树势中庸偏旺，高接3年生树外围1年生枝长47.00cm、粗0.54cm，节间长2.04cm。萌芽率高，2年生枝萌芽率为

87.5%，成枝力3.8。苗木定植后第3年开始结果，高接树在高接的第2年开始结果，初结果树以长果枝结果为主，成龄树以短果枝结果为主，长、中、短果枝比例分别为24.8%、19.4%、55.8%，腋花芽也可结果。花序自然坐果率93.33%，花朵自然坐果率76.67%。果实成熟期不一致，无采前落果现象。在陕西省富平县、杨凌区、眉县，秦阳高接树在高接后每667m^2平均产量第3年为1 429.3kg、第4年为1 884.8kg。

4.物候期 在陕西渭北南部地区，秦阳苹果3月中下旬萌芽，4月上旬开花，7月中下旬果实成熟，果实生育期103天，11月中下旬落叶。

5.适应性及抗逆性 秦阳苹果适应性广，在陕西渭北及同类生态区栽培，具有果实成熟期早、易结果、果皮色泽艳丽、品质优等特点。较抗苹果白粉病、苹果早期落叶病和金纹细蛾，易受食心虫类害虫为害。

6.评价 果个大小整齐、外观好、品质优、结果早、丰产，综合性状优良。

【金蕾1号】（见彩版I图1-4）

选育单位：中国农业大学农学与生物技术学院

1.选育经过 金蕾1号（原代号90202）和金蕾2号（原代号81301）是中国农业大学农学与生物技术学院从金冠×舞乐杂交后代中选育出的芭蕾苹果早熟新品种。1995年人工杂交，2001年起，杂交实生单株陆续开始结果，通过鉴定，从中初选出2个优良单株90202和81301。这2个优良品系表现出树体柱型、结果早、果实大、品质中上、果实早熟、丰产，决选为新品种。2006年9月通过教育部组织的成果鉴定。

2.果实经济性状 金蕾1号果实短圆锥形，果形指数0.80，果形端正。果个中等大小，平均单果重180.0g。果皮浅绿色，光洁，无果锈，果粉薄；果点小，中多。果皮薄，果心中等大小，果肉白绿色，肉质细、脆，汁液多，风味浓，品质优。可溶性固形物含量12.5%，可滴定酸含量0.29%，果肉硬度11.5～12.5kg/cm^2。果实采后即可食用，室温（25℃）贮藏7天后，鲜食品质更佳。

3.生长结果习性　金蕾1号树体为矮化柱型，生长势中庸，多抽生短枝。1年生枝节间极短，平均节间长度<1.67cm，新梢基部粗度为0.67cm。萌芽率高，2年生枝萌芽率为92.2%，成枝力3.6。主干上直接着生结果枝组，苗木定植后第3年开始结果，高接树在高接后的第2年开始结果。以短果枝、顶花芽结果，幼树具有一定的腋花芽结果能力。花序坐果率80.0%以上，花朵坐果率70.0%以上。果实成熟期基本一致，无采前落果现象。

4.物候期　在北京地区，金蕾1号3月下旬花芽膨大，4月上旬萌芽，4月上中旬开花，果实7月中下旬至8月上旬成熟，果实发育期110天左右，11月中、下旬开始落叶，年营养生长期约280天。

5.适应性及抗逆性　通过田间观察，金蕾1号对苹果白粉病、苹果早期落叶病等病害的抗性比亲本品种强，金纹细蛾、食心虫类害虫很少发生。

6.评价　金蕾1号具有树体矮化柱型、适于密植、果实早熟、丰产、优质等特点，可以在适宜苹果栽培的区域栽培。

【金蕾2号】（见彩版1图1-5）

选育单位：中国农业大学农学与生物技术学院

1.选育经过　见金蕾1号。

2.果实经济性状　金蕾2号果实长圆锥形，果形指数为0.85，果形端正。果个中等大小，平均单果重180.0g。果皮绿色，光滑，无锈，贮藏后皮色微黄，果点小。果皮薄，果肉细、脆，汁液多，风味浓。可溶性固形物含量13.0%，可滴定酸含量0.3%，果肉硬度11.5~12.5kg/cm^2。果实采后即可食用，室温（25℃）贮藏7天后，鲜食品质更佳。

3.生长结果特性　金蕾2号树体均为矮化柱型，生长势中庸，多抽生短枝。1年生枝节间极短，平均节间长度<1.67cm，新梢基部粗度为

0.67cm。萌芽率高，2年生枝萌芽率为92.2%，成枝力3.6。主干上直接着生结果枝组，苗木定植后第3年开始结果，高接树在高接后的第2年开始结果。以短果枝、顶花芽结果，幼树具有一定的腋花芽结果能力。花序坐果率80.0%以上，花朵坐果率70.0%以上。果实成熟期基本一致，无采前落果现象。

4.物候期　在北京地区，金蕾2号3月下旬花芽膨大，4月上旬萌芽，4月上中旬开花，果实7月中下旬至8月上旬成熟，果实发育期110天左右，11月中、下旬开始落叶，年营养生长期约280天。

5.适应性及抗逆性　通过田间观察，金蕾1号对苹果白粉病、苹果早期落叶病等病害的抗性比亲本品种强，金纹细蛾、食心虫类害虫很少发生。

6.评价　金蕾2号具有树体矮化柱型、适于密植、果实早熟、丰产、优质等特点，可以在适宜苹果栽培的生态区域栽培。

【华金】（见彩版1图1-6）

选育单位：中国农业科学院果树研究所

1.选育经过　华金亲本为金矮生×好矮生，1980年进行杂交，1981年4月21日田间播种，该组实生苗于1985年始果，1986年编号为80-75-51，植株开始结果早，且果大、外观好、品质佳，连续观察3年均表现良好，于1988年选为初选单系，1989年进行高接和少量育苗，1991年选为复选优系并进行区域试栽，据多个试栽点调查，均表现生长结果良好，1993年暂定名为“华金”。2003年9月通过辽宁省种子管理局组织的专家鉴定，2004年4月26日获得苹果新品种登记。

2.果实经济性状　果个大，平均单果重250g，最大可达450g；纵径7.2cm，横径8.3cm，呈阔圆锥形；果实色泽淡绿黄色，阳面微有红晕，果面光滑无锈，果点小、中多，有白色晕圈，果粉少，蜡质较厚，果梗较长，平均长2.50cm、粗0.24cm，梗洼中深、中广，无锈；萼片较小而直立，萼洼浅而中广，有肋状突起，果实外观美；果心中大，中位偏近萼端；种子较大且饱满，圆锥形；果皮较厚；果肉乳白色，肉质细而松脆；汁液多；风味甜酸适口，有香气，品质上等；可溶性固形物含量14.4%，可溶性糖含量12.23%，可滴定酸含量0.35%，果实硬度8.1kg/cm^2，维生素C含量54.95μg/g。

3.生长结果特性 华金枝条粗壮，节间较短，短枝系数高；幼树树势强健，大树较中庸，10年生树高2.6m，冠幅3.1m×2.9m，干周29cm，新梢平均长为62.1cm，粗度为0.9cm，节间平均长2.1cm，萌芽率74.1%；成枝力较强，一般剪口下可萌发出2～3个长枝。始果期早，一般定植后3～4年即可结果，表现早期丰产，我所复选圃内5年生树平均株产21.0kg，6年生树平均株产35.4kg，7年生树平均株产47.6kg，成龄后一般稳定在每667m^{2}产2 500kg左右。幼树以中、短果枝结果为主，腋花芽结果能力较强，10年生树中果枝结果占10%，短果枝占50%，腋花芽占40%，花序坐果率为88.3%，花朵坐果率为45.7%，果台平均坐果1.5个，果台副梢连续结果能力较强，连续结果能力72%。果枝寿命较长，采前落果轻，丰产稳产性强。

4.物候期 在辽西地区4月上中旬萌芽，4月下旬至5月上旬开花，9月下旬果实成熟，11月上中旬落叶，果实发育期140天左右，营养生长期约210天。

5.适应性 华金适应性广。在辽宁、吉林、河南、山西、甘肃、内蒙古等12个省（自治区）56个试栽点上均表现生长与结果良好。

【华兴】（见彩版Ⅰ图1-7）

选育单位：中国农业科学院果树研究所

1.选育经过 1976年利用金冠为母本、惠为父本进行杂交，1977年播种，1979年定植，1987年开始结果，1989年选为初选优系，1992年选为复选优系，于1993年暂定名为“华兴”，2008年3月通过辽宁省非主要农作物品种备案办公室备案。

2.果实经济性状 果实长圆形或圆锥形，平均纵径7.64cm，平均横径8.07cm；果个大，平均单果重236g，最大者可达400g；果皮底色黄绿，被红色彩霞或全面鲜红色及浓红条纹；果面光洁，果粉较少，果点稀而小，外观极美；果柄细长（长3.30cm、粗0.19cm）；萼片闭合，中大，直立；萼洼中浅，广狭度中等；萼筒中大，中深；果心较小，中位；心室5个，较小，半开；种子卵圆形，大而饱满，平均每果8.2粒；果肉淡黄色，肉质细脆，汁液多，味酸甜适口，有浓郁香气；可溶性固形物14.0%，可溶性糖10.1%，果实硬度8.1kg/cm^2，可滴定酸含量0 5%，品质上等；果实较耐贮藏，普通果窖可贮藏3个月以上，肉质、风味保持良好。

3.生长结具特性 幼树长势较强健，结果后转中庸；5年生树高2.7m，冠幅1.9m×1.8m；新梢平均长50cm左右，平均节间长2.3cm、粗0.6cm；萌芽率高，平均为73.4%，成枝力中等，剪口下可萌发2～4个长枝。初结果期以短、中果枝结果为主；健壮的1年生新梢上部一般均可形成结实力较强的腋花芽。幼树期长、中、短果枝和腋花芽的比例为19.1∶27.1∶43.6∶10.2；盛果期树长、中、短果枝和腋花芽的比例为17.7∶20.6∶55.9∶5.9。花序坐果率83.9%，花朵坐果率51.0%，平均每花序坐果2.9个；果台副梢具有连续结果能力。

4.物候期 在辽宁兴城4月上中旬萌芽，5月上旬开花，9月下旬果实成熟，11月上中旬落叶，果实发育期140天左右，营养生长期210天。

5.抗性及适应性 华兴果实抗果实轮纹病能力强于金冠，为抗病品种；抗斑点落叶病能力同金冠，明显强于新红星，为中抗至抗病；抗寒性与金冠相当，强于新嘎拉，具有较强的抗寒性；抗枝干轮纹病能力明显强于乔纳金、新红星，对枝干轮纹病亦具有较强的抗性。

适应性较广，目前在我国辽宁、吉林、河南、安徽、山西、甘肃、云南、内蒙古等8省（自治区）20余个试栽点均表现生长与结果良好。

【华红】（见彩版1图1-8）

选育单位：中国农业科学院果树研究所

1.选育经过 华红是以金冠为母本，惠为父本杂交育成的中晚熟、耐贮、大果、红色苹果新品种。1976年杂交，1977年播种，1979年定植，1983年开始结果，1985年选为初选优系，1988年选为复选优系，1995年底通过专家验收，1998年10月通过辽宁省农作物品种审定委员会审定并命名。

2.果实经济性状 果实长圆形、高桩，平均单果重245g。果梗长，梗洼深，萼洼深而中广，果面光洁，蜡质多，果粉少，果点小而疏，果实底色黄绿，着鲜红色彩霞或全面鲜红色，有放射状梗锈，重的年份个别果长达肩部，外观颇美丽。果皮较厚，果心中大。果肉淡黄色，肉质细脆，汁液多，含可溶性固形物15.1%～16.5%，可溶性糖11.29%，可滴定酸0.48%，风味浓郁，有香气．品质上等。最佳食用期10月下旬至翌年3月下旬，为优良的鲜食和加工兼用品种。

3.生长结果习性 华红生长势较中庸，萌芽率68.2%，成枝力强。始果期较早，乔化苗木定植4年左右即可结果，5年生树每667m^2产量为726.0kg，丰产性强。短果枝48%，中果枝40%，长果枝12%。自花不结实，授粉树品种可选用金冠、元帅系、富士系等同花期品种。华红花序坐果率82.0%，花朵坐果率34.6%，平均每果台坐果2.0个，果台有连续结果能力；采前无落果，丰产、稳产。

4.物候期 在辽宁兴城地区，3月底或4月初萌芽，5月上中旬开花，8月中下旬果实开始着色，一般在9月下旬到10月上旬成熟。

5.适应性 与富士、乔纳金、新红星等品种相比，华红苹果抗寒性比较强。具有较强的抗旱能力和抗病能力，叶片基本不发生褐斑病或发病较轻；枝干光滑，抗枝干轮纹病。易栽培，适应性强，在辽宁、山东、河北、陕西、山西、甘肃、河南等20多个省（自治区、直辖市）栽植，均表现生长结果良好。

【丰富1号】（见彩版2图1-9）

选育单位：江苏省丰县农林局

1.选种经过 江苏省丰县果树实用技术研究所在该县华山镇谢集村孙庄史为友1987年建成的富士苹果园发现。1997年华山镇林果站申报为优良芽变单株，编号为“丰红-1”，2001年通过江苏省农作物品种审定委员会品种审定并命名。

2.果实经济性状 果实长圆形，果形指数0.87，平均单果重270g，最大单果重390g。果实底色黄白色，开始着色早，果实8月中旬开始着红色，呈红晕，色泽艳丽，郁闭树冠内膛果着色欠佳，果面光洁，果点小且色淡。果肉黄白色，肉质细、脆，汁液多，有香气，风味比原品种浓。可溶性固形物含量14.8%，可滴定酸含量0.34%，果实硬度9.9kg/cm^2。果实比富士耐贮藏。

3.生长结果习性 丰富1号生长势中庸，萌芽率、成枝力、1年生枝平均节间长与富士相近。丰富1号生长结果习性与富士十分相似。开始结果早，长、中、短果枝和腋花芽所占的比例也与富士相近。有采前落果现象，较丰产。

4.物候期 在江苏省丰县，丰富1号3月中旬萌芽，4月上中旬开花，6月初新梢停止生长，8月中旬果实开始着色，着色期明显早于富士，10月初成熟，果实成熟期比原品种提早20～30天，11月中下旬落叶。

5.抗逆性 丰富1号对缺钙比较敏感，容易发生缺钙引起的生理性病害。

【B96-1】（见彩版2图1-10）

选育单位：中国农业科学院果树研究所

1.选育经过 以苹果品种金冠作母本、以富士花药培养纯系富85-1为父本，1996年杂交，2002年杂交实生单株开始结果。经过连续3年对杂交单株生物学特性、果实经济性状、物候期、抗逆性等进行系统的调查，认定杂交单株B96-1为黄色苹果创新种质。

2.果实经济性状 果实圆柱形，果形指数0.92，平均单果重200.0g；果皮黄绿色，贮藏后黄色，阳面带红晕，平滑光洁，无果锈。种子百粒重6.49g，平均每个苹果有种子10粒，黄褐色。果肉黄白色，肉质松脆、中细，汁液多，风味酸甜适度，品质上等。可溶性固形物含量14.6%，果肉硬度7.03kg/cm^2。果实耐贮藏，在冷藏条件下贮至翌年

3、4月仍保持松脆口感，果实贮后不皱皮。B96–1果实品质超过对照品种金冠。

3.生长结果特性 生长势中强，定植6年生树（按实生苗管理，未进行整形修剪）树高5.0m，冠幅3.0m×3.0m，1年生枝平均长95.20cm、粗1.08cm，节间长2.16cm，萌芽率79.9%，成枝力强，平均成枝5.6条。B96–1花朵坐果率84.4%。8年生母树株产30.75kg，B96–1高接在4～5年生山定子上，第2年株产12.45kg；高接在10年生国光树上，第2年株产38.1kg。幼树定植第2年可见花见果。

4.物候期 在辽宁兴城，B96–1果实9月末至10月初成熟，果实发育期150天左右，为中晚熟品种。

5.抗逆性 经鉴定研究，B96–1抗寒性比父本品种富85–1强，接近于母本品种金冠，B96–1高抗苹果果实轮纹病、高抗苹果早期落叶病。

【苏富】（见彩版2图1-11）

选育单位：江苏省徐州市果树研究所　丰县种子公司

1.选育经过 2000年春季，江苏省丰县棉花原种场职工许正玉从丰县宋楼镇林果站张新建果园购得苹果品种弘前富士接穗1根，将接穗高接在常店镇郭集村1株金冠树上，共高接11个头。观察发现嫁接在中央领导干中部1个侧枝上的接芽所萌生的枝条长势特别旺盛，其年生长量远远超过高接在主干顶部枝条，而且该枝条着生的叶片大且厚，叶色浓绿，枝条粗壮，节间较短，高接当年形成了1个腋花芽。该花芽2001年开花后花冠直径2.56cm，明显比弘前富士大；果实成熟期与弘前富士基本一致，但果实个大，果形端正，果实鲜红色，果肉致密、酥脆，品质上等。经过8年扩繁观察，确认芽变性状遗传稳定，是一个综合性状优良的苹果新品种。2007年9月通过江苏省农林厅品种鉴定。

2.果实经济性状 果实近圆形，纵径9.0cm，横径7.7cm，平均单果重326.0g，最大单果重489.0g。果实底色黄绿色，全面着片状鲜红色，色泽艳丽。果面光洁，略有五棱突起，蜡质多、较厚，果粉多；果点略大，稀疏，略突，淡黄色，明显。果柄粗、中长，梗洼浅、中大，梗洼处略有条锈；萼片宿存、闭合，萼洼浅、中大。果皮较厚，韧度大，易运输。果肉白色，肉质致密、细脆，汁液多，有香味，风味甜酸适口，品质好。果心小。可溶性固形物含量比原品种弘前富士稍高，为14.8%，可溶性糖含量9.48%，可滴定酸含量0.31%，维生素C含量43.5μg/g。9月20日测定果实去皮硬度9.8kg/cm^2，比弘前富士稍硬，耐贮性好，在室温条件下可贮藏2个月。

3.生长结果特性 生长势强，树势强健，4年生树树高3.4m，冠幅4.0m×3.5m，干周29.0cm，1年生枝平均长67.00cm、粗0.72cm，枝条粗壮，1年生枝平均节间长2.13cm，萌芽率71.0%，成枝力强。苏富以短果枝结果为主，腋花芽占17%。高接树在高接后第2年即可结果，自花结果率3.7%，果台连续结果率68.0%，花朵坐果率36.0%，花序坐果率80.0%，采前落果率仅1.6%，丰产性强，4年生树产量是红富士苹果产量的1.65倍，大小年不明显。

4.物候期 在江苏丰县，苏富萌芽期3月20日，初花期4月9日，盛花期4月12日，终花期4月18日。新梢第1次停长期6月10日，果实8月18日开始着色，9月上旬成熟，果实发育期150天，最适鲜食期为9月20日至10月20日，为优质中晚熟品种。落叶期12月8日，年营养生长期260天。

5.抗性 在江苏丰县气候条件下，苏富冬季无抽条现象，花期无霜冻现象发生，抗干旱、湿涝，对盐碱有较强的抗性，在丰县pH值8.0～8.3土壤上生长发育良好，苹果早期落叶病、苹果轮纹病轻。

【灵宝短富1号】（见彩版2图1-12）

选育单位：河南省灵宝市园艺局

1.选育经过 灵宝短富1号为红富士短枝型芽变类型，选自灵宝市焦村镇罗家村李文斌苹果园，该苹果园1990年建园，主栽苹果品种为红富士。1995年果农初选上报，1996年鉴定确认。2003年通过河南省林木良种审定委员会审定，正式命名为灵宝短富1号，已在灵宝市推广。

2.果实经济性状 果实圆形，纵径7.4cm，横径8.5cm，果形指数0.86。平均单果重307g，底色淡黄色，着鲜红或暗红条纹，果点圆形，较稀疏。果皮薄，果肉黄白色，肉质致密，细脆，汁液多，味甜，酸味少，稍有香气，品质极佳。可溶性固形物含量15.8%。在常温条件下，果实可贮藏120天左右，贮藏后芳香味浓，果肉硬脆。

3.生长结果习性 灵宝短富1号14年生母树树高、冠径、冠高、树冠体积、干高均比红富士矮小。灵宝短富1号节间长（春梢平均长度/春梢总节数）、短枝系数〔（5cm以下短枝数+叶丛枝数）/总枝数〕、1年生枝长、萌芽率分别为1.13cm、0.72、34.0cm、86.5%。长果枝占18%，中果枝占34%，短果枝占48%，花序坐果率73.8%，每个果台自然坐果4.5个，果枝连续结果4～5年。灵宝短富1号苗木定植后第2年结果，第3年株产3kg左右，12～15年生树平均株产分别为45、50、40、65kg。

4.物候期 在灵宝地区，灵宝短富1号3月下旬萌芽，4月上旬始花，4月中旬终花，果实10月中下旬成熟，11月下旬落叶。

5.评价 灵宝短富1号枝条粗壮，节间短，树冠矮小，萌芽率高，成枝力弱，品质优于红富士，抗病虫能力和抗逆性与红富士基本相同，是一个比较理想的短枝型优良芽变品种。

【天富1号】（见彩版2图1-13）

选育单位：甘肃省天水市果树研究所

1.选育经过 甘肃省天水市果树研究所于1996年春通过日本果树专家末永武雄先生从日本引进苹果品种福岛富士接穗20条、苗木2株。繁育的苗木和引进2株成苗于1997年3月上旬定植于天水市果树研究所中日友好果园。1998年开始结果，1999年经过鉴定选出代号为96-2-6新品系。该新品系性状与原品种存在较大的差异，其果实色相为片红色，原品种福岛富士色相为条红，前者树姿半开张，后者树姿直立，暂定名为天富1号。2001年通过甘肃省科技厅组织的专家鉴定验收，2007年通过甘肃省林木良种审定委员会审定，正式命名为天富1号。

2.果实经济性状 果实近圆形或短圆锥形，平均横径11.89cm、纵径10.20cm，果形指数0.86。果实较整齐，平均单果重444.5g，最大单果重553.5g。果皮底色为黄绿色，全面着鲜红色，萼洼、梗洼全着鲜红色，色相为片红，着色度100%，全红果率90%以上；原品种福岛富士色相为条红，着色度仅仅60%～70%。果面光滑，细腻，外观好，无果锈，有蜡质，具有光泽，果点中大而少、白色圆点状；原品种福岛富士果点大，果面粗糙。果肉乳白色，肉质细、脆、致密，汁液多，风味酸甜适口，品质上等。可溶性固形物含量15.0%，可滴定酸含量0.59%，在半地下式土窑洞中贮藏至翌年4月中、下旬风味品质不变。

3.生长结果习性 天富1号树势强健，3年生树树高3.73m，冠幅3.13m×2.73m，平均干周22.63cm，干高43.96cm，2年生枝萌芽率82.57%，成枝3～4个。苗木栽后2年开花结果，初结果期树以长果枝结果为主，主枝延长枝多数形成腋花芽。盛果期树以短果枝和腋花芽结果为主，长、中、短果枝和腋花芽分别占14.49%、10.89%、21.38%、53.25%，花序坐果率89.5%，花朵坐果率34.6%，果台平均坐果1.74个。3年生树平均株产4.0kg，4年生树平均株产23.3kg，最高株产32.6kg；原品种福岛富士不易成花，苗木栽后3～4年开始结果，4年生树平均株产14.9kg。

4.物候期 在甘肃天水市秦州区皂郊镇，天富1号3月12日花芽萌动，4月12日初花，4月16日盛花，4月20日终花，4月21日展叶，6月18日新梢停止生长，果实6月末至7月初开始着色，10月中旬果实成熟，11月上旬至中旬落叶。

5.适应性及抗逆性 适应西北地区干旱气候、较瘠薄的土壤，在沙壤土生长表现良好。未发现患苹果白粉病等病害，可在西北地区山、川地栽植。

【成纪1号】（见彩版2图1-14）

选育单位：甘肃省静宁县园艺站

1.选育经过 1995年，在甘肃省静宁县李店镇刘晋村1个苹果园中发现1株9年生长富2号树的1个主枝枝条健壮、紧凑，其上所结的20余个苹果，果个大、高桩、果形端正、果实色泽为玫瑰红色，将该枝条初选为优良短枝型变异。当年冬季对该枝条进行细致修剪，并将剪取的枝条于翌年3月下旬高接在金冠、新红星、富士树上，高接树1998年结果，其变异性状稳定。2006年11月通过甘肃省林木品种审定委员会审定。

2.果实经济性状 果实圆形，果形指数0.88～0.91；果个大，平均单果重245.0g。果实鲜红色，色相为片红。果点小，果柄短。果皮厚。果心较小，每个果实有种子7～9粒。果肉白色，肉质致密、脆，果实硬度大，汁液多，品质好。可溶性固形物含量15.8%～16.2%。极耐贮藏，简易贮藏条件下可贮藏120天。

3.生长结果特性 成纪1号生长势中庸，新梢年生长量较小，新梢较短，其新梢长度比原品种长富2号短10.0～12.0cm，仅为原品种长富2号的65.71%～71.43%。成纪1号新梢节间长度也比原品种长富2号短，其节间长比长富2号短0.7～1.0cm。萌芽率高，成枝力弱，这2个特性与对照品种长富2号相反。成纪1号8～10年生树3年年平均每667m^2产量为2 194kg，3年年平均每667m^2收入为8 282.4元。

4.物候期 在甘肃省静宁县李店镇刘晋村，成纪1号4月中旬萌芽，4月下旬开花，其萌芽期、始花期比长富2号早3～5天，8月下旬果实开始着色，开始着色比长富2号早7～10天，10月中旬果实成熟，与长富2号同期成熟。

5.抗病性 据调查，成纪1号对苹果白粉病、苹果斑点落叶病的抗性比长富2号强。成纪1号苹果水心病病果率为1.0%～2.0%，长富2号苹果水心病病果率6.0%以上。

6.适宜栽培地区 成纪1号适宜在年均气温7.5℃以上、海拔1 300～1 600m、有灌水条件的地区栽培。根据试栽结果，在年降水量少于500mm且无灌溉条件的干旱山区栽培，结果后树势易衰弱，果个变小，在这些干旱山区栽培需要采取地面铺沙、覆草、覆膜等保墒增肥技术。

【华富】（见彩版2图1-15）

选育单位：中国农业科学院果树研究所

1.选育经过 华富是从富士花药培养植株中选出。1985年培养富士花药，1993年花药培养植株开花结果，选为优良单株。2003年通过辽宁省农作物品种审定委员会审定，并命名为华富。

2.果实经济性状 果实近圆形，平均单果重236.5g，果实底色为淡黄色，着条纹状红色，果面平滑光洁。果梗长，平均长3.15cm；梗洼和萼洼深。果皮较厚，果心小，果肉黄色，肉质硬脆、中细，汁液多，风味酸甜适度，有淡香，品质上等或极上等。果实可溶性固形物含量16.5%～17.4%，可溶性糖含量为13%～14%，硬度8.1～11.3kg/cm^2。果实极耐贮藏，在普通冷库可贮至翌年5月。

3.生长结果特性 华富生长势强，以山定子作砧木嫁接的华富苗定植后第4年树高3.4m，冠幅2.3m×2.3m，干周17.1cm。1年生枝长106.20cm、粗1.13cm，节间长2.31cm，萌芽率57.1%，成枝力6.7。华富高接在国光树上，在高接后第3年开始结果；苗木（以山定子作砧木）栽植第4年开始结果，初结果树短果枝、中果枝、长果枝分别占46.8%、25.5%、27.7%，盛果期树短果枝、中果枝、长果枝分别占67.4%、16.8%、15.8%。在自然授粉条件下，华富花序坐果率99.0%，花朵坐果率54.9%。

4.物候期 在辽宁省兴城，华富4月初萌芽，5月初开花，9月中下旬果实开始着色，10月下旬成熟，果实发育期157天，为极晚熟品种，11月上中旬落叶。

5.抗病性和抗寒性 田间观察发现，华富结果树的枝、干比较光滑，苹果粗皮病发病较轻。华富以山定子作砧木，在辽宁省兴城市栽培多年未发生冻害，每年生长结果正常，抗寒性略强于长富2号。华富适宜发展区域应与长富2号品种相同。

【苹果KM矮化砧】

选育单位：新疆生产建设兵团农七师农业科学研究所

1.选育经过 苹果KM矮化砧母本是花红，父本是M9。1977年杂交，1978年播种。1980年初选为优株，1985年选为优良砧木品系，代号为77-23，1992年通过决选。2000年1月通过新疆维吾尔自治区农作物品种审定委员会审定，并命名为KM矮化砧。

2.KM矮化砧作中间砧的表现

2.1.嫁接品种的矮化效应 以海棠作基砧，KM矮化砧、63-21-9（对照）、M9（对照）作中间砧（长为20cm），同时以海棠作砧木（对照），嫁接苹果品种新苹2号，KM矮化砧作中间砧新苹2号5年生树平均树高最矮，冠径最小，1年生枝最短。其树高比乔砧海棠（对照）矮96.5cm，比M9（对照）作中间砧矮30.6cm，比63-21-9（对照）作中间砧矮52.2cm；冠径比乔砧海棠（对照）小68.0cm，比M9（对照）作中间砧小17.0cm，比63-21-9（对照）作中间砧小38.0cm；1年生枝长比乔砧海棠（对照）短33.7cm，比M9（对照）作中间砧短15.5cm，比63-21-9（对照）作中间砧短16.9cm。KM矮化砧作中间砧的矮化效应最好。

2.2.与品种嫁接亲和性 KM矮化砧作中间砧嫁接苹果品种，其中间砧粗度与嫁接品种主干直径比较接近，几乎不存在大脚现象，而63-21-9（对照）、M9（对照）作中间砧均存在不同程度的大脚现象。KM矮化砧作为中间砧嫁接在基砧海棠上，成活率91%～96%；KM作中间砧嫁接的苹果品种新苹2号、新苹4号、长富2号、新世界等，其成苗率93%～100%。

2.3.嫁接品种抗寒性 苗木和幼树抗寒性新苹2号/KM矮化砧/海棠比新苹2号/海棠强。在新疆奎屯，新苹2号/海棠苗木和幼树存在不同程度的冻害，开花结果也受不同程度影响，而新苹2号/KM矮化砧/海棠苗木和幼树冻害轻微或无冻害，年年开花结果正常。1997～1998年冬季严寒，新苹2号/KM矮化砧/海棠苹果树不但没有因冻害而死树，而且翌年获得较高产量，同龄的新苹2号/海棠树冻死株率0～33.0%。

KM矮化砧作中间砧，提高了新苹2号的抗寒性。

2.4.嫁接品种早果性和丰产性　1995年以KM矮化砧作中间砧，嫁接新苹2号（主栽品种）、新苹4号（授粉品种），在新疆生产建设兵团农七师农业科学研究所建立苹果矮、密、早、丰示范园，面积0.37hm^2，行株距3m×1m（222株/667m^2）。栽植第2年，即有30%苹果树开花结果，实测每667m^{2}产量64.4kg；第3年开花株率为78.6%，折合每667m^{2}产量184.3kg；第4年全部开花结果，折合每667m^{2}产量932.4kg；第5年每667m^{2}产量1 931.4kg。5年累计产量较对照增加41.3%，其效益相当于对照的1.89倍。

2.5.嫁接品种果实品质　新苹2号/KM矮化砧/海棠所结苹果果实的色泽好于对照新苹2号/海棠所结苹果，且成熟期提前，但二者果个大小、肉质、风味、硬度、可溶性固形物含量及品质没有明显差异。

3.KM矮化砧主要性状　KM果实小，平均单果重43g。果肉肉质粗，汁液中多，松脆，酸甜，涩，品质中下，果实不耐贮藏。苹果KM矮化砧树势中庸，树体矮化，14年生树高1.85m，冠幅1.43m×1.35m，干周36.0cm　1年生枝平均长61.3cm。萌芽率高，成枝力强，剪口下平均抽生长枝3.8条，作接穗繁殖系数高。

4.KM抗寒性及适应性　苹果KM矮化砧抗寒性强，母树在选种圃虽遭受1984～1985年的-35.3℃，枝条和树干均未受冻害，树体完整，生长结果正常。新疆昌吉农业学校测定苹果KM矮化砧的抗寒性，认为该矮化砧的1年生枝条在-40℃处理48小时，嫁接后能正常发芽。KM矮化砧在pH值7.9～8.2的土壤上能正常生长。

二、梨

【华酥】（见彩版3图2-1）

选育单位：中国农业科学院果树研究所

1.选育经过 华酥亲本为早酥×八云，1977年进行种间杂交，1989年选出，2001～2005年被列为“十五”国家科技攻关计划参试优系，经过多年、多点品种比较试验、区域试验和生产试栽，优良性状表现突出，被评为’99中国国际农业博览会名牌产品，2002年4月通过全国农作物品种审定委员会审定，2003年7月获植物新品种保护权。

2.果实经济性状 果实圆形，平均单果重250g，纵径7.0cm，横径7.5cm。果皮黄绿色，果面平滑有光泽，果点小而疏，不明显。果梗长4.5cm、粗2.7mm；梗洼中深、中广。萼片脱落，萼洼浅而广，有皱褶。果肉淡黄白色，肉质细，石细胞少，酥脆多汁，酸甜适口，风味浓厚，并具芳香，品质上等。果心小，5心室。可溶性固形物含量11.0%～12.5%，比早酥高1～1.5百分点。可溶性糖8.42%，可滴定酸0.22%，维生素C含量108.7μg/g。在室温下可贮放20～30天。

3.生长结果特性 树姿半开张，树势中庸偏强。萌芽率高，成枝力中等。以短果枝结果为主，间有腋花芽结果。早果高产，定植后第3年即可结果，6～7年生树产量2 000～2 500kg/667m²。

4.物候期及适应性 在辽宁省兴城市，4月上旬叶芽萌动，4月下旬～5

月上旬盛花，8月上旬果实成熟，成熟期比早酥早10～15天，果实发育期85～90天。营养生长期196～214天。

高抗黑星病，兼抗木栓化斑点病。适于全国白梨、沙梨产区栽培。

【清香】（见彩版3图2-2）

选育单位：浙江省农业科学院园艺研究所

1.选育经过　清香（原代号7–6）母本是日本育成的梨早熟品种新世纪，父本是浙江省砂梨地方品种三花梨，1978年杂交，1979年播种。1983年杂交实生苗开始结果，经过连续4年的观察鉴定，将代号为7–6的杂交单株初选为优良单株。该优良单株表现为果个大、汁液多、风味甜，3年后复选为优良品系，1996年定名为清香。2005年通过浙江省农作物品种审定委员会认定。

2.果实经济性状　果实长圆形，平均单果重280.0g，最大单果重580.0g。果皮黄褐色，果点大、稀，萼片脱落或宿存。果肉白色，肉质细、嫩，汁液多，风味甜，品质好。可溶性固形物含量11.0%～12.0%。

3.生长结果特性　幼树生长势较强，2年生树树高2.08～2.50m，干周9.0～12.5cm，冠幅1.20～1.78m×0.55～1.18m；7年生树树高3.33～3.75m，干周25.0～31.0cm，冠幅3.34～4.00m×2.80～3.16m。1年生枝平均长82.70cm、平均粗0.72cm。萌芽率高达79.9%，成枝力较弱，剪口下一般多抽生2～3个长枝。清香早果性强，苗木栽后第2年开始结果，初结果树以长果枝、腋花芽结果为主，盛果期树以短果枝与果台枝结果为主。

4.物候期　在浙江省杭州地区，清香花芽萌动期3月中旬，叶芽萌动期3月下旬，盛花期3月下旬至4月初，果实成熟期8月上中旬，果实发育期135天左右，果实成熟期比南方主要栽培品种黄花梨早10天左右，比翠冠晚10多天，落叶期11月下旬。

5.抗逆性　在浙江省杭州地区，该品种的高接树、幼树和成龄树树皮光滑，未见发生梨枝干轮纹病。

清香存在的主要缺点是果实果点较大，果个大小不够整齐，果实外观欠佳；如果疏果不严，产量过高易造成树势早衰。

【玉绿】（见彩版3图2-3）

选育单位：湖北省农业科学院果树茶叶研究所　湖北省钟祥市农业局经作站

1.选育经过　湖北省农业科学院果树茶叶研究所1963年以慈梨作母本、太白作父本杂交。1968年杂交实生苗开始结果，1969年编号为29－1的杂交单株被选为优良单株，从此进行高接繁殖。2002年嫁接育苗，2003～2007年进行区域试验。经过多年对结果母株、高接树和区域试验树生长结果特性、丰产性、稳产性、抗逆性等农艺性状及果实经济性状的观察，该优良单株果实外观好、品质优、抗性强、结果早、丰产，性状稳定，复选为优良新品系。2009年4月通过湖北省农作物品种审定委员会品种审定，并命名为玉绿。

2.果实经济性状　果实圆形，纵径7.61cm，横径8.77cm，果形指数0.87。平均单果重329.0g。果皮绿色，果面光洁，无果锈，有蜡质，果点浅小而稀。梗洼浅、平，果柄长2.95cm，粗0.32cm，近梗洼处稍膨大，较柔韧。萼洼中深、中广，萼片脱落。果皮薄，果肉白色，细嫩松脆，石细胞少，汁液多，酸甜可口，品质极上。平均每个果实有种子7粒。可溶性固形物含量12.0%，总糖含量7.9%，总酸含量0.24%，糖酸比32.92，维生素C含量30.5μg/g。

3.生长结果特性　生长势中强，萌芽率73.3%，成枝力强，平均成枝2.8条。平均每果台坐果1.9个，果台连续结果力8.86%。苗木定植后第2年开花株率96.3%，第3年开花株率100%，每667m^2产量415kg，第4年850kg。以短果枝结果为主，较丰产稳产。鄂梨2号、翠冠给玉绿授粉，玉绿花序坐果率分别为84.72%、83.75%。

4.物候期　在湖北省武汉地区，3月上中旬萌芽，4月初展叶，5月下旬春梢停长，2月底花芽萌动，3月下旬盛花，果实8月上旬成熟，果实发育期125天，10月中旬落叶，年营养生长期200天左右。

5.适应性和抗性 该品种属砂梨和白梨杂交后代，杂种优势明显。抗旱，耐涝，耐贫瘠，适应性广，梨栽培区均可种植。对梨黑斑病、锈病抗性较强。

玉绿在湖北省应城、钟祥、老河口和通山等地栽培，表现出单果重300.0g，外观美、品质极上等，结果早、丰产，果实8月上旬成熟。

6.存在的缺点 在瘠薄果园、负载量过大的果园和管理粗放的果园，有轻微的采前落果现象。

【金玉梨】（见彩版3图2-4）

选育单位：河北省衡水市林业局

1.选育经过 1980年在河北省阜城县三里庄发现1株5年生鸭梨自然实生树，从未感染梨黑星病，但果实性状、品质与鸭梨基本一样，选为优良品系。1991年列入河北省科研计划，由衡水市林业局和阜城县林业局承担，先后建立试验园、示范园、区域试验品种对比园，面积共约20hm^2。在河北省林业科学研究所、中国科学院药物研究所等单位专家组协助下对该优系对梨黑星病的免疫性及其他性状进行了16年的系统研究鉴定，最后确定为梨黑星病免疫新品系，并命名为金玉梨。1997年通过河北省林木良种审定委员会的品种审定。

2.果实经济性状 果形与鸭梨基本相同，多数金玉梨果实有鸭嘴，果形正；果个大，平均单果重210g，果皮金黄色，果锈少，甜味浓，品质优，贮藏期未发生梨黑心病。

3.生长结果特性 萌芽率高，成枝力强，2年生树枝条中短截，剪口下能抽生长枝5～6个，比鸭梨多1～2个。新梢单枝叶片比鸭梨多42.7%。结果早，3年生树结果株率为94%，平均每株结果22个，株产4.62kg，每667m^{2}产量508.2kg，原品种鸭梨结果株率为60%，平均每株结果仅4个，每667m^{2}产量65.2kg。果实成熟期比鸭梨早约10天。其他性状与鸭梨极为相近，金玉梨对梨蝽象和梨褐斑病表现高抗，可在鸭梨适栽区大力发展。

【华金】（见彩版3图2-5）

选育单位：中国农业科学院果树研究所

1.选育经过　华金是白梨与砂梨的种间杂交种，以早酥（*Pyrus bretschneideri*）为母本，早白（二十世纪实生）（*P. pyrifolia*）为父本。1974年杂交，1975年培育实生苗，1976年定植，1982年开始结果，1985年初选为优系，1989年复选为优系，1991年决选为优系，并扩繁苗木。1996～2000年列为“九五”农业部重点科研项目（95农01–05）参试优系，在辽宁、河北试验基点和北京、江苏、云南、甘肃及新疆等省（自治区、直辖市）进行品种比较试验、区域试验和生产试栽。多年、多点的试验和试栽表明，该品种早熟、大果，外观漂亮，品质优良。早果高产。抗黑星病和果实木栓化斑点病能力强。目前，华金已被全国16个省（自治区、直辖市）的35个市、县引种试栽，均表现良好。2009年通过辽宁省农作物品种审定委员会品种登记。

2.果实经济性状　果实长圆形或卵圆形，平均单果重305g，最大600g，纵径9.4cm，横径7.4～8.1cm。果皮绿黄色，果面平滑有光泽，果点中大、中密。果梗长3.4cm、粗2.5mm；梗洼浅而狭。萼片脱落，萼洼中深、中广，有皱褶。果肉黄白色，肉质细，石细胞少，酥脆多汁，风味甜，且较早酥浓厚，并略具芳香，品质上等。果心中大，5心室。可溶性固形物含量10.5%～11.5%，比早酥高1～1.5百分点。可溶性糖7.36%，可滴定酸0.12%，维生素C含量24.25μg/g。在室温下可贮放20～30天。

3.生长结果特性　树势较强。4年树干高38.5cm，干周14.1cm，树高298.8cm，冠幅150.0cm×125.0cm。新梢平均长95.7cm、粗1.10cm，节间长3.4cm。萌芽率高，发枝力中等偏弱。以短果枝结果为主，间有腋花芽结果。果台枝连续结果能力中等。在自然授粉条件下，花序坐果率53.22%，花朵坐果率15.12%，平均每花序坐果1.06个。采前落果很轻。早果高产，定植后第3年开始开花结果，6～7年生树产量30.0～37.5t/hm^2。

4.物候期　在辽宁省兴城市，4月上旬花芽萌动，4月上中旬叶芽萌动，4月下旬至5月上旬初花，4月下旬至5月上旬盛花，5月上中旬终花，8月上中旬果实成熟，成熟期比早酥早7～10天，10月下旬至11月上旬落叶，果实发育期90天，营养生长期195～213天。

5.适应性及抗逆性　抗寒性较强。树体在内蒙古赤峰、辽北、辽西地区露地越冬，枝条没有发生冻害，生长结果正常；高抗黑星病，兼抗果实木栓化斑点病。经连续3年田间随机采样观察调查，叶、果黑星病发病率、病情指数均为0，并未发生果实木栓化斑点病。

6.适宜种植区域　适于在东北、华北、西北、华东白梨、砂梨宜栽的广大梨区发展，特别适于在这些梨产区的大、中城市近郊丘陵山区，建立鲜果生产基地，满足城市居民的消费需求，提供对外出口。

【早金香】（见彩版3图2-6）

选育单位：中国农业科学院果树研究所

1.选育经过　早金香原代号87–1–155，是以矮香为母本、三季为父本杂交育成。1986年杂交，1987年春播种，实生苗1988年春移栽，行株距1.0m×0.5m。1992年杂交单株开始结果，1996年将代号为87–1–155的单株选为优良单株，同年进行高接观察，1997年进行区域试验。经过连续几年观察高接树和区域试验树的表现及鉴定对梨黑星病的抗性，将其复选为梨新品系。

2.果实经济性状　果实粗颈葫芦形，平均单果重247.3g，最大单果重505.0g，果个明显大于母本品种矮香。果皮黄绿色，果皮平滑，无棱起，果点小、少；果皮厚、韧，无蜡质，果粉中多；梗洼浅，狭，中缓，沟状；萼片宿存，大，直立，基部分离，闭合；萼洼浅，中广，缓，皱状。果心小，正，中位；果心线结合，对称，圆形；心室5个，种子10粒。果肉乳白色，肉质细、软，石细胞少，汁液多，有淡香味，风味甜，品质比母本品种矮香好。可溶性固形物含量为13.5%。

3.生长结果特性　早金香生长势中庸，1年生枝比母本品种矮香短，其1年生枝长为57.4cm，母本品种矮香1年生枝长为80.1cm。早金香1年生枝节间长度明显短于母本品种矮香，其1年生枝节间长3.8cm，母本品种矮香1年生枝节间长5.3cm。早金香萌芽率高，成枝力强，剪口下多抽生3～4条长枝，母本品种矮香虽萌芽率高，但成枝力弱，其剪口下多抽生1～2条长枝。早金香苗木定植当年即可形成花芽，母本品种矮香苗木定植后第2年开始结果，早金香初结果树以中、长果枝结果为主，盛果期以中、短果枝结果为主，坐果率高，每个花序坐果4～5个，连续结果能力强，丰产，稳产。

4.物候期　在辽宁省兴城市，早金香4月上旬花芽萌动，4月上、中旬叶芽萌动，4月下旬初花，4月下旬至5月上旬盛花，5月上中旬终花，果实8月中旬成熟，成熟期比母本品种矮香（果实9月中旬成熟）提早15天，果实发育期 103天，10月下旬至11月上旬落叶，年营养生长期195～220天。

5.抗病性　经在中国农业科学院果树研究所接种鉴定，早金香抗梨黑星病。

6.适宜栽培地区　早金香为早熟、软肉新品种，货架期较短，常温可贮藏10天，宜在大、中城市郊区或有冷藏条件的地区发展，适宜露地栽培和设施栽培。

【香红蜜】（见彩版3图2-7）

选育单位：中国农业科学院果树研究所

1.选育经过　1986年以矮香为母本、以贺新村为父本进行杂交，1987年春播种。1994年开始结果，1996年选为优良单株，同年高接繁殖，1997年进行区域适应性试验。经过连续几年对高接树和区域试验树的鉴定、观察，该优良单株表现为树冠半矮化、果实阳面紫红色、香气浓、品质优，复选为优良新品系。

2.果实经济性状　果实圆形，果个中大，平均单果重175.0g，最大单果重240.0g。果实底色黄绿色，阳面紫红色，着色面积占果面的3/5；果面无光泽，果点小、多，梗洼浅、狭，果梗短、粗；萼洼中、广，皱状；萼片宿存，反卷，基部分离。果心小，对称，圆形；心室5个，小，卵形。果皮中厚，果肉乳白色，肉质细腻，后熟果果肉变软，易溶于口，汁液多，有芳香味，风味酸甜适口，品质极上等。可溶性固形物含量15.0%～17.0%，可滴定酸含量0.37%，维生素C含量13.6μg/g。果实不耐贮藏，在室温下可贮藏20天左右。既适宜鲜食，又可加工果汁。

3.生长结果特性　生长势中庸，树冠半矮化，以杜梨作砧木4年生树树高2.32m，冠幅2.32m×2.40m，干周13.1cm。萌芽率高（80.15%），成枝力亦强，剪口下多抽生3～4条长枝，枝条自然开张，枝条与所着生主枝的夹角为75°左右，幼树可不拉枝。苗木定植后第3年开始结果，初结果树以短果枝（56.0%）结果为主，每花序坐果4～5个，连续结果能力强，丰产稳产，盛果期树每667m^{2}产量2 500～3 000kg。

4.物候期　在辽宁省兴城市，4月上旬花芽萌动，4月上中旬叶芽萌动，4月下旬初花，4月下旬至5月上旬盛花，5月上中旬终花，果实8月中下旬成熟，果实发育天数为100天，10月下旬至11月上旬落叶，年营养生长天数为195～220天。

5.抗性及适应性　经连续3年田间随机采样观察，香红蜜没有发生梨黑星病，叶片、果实梨黑星病发病率为0。

【早香水】（*见彩版4图2-8*）

选育单位：黑龙江省牡丹江农业科学研究所

1.选育经过　早香水（原代号81－33－1）母本为龙香、父本为矮香，1981年杂交。1991年开始结果，并选为优良单株。该优良新品系表现树体较矮化、较抗寒、结果早、果实品质好、丰产等优良特性。2005年3月通过黑龙江省农作物品种审定委员会审定，并命名为早香水。

2.果实经济性状　果实圆形，纵径4.32cm，横径5.08cm，果实大小整齐，平均单果重67.0g，最大单果重75.0g。果皮黄色，表面光滑，果点圆形、小，中等密度；花萼闭合，萼洼和梗洼浅，中广。果心中等大，心室5个；种子小，卵形，淡褐色。果肉白色，肉质细、软，汁液极多，香气浓，风味酸甜，品质上等。可溶性固形物含量13.1%，常温可贮藏20天左右。

3.生长结果特性和丰产能力　生长势中庸，早香水10年生树高为4.25m，冠幅为2.85m×2.85m。5年生树的1年生延长枝平均长50.14cm，节间长3.76cm，其他长枝平均长32.5cm，节间长1.9cm。萌芽率88.24%，成枝力中等。早香水1年生枝条粗壮。骨干枝角度自然开张，基角为68.0°，腰角为60.0°。长、中、短果枝和腋花芽均能结果。授粉树可选用晚香、金香水、友谊1号、1–7、11–19品种（系），其坐果率35.71%～69.77%。早香水无正常花粉，不适宜作其他品种的授粉树。

早香水梨结果早，丰产稳产，苗木定植后第2年形成大量花芽，第3年形成产量，行株距5m×4m，5年生树产量近9 000kg/hm^2，产值14 000元/hm^2。黑龙江省经历了2000～2001年梨树大冻害，早香水仍然正常结果，表现出良好的适应性。2003年早春，梨花期遭遇晚霜，早香水结果正常。

4.物候期　在黑龙江省牡丹江地区，早香水4月中上旬萌芽，5月上旬开花，花期6～7天，8月上旬新梢停止生长，果实8月末至9月初成熟，果实发育期约105天，10月下旬落叶，年营养生长期185天。

5.抗性　早香水抗寒性较强，在自然条件下早香水的抗寒性与秋香相近，经牡丹江市植检植保站2003年田间调查，早香水梨黑星病病叶率为0，褐斑病发病率为10.0%，抗病能力强。

【奥冠红梨】（见彩版4图2-9）

选育单位：山东省聊城大学农学院园艺工程系　聊城市奥冠果业科技有限公司

1.选育经过　奥冠红梨原代号聊02–1。2000年6月下旬从郑州买来梨品种满天红接穗，在山东省聊城大学农学院园艺工程系科研实习基地聊城市奥冠果业科技有限公司的科技示范园（位于聊城市东昌府区许营乡朱庄村）芽接繁殖60株苗木，砧木为杜梨。2002年，这60株苗木开始结果，其中编号为聊02–1单株所结果实的阳面和阴面均着浓红色，采收时着色面积占果皮总面积的80%～95%，而其他59株树的果实仅阳面呈红晕至鲜红色，聊02–1单株被初选为优良单株。

2003～2005年，对优良单株聊02–1多代嫁接树的表现进行调查，结果表明，其果皮着色性状非常稳定，阳面和阴面均着色，着色面积占果皮总面积的80%～95%，呈浓红色，选为新品系。2007年9月通过山东省科技厅组织的鉴定，并命名为奥冠红梨。

2.果实经济性状 奥冠红梨果实扁圆形或近圆形，平均纵径9.0cm、横径9.8cm，果形比原品种满天红圆。果个大，平均单果重650.0g，最大单果重960.0g，原品种满天红平均单果重400.0g，最大单果重1 100.0g。果皮浓红色，阳面和阴面均能着色，着色面积占果皮总面积的80%～95%，而满天红果实着色面积仅占果皮总面积的20%～30%，且仅在果皮阳面有些红晕。果皮光滑，果点小且不明显，梗洼深、广，果梗短、粗；脱萼，萼洼深、狭。果心小。果皮中厚，果肉乳白色，肉质较细、脆，石细胞明显少于满天红，汁液多，香气浓郁，风味酸甜，品质极上等。可溶性固形物含量14.6%，糖酸比16.3：1；满天红可溶性固形物含量11.17%，糖酸比13.8：1。较耐贮藏，在常温下可贮藏40～50天，冷库可贮藏至翌年4月。既适宜鲜食，又可以加工果汁等。

3.生长结果特性 奥冠红梨幼树生长势较强健，结果后生长势中庸。以杜梨作砧木，4年生树树高3.0m，干周16.5cm，冠幅2.10m×2.25m。萌芽率86.56%，成枝力低于满天红，1年生枝平均长96.0cm、粗0.86cm，平均节间长为3.64cm。初结果树以短果枝结果为主，每花序坐果5～7个，连续结果能力强，丰产稳产。开始结果期比原品种满天红早，嫁接苗定植后第2年开始结果，第4年株产40.18kg。

4.物候期 在山东省聊城市，花芽萌动期4月上旬，叶芽萌动期4月上旬至中旬，盛花期4月中旬，果实成熟期9月中旬，果实成熟期比原品种满天红早7～10天，果实发育期145～150天，落叶期11月初至11月中下旬，年营养生长天数为215～240天。

5.抗性及适应性 经连续4年的田间观察，奥冠红梨叶片和果实上均未发现梨黑斑病和梨黑星病，对这2种病害的抗性与原品种满天红相当。经在山东省聊城市、冠县、在平等地试栽，证明奥冠红梨的适栽地与满天红相同，可栽植满天红的地区均可栽植奥冠红梨。

【蜜露】（见彩版4图2-10）

选育单位：江苏省徐州市果树研究所　徐州久新果业科技开发有限公司

1.选育经过　1991年从日本引进梨品种南水高接在丰县大沙河镇杨集村白酥梨树上。2001年徐州市久新果业科技开发有限公司陈绳良同志发现高接在辅养枝上南水的1个枝条生长势比其他枝条强旺，节间短，叶片大而厚，叶缘锯齿稀疏；所结的梨果果形扁，果肩平，果实皮孔大、稀，果面棱沟增多，果柄短，果肉细，石细胞少，可溶性固形物含量比南水增加2百分点，果实成熟期比南水推迟7～10天。经过多年观察，其综合优良性状遗传稳定，丰产性、适应性比原品种南水强，2007年9月通过江苏省农林厅组织的品种鉴定。

2.果实经济性状　果实扁圆形，横径9.5cm，纵径7.6cm，平均单果重330.0g，最大单果重550.0g，果实底色黄绿色，果皮浅黄褐色，果面有棱沟，果面略粗糙，套袋后较光洁。果点大，明显，中密；梗洼广深、扁平，果柄长2.20cm、粗0.37cm，萼洼中广、深；79%萼片脱落，闭合。果皮中厚，韧；每个梨果有种子8～10粒，种子中大，长椭圆形，黑褐色。果肉乳白色，肉质致密、细、脆，石细胞少，汁液多，有香味，风味甜。可溶性固形物含量17.1%，总酸含量0.17%，果实硬度6.3kg/cm^2，最适鲜食期9月10日～11月10日。耐贮性好，室温可贮藏2个月，冷藏可贮至翌年4月。长期贮藏，果皮颜色无变化，但果肉变软，贮藏期病害轻。

3.生长结果特性　蜜露生长势中强，1年生枝平均长42.0cm，平均粗1.1cm，节间长2.9cm。萌芽率61.0%，成枝数多，为2.1条。3年生初结果树，长、中、短果枝和腋花芽均能结果，但以腋花芽结果为主；12年生盛果期树以短果枝结果为主，短果枝占各类果枝的89.0%。蜜露果台副梢抽生率38.0%。蜜露花序坐果率和花朵坐果率分别在91.2%、71.1%，每花序坐果1～3个，无采前落果现象。丰产性强，大小年轻。

4.物候期　在江苏省丰县，2006年蜜露3月6日花芽萌动，3月13日花芽开绽，3月20日花序露出，3月25日花序分离，该品种花期稍晚于南水，4月2日初花，4月7日盛花，4月15日终花，9月16日前后果实成熟，套袋果推迟成熟5～7天。10月下旬落叶。

5.抗病性 蜜露对梨褐斑病、梨黑斑病的抗性不及原品种南水。

【中华玉梨】（见彩版4图2-11）

选育单位：中国农业科学院郑州果树研究所

1.选育经过 中华玉梨又名中梨3号，系中国农业科学院郑州果树研究所选用鸭梨作母本、栖霞大香水作父本杂交育成。1980年杂交，1986年开始结果，中华玉梨果面浅黄绿色，外观好，果肉细腻，核小，汁多爽口，石细胞少，品质优良。1987年被初选为优良单株，1990年以后开始扩繁区试。2004年通过陕西省农作物品种审定委员会审定，定名为中华玉梨，2005年通过河南省林木良种审定委员会审定。

2.果实经济性状 果实倒卵圆形或葫芦形，果实纵径10.0cm、横径8.5cm，果形指数0.85。平均单果重250.0g，果实大小整齐。果皮黄绿色，果面光滑洁净，果点小，梗洼浅、平，果梗长5.0cm、粗0.3cm，萼洼中深，萼片脱落。果心小，心室5个，每个果实有种子6～8粒。果肉乳白色，肉质脆细，石细胞少、小，与鸭梨相当；汁液丰富，具香味，风味甘甜微酸，品质超过鸭梨、雪花梨、酥梨、金花梨，为极上等。可溶性固形物含量约13.5%，总糖含量9.77%，总酸含量0.19%，维生素C含量76.92μg/g，果实带皮硬度4.54kg/cm^2，去皮硬度3.18kg/cm^2；室温下可贮藏30天左右，贮后果皮黄色，在冷藏或气调条件下可贮藏至翌年4～5月。

3.生长结果特性 中华玉梨幼树生长旺盛，成年树生长势中庸，9年生树树高3.85m，冠幅3.1m×3.5m，干周32.1cm，萌芽率83%，1年生枝长38.3cm，成枝力较弱，果台副梢抽生能力中等，一般每个果台抽生1～2个短副梢，多分枝，枝条柔软，易平展。进入结果期，短枝占总枝量的84.5%。苗木定植后2～3年开始结果，以短果枝或叶丛枝结果为主，中、短果枝占总果枝的98.3%，有一定的腋花芽结果能力，花序自然坐果率42.0%左右。大小年和采前落果现象不明显，较丰产稳产，9年生树累计产量比酥梨和鸭梨高6%～9%。

4.物候期 在河南郑州地区，中华玉梨花芽萌动期3月26日，初花期4月5日，盛花期4月12日，末花期4月15日；春梢停长期6月下旬。果实成熟期9月25日，果实发育期约160天，与酥梨、鸭梨和雪花梨同期成熟。落叶期为11月底，全年生育期225天。

5.适应性 经在全国多个省（自治区、直辖市）试栽，中华玉梨结果早、丰产稳产、抗寒、耐旱、适应性广、病虫害少。适合我国多种生态类型地区栽培，可在北方白梨和部分砂梨分布区发展，尤其适宜于在黄淮海地区和西北干旱地区栽培。

【雪香】（见彩版4图2-12）

选育单位：黑龙江省农业科学院牡丹江分院

1.选育经过 1981年以大香水作母本、以从国家果树种质兴城梨圃采集的梨品种混合花粉作父本进行杂交。1993年杂交苗木开始结果，经过鉴定，1995年将代号81-15-2选为优良单株。经过多年观察，表现树体较抗寒，果实品质好，丰产等优良特性。2009年1月通过黑龙江省农作物品种审定委员会审定，命名为雪香。

2.果实经济性状 果实长圆形，平均单果重为112.5g，最大单果重为125.0g。果皮黄绿色，贮后呈黄色，有光泽；蜡质多，无果粉。果点为圆形，中大、稀少。果梗长、中粗，稍弯曲；梗洼浅、小。萼洼浅、小。萼片宿存、闭合。果心中大，果实心室5个，种子小，卵形，淡褐色。果肉白色，肉质细、松脆，汁液多，香气浓郁，风味甜酸，品质上等。可溶性固形物含量15.6%，总糖含量9.01%，可滴定酸含量0.22%，维生素C含量70.60μg/g。较耐贮藏，冷藏条件下可贮藏3~4个月。

3.生长结果特性 雪香生长势较强，8年生树冠幅2.68m×2.63m，干周长28cm。1年生延长枝平均长71.2cm，节间长4.6cm；其他枝条平均长30.5cm，节间长2.7cm。萌芽率为92.10%。以短果枝结果为主，长、中果枝也能结果，长果枝占34.43%，中果枝占16.39%，短果枝占49.18%。雪香自花不结实，自然授粉花序坐果率64.2%，花朵坐果率32.0%。2006年用梨品种金香水和牡育1-7授粉，其花朵坐果率80.0%以上；晚香、牡育11-11、龙香授粉，花朵坐果率53.0%~63.0%；友谊1号、巧马、伏香授粉，花朵坐果率39.0%~46.0%。每个花序坐果4~5个。雪香苗木栽后第3年见果，在行株距5m×4m条件下，5年（2004~2008年）平均每年每公顷产量13 969kg，产量高于对照品种友谊1号。

4.物候期　在黑龙江省牡丹江地区，雪香4月上旬芽萌动，5月15日开花，花期4~5天左右，8月中旬新梢停止生长，果实9月下旬成熟，10月下旬落叶，营养生长185天。

5.抗寒性和抗病性　雪香抗寒性强，在黑龙江省牡丹江（属于寒带果树栽培区），一般年份冻害级别为1.0~2.0级，2000~2001年牡丹江市1月有2天最低气温-41.2℃，最低气温-30℃左右持续39天，梨新品种雪香冻害级别虽为2.5~3.5级，但是春季树体可以恢复生长。2008年田间调查，未见雪香发生梨黑星病，梨褐斑病发病率12%。

【冬蜜梨】（见彩版4图2-13）

选育单位：黑龙江省农业科学院园艺分院

1.选育经过　冬蜜梨（原代号72-14-11）是1972年以龙香梨为母本，园月、库尔勒、冬果3个品种混合花粉为父本进行杂交，1973年播种。1978年实生树开始结果，1985年选为优良新品系，1986年决选。经20多年观察，表现为酸甜适口，品质佳，抗寒，丰产，是鲜食冻藏兼用的新品种。1999年2月通过黑龙江省农作物品种审定委员会审定并命名。

2.果实经济性状　果实圆形，纵径7cm，横径6.2cm，果形指数0.9。平均单果重140g，最大单果重343g，果实大小较整齐。果皮棕黄色，较薄，果点中大，中多。果梗直，长4.1cm，粗0.3cm。梗洼狭、深，萼片宿存，萼洼阔浅。果肉乳白色，肉质细软，石细胞少，汁液中多，酸甜适口，风味浓，品质上等。可溶性固形物含量14.23%，可溶性糖10.28%，可滴定酸0.31%，维生素C含量68.7μg/g，鲜食最佳食用期10月末，贮期3~4个月，耐运输。适于冻藏，冻藏后表皮黑褐色，果肉细软多汁，易溶于口，甜酸适度。

3.生长结果习性 树势中庸。6年生树树高2.68m，干周24.26cm，冠幅2.56m×2.56m，新梢长54.2cm。萌芽率高，成枝力中等。以短果枝结果为主，果台连续结果能力强，每花序坐果2～3个，无采前落果现象。早果、丰产、稳产，低接幼树第4年开始结果，第5年开花株率100%。自花结实率极低，建园时必须配置授粉树。

4.物候期 在哈尔滨地区，4月下旬花芽萌动，5月上旬初花，5月中旬盛花，5月上中旬展叶，7月上中旬新梢停止生长，9月末果实成熟，果实发育135～140天，10月中旬落叶，年营养生长天数175天。

5.抗逆性 抗寒力强。在哈尔滨地区连续15年结果树骨干枝、枝条、花芽无大冻害。在2000～2001年哈尔滨地区极端气温-37.3℃、低于-30℃气温超过30天的情况下，第2年仍少量结果，抗寒能力强于晚香梨。抗腐烂病和黑星病能力强于对照晚香梨。

【矮化砧中矮1号】（见彩版4图2-14）

选育单位：中国农业科学院果树研究所

1.选育经过 梨矮化砧木中矮1号为锦香梨实生后代。1999年通过辽宁省品种审定委员会审定并命名。2003年获植物新品种保护权。

2.中矮1号主要性状 树姿开张，树冠呈半圆形；树干灰褐色，表面光滑，2～3年生枝赤褐色，1年生枝暗褐色。枝条萌芽率高，发枝力强；2年生开始结果，以中果枝结果为主，果台副梢连续结果能力差。剪口下平均抽4.2个长枝。作接穗繁殖系数高。果实在辽宁兴城9月上旬成熟。中矮1号抗寒性较强，在吉林珲春地区无冻害；通过对中矮1号母株的枝干腐烂病和轮纹病的抗病性鉴定，表明中矮1号高抗枝干腐烂病和抗枝干轮纹病，病情指数分别为1和12。

3.中矮1号作中间砧表现

3.1.嫁接亲和性 中矮1号作中间砧与基砧山梨、杜梨及栽培品种嫁接亲和性好，没有大小脚现象，接口上下干粗没有差异。22年生嫁接树生长结果正常。

3.2.矮化性　对以山梨为基砧、中矮1号为中间砧，中间砧段15cm嫁接树的鉴定表明：中矮1号中间砧嫁接树品种，5年生树体平均矮化程度为乔砧对照的70.8%。说明中矮1号为半矮化砧木类型。

3.3.早果、早期丰产性　中矮1号矮化砧在兴城沙后所试栽，行株距4m×1.8m。中矮1号砧早酥梨嫁接树第2年开花，第3年结果，第4年667m^{2}产量1 558.2kg。较乔砧对照增产21%，5年累积产量较乔砧对照增产2.1%，其产量效率相当对照的1.62倍。兴城镇花园村中矮1号砀山酥梨、雪花梨、早酥梨嫁接树高度密植园，行距株3m×1m，倒人字形整形修剪第3年667m^{2}产量1 250.3kg。由上看出，中矮1号嫁接树可以3年大量结果，4年进入丰产期。

3.4.对果实品质的影响　通过对中矮1号嫁接品种果实经济性状的观察，除果皮颜色稍发黄外，在果个大小、肉质、硬度、可溶性固形物含量及品质方面没有明显差异。

4.适宜栽培地区　中矮1号适于在华北、西北和辽宁西部等梨区应用，南方梨区可试栽。

【矮化砧中矮2号】（见彩版4图2-15）

选育单位：中国农业科学院果树研究所

1.选育经过　梨矮化砧木中矮2号亲本为香水梨×巴梨。2006年通过辽宁省品种审定委员会备案。

2.中矮2号主要性状　树冠为乱头形，树姿半开张。树干褐色，皮纵裂，落皮层出现较早。2～3年生枝赤褐色，木栓层厚，皮部粗糙。1年生枝红褐色，平均长50.8cm、粗0.45cm，节间长3.17cm。叶片狭长，长9cm，宽3.5cm，叶尖长尾形，叶基楔形，叶缘纫锯齿。母株至今未见开花结果。在辽宁兴城，4月上、中旬叶芽萌动，6月上、中旬新梢停止生长，10月下旬落叶。营养生长期200天。抗寒性较强，在吉林珲春地区无冻害；通过对中矮2号母株的枝干腐烂病和轮纹病的抗病性鉴定，表明中矮2号高抗枝干腐烂病、枝干轮纹病，病情指数均为0。

3.中矮2号作中间砧表现

3.1.亲和性　中矮2号作中间砧与基砧（杜梨、山梨）及栽培品种嫁接亲和性好，接口上下干粗无差异，没有大小脚现象，20年生嫁接树生长结果正常。

3.2.矮化性　中矮2号具有促进品种矮化的作用。以杜梨做基砧，中矮2号为中间砧（枝段长20cm）嫁接早酥梨的鉴定表明，5年生中矮2号中间砧嫁接早酥梨树高为119.3cm，矮化程度为乔砧对照的35.4%，较美国的OH×F51作中间砧早酥梨嫁接树矮32.7%。

3.3.早结果、早丰产性　中矮2号作中间砧具有促进嫁接树早结果的能力。以山梨做基砧，中矮2号为中间砧（枝段长20cm）嫁接早酥梨、锦丰，结果表明，矮砧嫁接树定植第2年结果株率为52.3%，第3年早酥梨结果株率为100%；锦丰梨矮砧嫁接树定植第2年结果株率为22.2%，第3年结果株率达70%以上，而乔砧对照树定植第2年结果株率均为0，第3年结果株率分别为28.5%和26.6%，中矮2号中间砧嫁接树较乔砧对照提早2～3年结果。中矮2号嫁接南果梨、早金香等品种，在苗圃地就有部分植株形成花芽。矮砧嫁接树的丰产性，除用株产或亩产表示外，目前，国内外多用以单位干截面积的产量，即产量效率来表示，产量效率能反映矮化中间砧嫁接树的丰产性能。中矮2号中间砧嫁接树结果产量效率平均为乔砧对照的1.63倍。矮砧嫁接树较乔砧对照树提早2～3年丰产。由此可以看出中矮2号作中间砧具有促进嫁接树早期丰产的特性。

3.4.对果实品质的影响　通过对中矮2号嫁接品种果实经济性状的观察，除果皮颜色稍发黄外，在果实大小、肉质、硬度、可溶性固形物含量及品质等方面与对照乔砧没有明显差异。

4.适宜栽培地区　中矮2号作中间砧适于在华西北、西南和辽宁等梨区应用，南方梨区可试栽。

三、桃

（一）普通桃

【龙山红蜜】（见彩版5图3-1）

（见彩版5图3-1）

选育单位：山东省章丘市林业局果树站　章丘市明水林业站
章丘市龙山街道办事处王户村

1.选育经过　2000年春，在山东省章丘市龙山街道办事处王户村李明富桃园中发现1株实生桃树（3年生，来源不详）果实个大、果皮全面浓红色、风味浓甜、5月30日成熟，选为优良单株。经进一步高接、育苗试栽及品种比较试验和区域试验，结果表明，该优良单株优良性状稳定，2007年通过山东省章丘市科技局组织的品种鉴定，并命名。

2.果实经济性状　果实近圆形，果实比对照品种春蕾大，平均单果重107.0g，最大果重160.0g。果皮底色绿白色，果实从果尖部开始着色，可全面着红色至深红色，色泽艳丽，果顶尖凹，缝合线浅，茸毛中多，梗洼中深、中广。黏核，果肉黄白色，肉质细，软溶质，汁液多，风味浓甜，品质上等，但果实着色期遇低温阴雨天气，着色不良，风味也淡。可溶性固形物含量10.73%，总糖含量8.79%，总酸含量0.18%，维生素C含量80.4μg/g，硬度5.8kg/cm^2，可食率93.5%。采后常温下可存放5～7天。

3.生长结果习性　龙山红蜜生长势中庸，5年生树树高3.2m，干周

33.0cm，冠幅4.4m×4.4m，外围枝平均长56.0cm。萌芽率高，成枝力较强。成花容易，花芽起始于第2～3节，复花芽多，且多在中部。在正常管理条件下，各类果枝均能结果，以中、短果枝结果为主，据调查，长果枝占结果枝的16.1%，中果枝占41.5%，短果枝占42.4%。自花坐果率57.0%以上，结果早，高接树高接后2年开始结果，高接树第3、4、5年平均株产11.2、25.3、28.3kg，栽植苗木第2年开花株率100%，2、3、4、5年生树平均每667m^{2}产量670、1 258、1 570、2 120kg。

4.物候期 在山东省章丘龙山镇，龙山红蜜3月20日花芽萌动，4月2～3日始花，4月5～8日盛花，4月12日终花，果实5月20日着色，5月30日果实成熟，果实发育期48天。11月上旬落叶，年生育期280天左右。

5.抗性和适应性 在山东济南，2006年4月10日正值龙山红蜜花期，夜间气温突然降至0℃以下，龙山红蜜花器受害率仅为8.0%，春蕾、安农水蜜、中华寿桃花器受害率分别为27.0%、36.0%、48.0%。在几年的栽培中未见龙山红蜜发生果实病害，桃细菌性穿孔病发生轻微。据在山东章丘市及泰安、历城、淄博等地引种试验，龙山红蜜无论是在平地还是在山地种植，均表现出早果、丰产、优质。

【历山佛桃】（见彩版5图3-2）

选育单位：安徽省东至县林业局

1.选育经过 历山佛桃是安徽省东至县林业局从东至县查桥乡查桥村曹学阳桃园中（1990年建园，苗木从四川省荣川地区引入，为日本水蜜桃品种）发现的早熟、大果型桃芽变新品种。该品种表现性状稳定、果实早熟、品质优良、丰产、稳产、经济效益高。2002年7月通过安徽省林木品种审定委员会审定并命名为历山佛桃。

2.果实经济性状 果实近圆形至椭圆形，横径7.97cm，纵径8.27cm。果实大，平均单果重268g，最大果重700g。底色绿白，果面光洁，色泽鲜红艳丽，阳面着红霞状条纹。果顶平或微凸，缝合线浅，较明显，两半部对称。果皮薄，完熟后果皮易剥离。果肉乳白色，近阳面深红色，细嫩多汁，风味浓甜，品质上等。可溶性固形物含量10.5%～12.0%。半离核，核重9.3g，可食率96.5%，较耐贮运。

3.生长结果习性 生长势强健，8年生树高1.8m，平均冠幅1.6m×1.6m，干周12.1cm。1～2年生幼树枝条年生长量112cm。萌芽率高，成枝力强。幼树以中果枝、长果枝结果为主，进入盛果期后各类果枝均能结果。花芽形成容易，复花芽较多，开始结果早，坐果率高，丰产性强，苗木栽后第2年即可结果，第3年株产5～6kg，第4年进入盛果期，平均株产50kg以上，每667m^{2}产量1 500kg以上，丰产稳产。

4.物候期 历山佛桃在安徽省东至县3月中旬萌芽，4月上旬盛花，花期约10天，4月中旬展叶，4月下旬抽梢，6月上旬果实成熟，果实发育期60天左右，10月底落叶。

5.抗逆性 花期遇连阴雨坐果仍表现良好。抗病虫害能力较强，果实生长期偶见桃蚜和桃一点叶蝉。

【春明】（见彩版5图3-3）

选育单位：山东省果树研究所

1.选育经过 春明原代号为89-6-3，1988年以春蕾作母本、雨花露作父本进行杂交。杂交果于6月初成熟后取出种胚，种胚接种到改良Tukey培养基中培养。种胚萌发并长到高5～10cm时，将其移植到温室。生长1年后，杂交苗定植于山东省果树研究所桃杂交圃。1994年开始结果，并初选为优良单株。经过连续3年对该优良单株果实性状鉴定，确定为复选优系。2003年11月通过山东省科技厅组织的成果鉴定并命名，同年通过山东省林木品种审定委员会审定。

2.果实经济性状 果实卵圆形或圆形，平均单果重144g，最大单果重188g。果皮底色黄绿色，果面鲜红色，阳面有深红色条纹；果顶圆、微凹，缝合线浅，两侧较对称。果核椭圆形，黏核，无裂核，胚呈微黄白色，有钝尖；果肉白色，硬溶质，汁液中多，纤维极少，风味甜酸，香味浓。可溶性固形物含量10.8%，可滴定酸含量0.16%，成熟时无裂果现象。

3.生长结果特性 幼树生长势强，新梢抽生副梢能力强，绝大多数1～2次副梢都能形成花芽。进入盛果期后，树势趋向中庸，新梢抽枝粗壮。长果枝占37%，中果枝占40%，短果枝占23%；自花结实力强，自然授粉坐果率达45.5%。在山东省泰安市定植1年生速生苗，当年形成花芽，开花结果株率达100%，平均株产4.2kg。4年生树产量29t/hm^2。保护地栽植，1年生树最高株产5.2kg，产量19.2t/hm^2。

4.物候期 春明在泰安市萌动期3月23日，盛花期4月10日，果实成熟期6月7日，果实发育期60天，较春蕾桃晚熟4天，较雨花露早熟约25天。落叶期10月18日，年生育期210天左右。

5.适应性 在泰安、济南、寿光等地不同立地条件下试栽均表现生长发育良好，树体健壮，抗寒、抗风、抗旱性强。因成熟期早，可避开病虫危害果实。

【春晓】（见彩版5图3-4）

选育单位：山东省青岛市农业科学研究院

1.选育经过 春晓（原代号86-1-10）是用早香玉作母本、优良品系81-9-1（早白凤×早香玉，1981年育成，早熟）作父本杂交育成。1986年杂交，取出杂交种核的种胚进行胚培养。1992年将编号为86-1-10杂交树选为优良单株。1992～1999年，对该优良单株进行了观察记载。2000年起在青岛市及周边地区进行了较小规模的适应性试栽，得到了试栽地果农和消费者认可，当时青岛市农业科学研究院暂将其命名为蜂王。以后在山东省及周边省、市进行生产试验，推广了一定的面积。试验、试栽结果表明蜂王（86-1-10）主要性状优良，2006年4月通过青岛市科技局组织的新品种鉴定，并命名为春晓。

2.果实经济性状 春晓果实椭圆或卵圆形，纵径6.5cm、横径6.35cm。在保护地栽培条件下，平均单果重100.0g，最大果重120.0g；在露地栽培条件下，其平均单果重为130.0g。果皮底色黄绿色至乳黄色，果面着鲜红色条纹，果顶部着色较浓，成熟果实着色面积占果面积的85%以上；其着色度为90.0%。果顶圆，缝合线浅，两半部匀称；果面茸毛少，果皮光滑。果皮薄，易剥离，离核，果核小，核重约占单果重的3%。果肉浅黄色至白色，近核处与肉色相同，肉质细、致密，溶质，纤维少，汁液中多，香气浓郁，风味浓甜。可溶性固形物含量10.0%～12.1%，可溶性糖含量8.2%，可滴定酸含量0.2%。

3.生长结果特性 春晓生长势中庸，萌芽率高，成枝力较强，新梢能抽生二次枝和三次枝。花芽着生节位低，结果枝的第1、2节即可形成花芽，且花芽多为复花芽。据调查，春晓在青岛市农业科学研究院露地栽培，苗木栽植后第2年新梢长49.7cm。各类果枝均能结果，其长果枝、中果枝、短果枝、花束状果枝分别占8.6%、19.6%、53.2%、18.6%。在正常管理条件下，苗木定植当年成花株率100%，平均单株形成花芽120个，最多单株形成花芽326个。春晓3年生树平均株产12.0kg，最高株产20.0kg，每667m^2产量1 700kg。

4.物候期 在山东省青岛市露地栽培条件下，春晓3月29日叶芽萌动，4月4日萌芽，4月12日始花，4月14日盛花，花期7天左右，4月13日展叶，6月12日果实成熟，果实发育期58天，11月上中旬休眠，年生育期约为210天。

5.抗逆性 在山东省的青岛、平度、莱西、东营等市，春晓均表现抗性及适应性强，生长发育良好，树体健壮。据在山东省青岛市农业科学研究院北宅基地试验园及周边果园调查，春晓在旱薄山坡地也能良好生长，耐瘠薄，抗寒，抗风。因其果实成熟期早，可避开病虫危害。

【锦春】 （见彩版5图3-5）

选育单位：北京市农林科学院农业综合发展研究所

1.选育经过 锦春原始亲本为白凤和寿星桃。母本白凤是日本品种，普通桃，花型为浅粉色单瓣大花型，7月中旬成熟，果型较大，白肉，风味优，黏核。父本寿星桃为矮化类型，树形矮小，花为粉色重瓣花，观赏价值高；果实小，不可食用。1976年采用白凤与寿星桃杂交，从第三代中选取红花重瓣，果实可食用的品系87–7–1与美国油桃早红2号进行杂交获得后代93–4–9与93–4–44，1997年两姊妹系进行杂交，2000年开始挂果，初选为优系，2001年复选，并嫁接繁殖，2001年末，实生苗移植至北京市农林科学院农业综合发展研究所顺义科技示范园，并在该园区、大兴北藏村等地安排区域试验。2003年结果，2004～2006年连续3年进行了各项试验观察，经济性状表现稳定。2007年通过北京市林木品种审定委员会审定并命名为锦春。

2.果实经济性状 早熟白肉甜油桃。果实圆正，果个中等，单果重63.0～92.8g，最大果重125.0g；平均果径5.36cm×5.61cm×5.69cm。果顶圆平，少数微凹，梗洼深度中等，广度中等，缝合线浅，两侧果肉对称。果皮光滑无毛，底色绿白，表面着条状、块状、斑状玫瑰红色，着色先从果顶开始，随着果实成熟，将遍及整个果面，色泽艳丽，果皮偶有轻微开裂。果肉乳白色，红色比率50%～70%，软溶质，硬度中等。口感较细腻，果汁多。风味甜、微香。可溶性固形物含量10.0%～12.0%，鲜食品质优。半离核，无裂核。花红色，单瓣或复瓣，开花早，秋季叶片呈紫红色，观赏价值高。

3.生长结果特性 树体健壮，树势较旺盛，树姿开张。结果早，2年生果树即可开花结果。各类果枝均能结果，幼树以长、中果枝结果为主，副梢结实能力强。3年生树果枝比率近100%，其中花束状果枝占10.07%，短果枝21.30%，中果枝7.24%，长果枝17.73%，徒长性果枝5.88%，副梢果枝量占37.78%，花芽起始节位低，3～4年生树多在第1、2节形成花芽；长果枝平均节间长度为2.50cm。复花芽多，结实力强，3年生树自然坐果率65.1%，4年生树坐果率74.3%，5年生树自然坐果率76.0%。

4.物候期 北京地区3月底至4月上旬萌芽，花期早，4月上开花，6月中下旬果实成熟，果实发育期62～69天左右，11月上旬落叶，生育期223天左右。

5.抗逆性 经历年观察，实生树、高接树、幼龄树等冻花芽较低，

2004年春北京地区桃发生不同程度的冻花芽，锦春冻花芽仅6.4%，自然坐果率74.3%。与2005年春季晚霜冻，北京郊区桃的坐果受到明显影响，而锦春坐果率仍达76%。幼树冬春季未见抽条现象。

【华春】（见彩版5图3-6）

选育单位：北京市农林科学院农业综合发展研究所

1.选育经过 华春原始亲本为白凤和寿星桃。母本白凤是日本品种，普通桃，花型为浅粉色单瓣大花型，7月中旬成熟，果实较大，白肉，风味优，黏核。父本寿星桃为矮化类型，树形矮小，花为粉色重瓣花，观赏价值高；果实小，不可食用。1976年采用白凤与寿星桃杂交，从第三代中选取红花重瓣、果实可食用的品系87–7–1与美国油桃早红2号进行杂交获得后代93–4–54，1997年采集93–4–54的自然授粉种子。2000年开始挂果，初选为优系。2001年复选，并嫁接繁殖。2001年末，实生苗移植至北京市农林科学院农业综合发展研究所顺义科技示范园，并在该园区、大兴北藏村等地安排区域试验。2003年结果，2004～2006年连续3年进行了各项试验观察，经济性状表现稳定。2007年通过北京市林木品种审定委员会审定并命名为华春。

2.果实经济性状 中熟白肉甜油桃。果实近圆形，稍长，果实较大，平均果重150g，最大果重168g；平均果径6.69cm×6.49cm×6.40cm。果顶圆平，梗洼浅，广度中等，缝合线浅，两侧果肉对称。果皮光滑无毛，底色绿白，表面着条状、块状、斑状鲜红色，着色先从果顶开始，随着果实成熟，着色比例可达50%～90%。果肉白色，红色比率小于25%，稀薄。软溶质，硬度中等。口感较细腻，果汁多。风味甜、微香，近核稍酸。可溶性固形物含量9.0%～12.0%，鲜食品质较好。半黏核，裂核比例近25%。多年未发现裂果。

开花早，花粉色，复瓣花，少数单瓣，部分花丝瓣化，花瓣数5～12枚，观赏价值高。

3.生长结果特性 树体健壮，树势旺盛，树姿半开张。结果早，2年生果树即可开花结果。各类果枝均能结果，幼树以长、中果枝结果为主，盛果期以花束状果枝和短果枝结果为主，副梢结实能力强。4年生树果枝比率100%，其中花束状果枝占12.89%，短果枝30.03%，中果枝6.40%，长果枝14.97%，徒长性果枝5.41%，副梢果枝量占30.30%，花芽起始节位低，3～5年生树多在第1、2节形成花芽；长果枝平均节间长度为2.86cm。复花芽多，结实力强，3年生树自然坐果率62%，4年生树自然坐果率73%，5、6年生树自然坐果率75%。

4.物候期 北京地区3月底至4月上旬萌芽，4月上中旬开花，7月6至12日果实成熟，果实发育期94天左右，11月上旬落叶，生育期228天左右。

5.抗逆性 华春抗寒性强。2004年春北京地区桃发生不同程度的冻花芽，华春实生树、高接树、幼龄树冻花芽仅为6.37%，自然坐果率达74.3%。与2005年春季晚霜冻，郊区桃的坐果受到明显影响，而华春坐果率仍达75%。

【瑞红】（见彩版5图3-7）

选育单位：北京市农林科学院林业果树研究所

1.选育经过 瑞红（代号94-2-42）是以大久保作母本、美国引进桃品种NJN72作父本杂交育成。1994年杂交，1997年开始开花结果，并初选为优良单株。经过连续4年鉴定该优良单株果实性状，确认该优良单株所结的果实果个大、果皮近全红色、果肉硬度大、风味甜、耐运输、丰产，2000年复选为新品系。1999年开始在北京等地试栽，试栽结果表明该优良品系优良性状稳定。2002年命名为瑞红，2003年通过北京市农作物品种审定委员会审定。

2.果实经济性状 果实近圆形，果形圆整，纵径6.89cm，横径7.00cm，侧径7.51cm；果个大，平均单果重193.0g，最大果重236.0g，果实大小均匀；果皮底色为黄白色，全面着红色，果顶圆，缝合线浅，梗洼中深，茸毛中等。果皮中等厚，难剥离，黏核。果肉黄白色，皮下多红丝，近核处无红色，肉质为硬溶质，纤维少，汁液多，有香气，风味甜。可溶性固形物含量10.0%，可溶性糖含量8.55%，可滴定酸含量0.32%，维生素C含量194.0μg/g。

3.生长结果特性 树势中庸，萌芽率较高，成枝力较强。在正常管理水平下，树形采用“Y”字形，高接后第6年树高2.75m，冠幅约4.10m×4.10m，枝条年生长量为107.0cm。花芽形成好，复花芽多，占总花芽量的76%，花芽起始节位低，为1～2节。各类果枝均能结果，幼树以长、中果枝结果为主。自然坐果率高，丰产性强，4年生树每667m^{2}产量可达1 500kg，盛果期树每667m^{2}产量2 000kg以上。

4.物候期 在北京地区，瑞红3月下旬萌芽，4月中旬盛花，花期持续1周左右。4月下旬展叶，5月上旬抽梢，果实7月上中旬成熟，成熟期比白凤提早10天左右，比砂子早生晚6天左右，比庆丰晚10天左右，果实发育期83天左右。10月中下旬落叶，年生育期210天左右。

5.抗逆性和适应性 在北京地区，瑞红母树、高接树、定植的幼树和成年大树，在近8年中未见严重冻花芽和抽条现象，2002～2003年北京及周边地区桃品种枝干受冻严重甚至冻死，而该品种表现正常。瑞红病害有桃细菌性穿孔病、白粉病等，虫害有蚜虫、潜叶蛾、红蜘蛛、梨小食心虫等。瑞红果实着色优于同期成熟的栽培品种，果形圆整，果肉硬度与早凤王相近，优于同期成熟的砂子早生、庆丰等品种。还具有早果、丰产、优质等特点。

【霞晖5号】（见彩版5图3-8）

选育单位：江苏省农业科学院园艺研究所

1.选育经过 1981年以朝晖为母本、中熟优质水蜜桃品系63-17-1（奉化玉露×早生水蜜）为父本进行杂交，1984年开始结果。经过连续3年鉴定，认为单株81-11-145果实大小均匀，外观美丽，风味极佳。1987年在南京、连云港、扬州等地试栽，1996年在南京、苏州、扬州建立区试园，1999年区试园开始结果，表现为味甜、质优、商品性好。2003年11月通过江苏省科技厅组织的品种鉴定。

2.果实经济性状 霞晖5号果实圆形，果顶圆平，平均单果重160g，最大单果重200g；果皮乳白色，有玫瑰色红霞；果肉白色，肉质为软溶质，纤维少，风味甜，有香气，黏核。可溶性固形物含量11.0%~13.0%，可溶性糖含量9.3%，可滴定酸含量0.15%，维生素C含量 81.4μg/g。

3.生长结果习性 树势强健，成枝力强，1年生枝长97cm，花芽起始节位低，为1~2节，以复花芽为主，复花芽占总花芽的68.7%，各类果枝均能结果，成花率高，自然坐果率高达60.49%。早果，丰产性好，苗木定植后第2年即可结果，盛果期每667m^{2}产量1 250~1 500kg。

4.物候期 在南京地区，霞晖5号3月下旬始花，3月底盛花，果实7月上旬成熟，熟期比早熟水蜜桃品种朝霞晚7天，比中熟水蜜桃品种白凤早7天，果实发育期95天左右，10月底至11月初落叶。

5.抗病虫性 在各区试点及引种地试栽，霞晖5号生长健壮，树姿较开张，无特殊病虫危害。据在南京、苏州、扬州调查，霞晖5号蚜虫及细菌性穿孔病感染较轻。果实大小一致，品质优良，不易感桃炭疽病、褐腐病。

【霞脆】（见彩版6图3-9）

选育单位：江苏省农业科学院园艺研究所

1.选育经过 霞脆是以雨花2号为母本、77–1–6［（白花×桔早生）×朝霞］为父本杂交育成，1992年杂交，1995年杂交单株开始结果。经过连续3年对果实经济性状、农艺性状的鉴定，初选出优良单株92–8–50，该优良单株果实外观美丽，风味甜，耐贮运。1998年在江苏省农业科学院园艺所果园扩大种植，1999年起在江苏省扬州、无锡、苏州、连云港等地试栽，试栽结果是该优良单株表现果大、风味甜、品质优、耐贮运性好，受到栽培者和消费者欢迎。2003年11月，通过江苏省科学技术厅主持的品种鉴定，定名为霞脆。

2.果实经济性状 果实近圆形，纵径6.35cm，横径6.45cm，侧径6.85cm，平均单果重165g，最大果重300g。果皮乳白色，果面80%以上着玫瑰红霞，腹部有少量锈条纹，果顶圆，两半部较对称；果面茸毛中多，果皮不易剥离，黏核。果肉白色，无红色素，近核处与肉色相同，肉质细、致密，为不溶质，纤维少，汁液中多，有香气，风味甜。可溶性固形物含量11.0%～13.0%，可滴定酸含量0.1%，维生素C含量108.0μg/g。耐贮运，常温下可贮7天以上。

3.生长结果特性 霞脆树势中庸，苗木栽后第4年冬季调查，徒长性果枝、长果枝、中果枝、短果枝、花束状果枝分别占1.72%、42.82%、19.54%、22.70%、13.22%，初结果树以中、长果枝结果为主，进入盛果期各类果枝结果均良好。花芽着生部位低，为第1～2节，复花芽占总花芽的65.1%，自然坐果率39.7%。花芽形成较好，苗木栽后第2年成花，第3年株产12kg，第4年株产24kg，盛果期每667m^2产量1 500kg。

4.物候期 在南京地区，霞脆3月上旬萌芽，3月下旬始花，4月上旬盛花，7月上旬果实成熟，霞脆果实成熟期介于朝霞、白凤这2个品种之间，果实发育期95天左右，11月上旬落叶，年生育期240天左右。

5.抗逆性 在扬州、无锡、苏州、连云港试栽点及其他引种地种植后，树体生长健壮，抗病虫能力较强。据在江苏省农业科学院园艺研究所试验园以及张家港、仪征等地调查，霞脆抗蚜虫及桃细菌性穿孔病，未感染桃缩叶病、桃炭疽病、桃褐腐病。

【河洛红蜜】（见彩版6图3-10）

选育单位：河南科技大学　洛阳市园林科学研究所　河南科技大学实验基地

1.选育经过 河洛红蜜桃母本是莱山蜜，父本是大久保和眉县冬桃的混合花粉，于1996年杂交。1997年9月中旬将栽培性状较为明显97-3-5单株嫁接在2年生毛桃砧木上，该单株1999年结果。经过2000～2006年观察，该单株果个大、离核、硬度大、风味甜、耐贮运，选为新品系，命名为河洛红蜜。

2.果实经济性状 果实近圆形，平均单果重350.0g，最大单果重800.0g，果皮底色黄白色，着玫瑰红色，果顶微凹，缝合线浅而明显，两半部较对称，茸毛稀短。果皮薄，易剥离，离核，其父母本为离核。果肉乳白色，近核处为深红色，果肉硬溶质，纤维少，汁液多，微香，风味甜。可溶性固形物含量14.0%～15.0%，可食率96%，不裂果，低温可贮放35天以上。

3.生长结果特性 生长势中庸偏强，5年生树高2.5m，冠幅3.0m×2.5m，干径10.5cm，平均新梢长75.0cm，平均节间长2.35cm，萌芽率中等，成枝力强。长、中、短果枝均可结果，短果枝花芽起始节位为第1节，长、中果枝花芽起始节位为第2～3节。复花芽多，苗木栽植第2、3、4、5年平均株产5.0、35.0、60.0、75.0kg。采前落果现象不明显，2003年5～8月连降大雨，莱山蜜和燕红采前落果率分别为15.0% 和10.0%，河洛红蜜落果率为6.0%。

4.物候期 在河南焦作和洛阳地区，河洛红蜜3月中旬叶芽萌动，3月底至4月初初花，4月上旬盛花，4月中旬展叶，4月下旬新梢迅速生长，果实于8月中下旬采收，果实发育期130天左右，11月中旬落叶。

5.适宜栽培地区 在河南省中部、西部和北部及山西省等适宜栽培桃的地区发展，其他地区的栽培表现尚未观察。

【华葆】（见彩版6图3-11）

选育单位：山东省邹平县林业局

1.选育经过 邹平县魏桥镇张平村果农在20世纪80年代初从农家栽培的桃品种中选出一优良单株，1992年于不同立地条件下试种，发现该优株果大质优，丰产性好，适应性广，抗寒耐旱。2001年8月通过山东省15位著名果树专家鉴评，2002年又通过了滨州市科技局对该品种的技术鉴定，并定名为华葆。陕西、山西、河北、河南、江苏、四川等省引种，邹平县目前已栽植533.3hm^2。

2.果实经济性状 果实扁圆形，单果重420～460g，最大单果重987g。平顶无尖，缝合线浅，成熟果实底色黄白，近核处有少许红晕，毛稀短，大部分着鲜艳红色，整齐美观，畸形果很少，无裂果现象。该品种初熟时即清脆可口，完熟期果肉微软，汁细，果肉白色，硬质脆果，酸甜适口，芳香味浓。可溶性固形物含量13.5%~15.8%，离核，核扁卵形。果实耐贮运，室温下存放10天以上不变质。

3.生长结果习性 树姿自然开张，树势强健，幼树年生长量大，树形形成快。在一般生长管理条件下，2年生树主枝延伸长度1.3m以上，冠径超过2m。秋季一、二次枝均可形成花芽，初果期树以中、长果枝结果为主，成龄树以中、短果枝结果为主，萌芽率、成枝力中等。在合理配置授粉树的条件下，定植后第2年见果，3年生树株产为30~50kg，4年生树株产为80~120kg，自花结实。适应性强，抗寒、抗旱、抗逆性强。

4.物候期 在山东省邹平县，3月上旬萌芽，4月上中旬开花，果实8月中下旬成熟，11月上中旬落叶。

【双久红】（见彩版6图3-12）

选育单位：莱阳农学院（现改名为青岛农业大学）

1.选育经过 2001年在山东省临朐县龙岗镇从2000年定植的川中岛白桃品种中发现一优良芽变单株。经过近4年高接试验、苗木建园观察、同功酶分析，证明该品种具有果个大、果肉硬、不裂果、品质好、采收期长、结果早、产量高、适应性和抗逆性强等优良性状和特点，其遗传性状稳定，选为优良芽变新品种，2005年8月20日通过山东省农业厅组织的专家鉴定。

2.果实经济性状 双久红果实圆形，横径8.95cm，纵径8.83cm。果个大，平均单果重380.0g，最大单果重850.0g，果实大小整齐一致。果实底色白色，全面着粉红色；果面光洁，果顶圆、平，缝合线深而广，两侧较对称。果肉白色，果肉近核处红色，黏核，肉质细、脆硬，风味酸甜可口，品质上等。耐贮运性好，可溶性固形物含量13.6%以上，果肉硬度7.0kg/cm^{2}以上，果实日灼轻，无裂果现象。

3.生长结果特性 双久红树势健壮，生长势中庸，结果部位外移较慢，树冠内枝条丰满。5年生树冠幅3.71.m×3.71m，干径10.5cm，外围延长新梢平均长34.5cm。萌芽率高，成枝力中等，中、短枝占总枝量的75.0%以上。树冠内膛光照好，内膛果枝结果良好，以中、短果枝结果为主。自花结实率低，以早露蟠桃、中华寿桃等品种作授粉树，自然授粉坐果率在58.0%以上。苗木定植后第2年开始结果，第3年丰产，行株距4m×2～3m的盛果期树每667m^{2}产量4 000kg以上。

4.物候期 在山东省潍坊地区，双久红叶芽于3月上旬萌动，花芽于3月中旬萌动，盛花期在4月上中旬，花期持续17天，果实发育期120天左右，果实8月上中旬可采收上市，主采收期为8月中旬至9月中旬，最晚可在9月底采收，采收期长，果实成熟后挂在树上1个多月品质不变。11月上旬落叶，年营养生长期230天左右。

5.适应性 双久红适应性较好，抗旱，耐寒，在山地、平原栽培均表现生长结果良好。在沙壤土和壤土上，果实外观艳丽，风味甜，香味浓。花期和幼果期抗晚霜的能力较强，在2003～2005年春季连续遭受晚霜冻的情况下，双久红仍能保持高产、优质，2005年单位面积产量是川中岛白桃的2倍以上。双久红适合在川中岛白桃的适宜栽培地区推广栽培。

【华玉】（见彩版6图3-13）

选育单位：北京市农林科学院林业果树研究所

1.选育经过 华玉是1990年以京玉（大久保×兴津油桃）为母本、瑞光7号（京玉×B7R2T129）为父本杂交，1994年开始结果，并初选为优良单株。经过连续3年的鉴定，该单株表现果个大、风味甜、果肉白而细密、离核、果肉硬度大、耐贮运，于1996年复选为优系（复选号为北京38号）。1997年开始在北京等地区试，区试结果表明其优良性状稳定，经济价值高。2000年命名为华玉，2002年通过北京市农作物品种审定委员会审定。

2.果实经济性状 果实近圆形，纵径7.92cm，横径7.76cm，侧径8.23cm，果个大，平均单果重270g，最大果重600g。果皮底色为黄白色，果面一半以上着玫瑰红色或紫红色晕，外观鲜艳，茸毛中等，果顶圆，缝合线浅，梗洼深度和宽度中等。果皮中等厚，不易剥离，果肉白色，皮下无红，近核处有少量红色，果肉硬、细而致密，汁液中等，纤维少，风味浓甜，有淡香味，不褐变，耐贮运。核较小，鲜核重8.0g，占果重的2.96%，离核。可溶性固形物含量13.5%，可溶性糖含量9.73%，可滴定酸含量0.71%，维生素C含量107.6μg/g。

3.生长结果习性 树势中庸，萌芽率高，成枝力强，在一般管理水平下，4年生树树高为3.35m，干周为35.5cm，冠幅4.35m×4.55m，枝条年生长量112cm。初结果树以长果枝结果为主，进入盛果期后各类果枝均能结果，花芽形成容易，复花芽多，早果、丰产性强，苗木栽后第2年即可结果，第3年平均株产15.6kg，第4年产量可达1 333kg/667m^2，盛果期树产量2 000kg/667m^{2}以上。

4.物候期 在北京地区，一般3月下旬萌芽，4月中旬盛花，花期约1周，4月下旬展叶，8月下旬果实成熟，果实发育期125天左右，10月中下旬落叶，年生长期210天左右。

5.抗逆性 在北京地区，该品种母树、高接树、幼树和成年大树，10年内未见严重冻花芽和抽条现象，树体和花芽抗寒力均较强。2002~2003年冬季低温造成北京及周边地区一些桃品种严重受冻甚至死亡，而该品种表现正常。无特殊敏感性逆境伤害和病虫害。近年来在北京、河北、山东、陕西、甘肃等省（直辖市）开始示范推广。

【金世纪】（见彩版6图3-14）

选育单位：河北职业技术师范学院园艺系

1.选育经过 1989年秋，从丹桂×雪桃的杂交后代中，选择相对优良的单株，采集该优良单株果实的桃核于1990年春播种，1992年定植在河北职业技术师范学院育种基地。1993年起，杂交实生树陆续进入结果期。1994年春，将3个重点优株高接在5年生大树上，每个优株高接3株，高接树次年结果，果实的优良性状表现稳定，确定为优系，其中58号优系果面和果肉呈金黄色，暂称为金世纪。1998年将金世纪扩大试栽，并进行品种比较试验，试栽结果表明金世纪果实个大、风味甜、有香气、耐贮运，同时具备黏核、不溶质的加工性状的育种目标。2002年8月同行专家对金世纪进行了现场验收，并将果实进行贮藏。2002年9月河北省科技厅组织鉴定委员会对金世纪进行了技术成果鉴定。

2.果实经济性状 金世纪果实圆形，果形端正，两面对称，平均单果重300g，最大单果重500g以上。底色黄，有红色晕，着色面积占果面的30%～50%。果顶平或微凸，缝合线极浅，果面光滑，果面茸毛短而稀少。果肉金黄色，肉质细，不溶质，纤维含量中等，少红色素。果皮不易剥离。果汁较多，香气浓，风味甜，可溶性固形物含量12.0%～15.0%。黏核，果核较小，圆形，可食率95%～96%，果核附近无红色放射线，鲜食品质优良。常温下可贮藏10天左右，低温下（2～4℃）可贮藏20～40天左右。

果实加工成罐头合格率95%～98%，原料利用率72%～77%，耐煮。成品块形完整，肉质致密，较韧，切削良好，有光泽，汁液清，香气中等，甜酸适度，无异味。

3.生长结果习性 树势强健，树姿半直立。新梢生长呈连续状态，自然状态下一般分枝2次，连续摘心可形成3～4次分枝，并均可形成花芽，新梢在9月上旬基本停止生长。长、中、短果枝均可结果，但以中、短果枝结果为主，属于北方桃树品种群。花期可与其他品种相遇，并与多数品种有较好的亲和性，自然坐果率55%～75%。有花粉，花粉生活力85%～90%，自花结实率61.3%，无需配置授粉树。采前落果轻，丰产性强，行株距5m×4m，盛果期每667m^2产量2 000～3 000kg。在管理不当的情况下有裂果现象。

4.物候期 在河北省昌黎地区4月上旬萌芽，4月下旬开花，果实8月下旬成熟，发育期120～125天，11月上旬落叶。

5.适应性与抗性 金世纪没有特殊病虫害，曾经发现危害该品种的病害有桃穿孔病、炭疽病、黑星病、白粉病；危害该品种的虫害有蚜虫、潜叶蛾、红蜘蛛、梨小食心虫、红颈天牛。

在适宜栽植桃树的土壤中均能正常生长结果。树体抗寒性较弱，适合在比较温暖的地区栽培。

【金露】（见彩版6图3-15）

选育单位：大连市农业科学研究所

1.选育经过 1975年选用罐藏黄桃品种黄露作母本、优良品系17-39（黄金桃×中割谷）作父本杂交，1981年开始结果并选为优良单株。1982年进行小样加工试验，品评结果是罐制品色、味均佳，1983年复试加工试验，加工罐头成品每罐片数、块形、色泽、肉质、汤汁、风味等加工指标均达到原轻工业部颁布标准，明确了优良单株的果实具有良好的加工性状，被选为优良新品系。又经过连续多年调查果实经济性状、加工试验以及中型加工试验，证明优良新品系的鲜食性状和加工适应性均达到育种目标，定名为金露，2006年8月通过大连市科学技术局组织的成果鉴定。

2.果实经济性状 果实圆形，纵径6.92cm、横径7.05cm、侧径7.24cm，果个大，平均单果重201.1g，最大单果重237.4g，果皮浅橙黄色，向阳面呈暗红色晕和较明晰断条纹。果顶圆，两半部匀称，顶点凹入。黏核，核圆形，中大，核重14.3g，肉核比为13∶1。果肉橙黄色、鲜艳，肉质细、密，韧性较强，不溶质，肉厚2.14～2.56cm，近核处稍有红晕，汁液中多，风味酸甜，有清香味。可溶性固形物含量10.14%，可滴定酸含量0.44%，维生素C含量49.70μg/g，弹力0.873kg/cm^2，抵抗力0.714kg/cm^2，运输过程中损耗率低，耐贮运。可食率93.0%，加工吨耗量0.93t，吨耗量低，加工利用率高。参照原轻工业部统一的糖水罐头质量评分标准，进行感官鉴定，金露罐制品块形大而整齐，色泽橙黄、鲜艳、均匀一致，有光泽，肉厚1.8～2.2cm，色卡8～9级，有透明感，肉质软硬适中，组织细密。加糖水调剂后，风味酸甜适口，有清香，汤汁清澈，汁液浓稠。

3.生长结果特性 金露生长势强健，树冠大，5年生树树高3.14m，冠幅3.99m×3.99m，干周31.20cm。抽生副梢能力强，长、中、短结果枝比率差异不大，长果枝占37.48%，短果枝占28.61%。中、长果枝有叶芽节位的比率都在60%以上，冠内新梢较多；中、长果枝有花芽节位的比率在70%以上，可保证结果。复花芽所占的比例高，结果枝不易光秃，自然坐果率49.79%，连续结果能力强。该品种在超负载情况下，新梢仍可正常发育并保持有健壮枝条。

金露丰产性好，在瓦房店市复州城进行大面积生产示范，苗木定植后第2年结果，4年生株产24.4kg，5年生株产38.0kg，6年生株产60.2kg，7年生盛果期株产78.0kg。按每公斤售价1.4元计算，每667m^{2}产值6 006元，扣除成本，每667m^{2}纯经济效益4 804.8元。

4.物候期　在大连地区，金露萌芽期4月10日，始花期4月27日，盛花初期4月30日，盛花终期5月2日，果实成熟期8月29日，落叶期11月中旬。

5.抗性　辽宁省庄河市没有栽培黄桃的历史，金露育成后在庄河试栽未发现冻害。2004年大连地区遭遇寒冬，2005年春季调查统计，桃品种黄露几乎绝产，黄菊未受冻芽率为22.65%～71.86%，金露产量几乎没有受到影响。

从瓦房店市复州城八里村8年生树调查结果看，与同一果园栽培的其他桃品种相比，金露发生桃细菌性穿孔病、桃缩叶病均较轻。在周围其他桃品种蚜虫危害较重的情况下，金露只受轻微危害，有的甚至完全无危害，观察认为金露对蚜虫有抗性。

金露存在的缺点是，果实完全成熟时向阳面果肉红晕较多，果核偏大，第1年结果时往往会出现果个偏小的现象，但从第2年开始果个便恢复到正常。

【晚9号】（见彩版6图3-16）

选育单位：山东省蒙阴县果业局　蒙阴县科技局

1.选育经过　桃新品种晚9号是山东省蒙阴县杲树良种苗木繁育中心于2003年从蒙阴县徐家沟村1999年栽植的绿化9号生产园中发现优良株变。发现时母树8年生，果实硬度大，不溶质，极耐贮运，货架期长，综合性状明显优于对照品种绿化9号，选为优良单株。2005～2007

年栽植建立试验园0.4hm^2，同时在山东莱芜、枣庄和龙口建成试验园0.4hm^2，复选并决选为新品系。2007年12月通过临沂市科技局组织的专家鉴定，因其果实成熟期比原品种绿化9号晚10～15天，取名为晚9号。

2.果实经济性状 果实圆形，果个特大，平均单果重205.0g，最大单果重341.0g，果个比原品种绿化9号（平均单果重175.0g）大。果皮底色黄白色，全面着色红色至深红色，两侧对称，果顶平，缝合线明显，茸毛稀而短，果柄稍长，梗洼中深。黏核，果核小。果肉白色，散生玫瑰红点，近核处为红色；肉质紧密、细，不溶质，有香味，风味浓甜，鲜食品质佳。可溶性固形物含量12.0%～14.0%。硬度大，采收时果肉硬度11.1kg/cm^2，绿化9号果肉为溶质品种。晚9号果实极耐贮藏，室温下贮藏到第10天，果肉硬度9.2kg/cm^2，绿化9号果实成熟后果肉即变软。

3.生长结果特性 生长势偏旺，生长健壮。萌芽力率高，成枝力强，发枝多，1年可抽生多次枝，树冠很容易形成，3年生冠径可达3.5m。果枝细，长、中、短果枝均可结果，初结果树以长、中果枝结果为主。花芽起始节位低，自枝条基部2～3节开始着生，复花芽占总花芽数的50.0%以上，自花结实率60%～70%，坐果率高。早果、丰产性强，试验园栽植的晚9号苗木栽后第2、3年每667m^{2}产量1 000、2 000kg以上。

4.物候期 在山东蒙阴，桃新品种晚9号3月中旬萌芽，4月上旬开花，花期持续7～8天，8月下旬果实成熟，果实成熟期比绿9号晚10～15天，果实发育期135天，11月上旬落叶，全年生育期240天。

5.适宜发展区 晚9号品种在山东、山西、陕西、河北、辽宁等长江以北的各个桃主产区都适宜发展，长江以南的桃主产区宜在排水良好的丘陵或山地引种试栽成功后再发展。

【晚世纪】（见彩版6图3-17）

选育单位：河北科技师范学院园艺园林系

1.选育经过　晚世纪与21世纪和金世纪系同一杂交组合，即1989年秋天在丹桂与雪桃杂交后代中，选择优良单株再进行自交，1992年春在育种果园定植杂种实生苗，实生苗1993年进入结果期，将其中的优良单株陆续进行高接比较试验。2002年第3个优系高接树进入盛果期，表现为果实个大，风味较甜，晚熟，耐贮运，同时具备黏核、不溶质的加工性状，符合预期的育种目标，定名为晚世纪。2003年，秦皇岛市科技局组织同行专家进行了技术成果鉴定。

2.果实经济性状　果实圆形，平均单果重300g，最大单果重500g。果面底色绿白，着紫红色霞，面积占50%～70%。果形端正，两面对称，果顶平或微凸，缝合线极浅，果面平整，茸毛较多。果皮不易剥离，果肉白色，不溶质，质地韧，成熟度一致，果肉粗纤维较少，少红色素。果汁中多，风味较甜，鲜食品质优良。黏核，核较小，圆形，核附近无红色放射线。可溶性固形物含量12.5%左右，可食率95%左右。果实在室温条件下（22～25℃）用塑料袋包装可贮藏10～15天，风味和商品价值没有明显降低。2～4℃条件下塑料袋包装可贮藏30～40天以上，贮藏后风味变化不大。

果实加工罐头合格率95%～98%，原料利用率73%～78%，耐煮。加工成品块形完整，肉质致密，较韧，切削良好，有光泽，汁液清，香气中等，甜酸适度，无异味。

3.生长结果习性　晚世纪树势强健，树冠较直立。长、中、短果枝均可结果，但以中、短果枝结果为主，中、短果枝所结果量占株产量的70%～80%，属于北方桃树品种群。花期与其他品种（21世纪、金世纪、晚红蜜）的花期相近，与多数品种授粉有较高的亲和性（授粉2周后坐果率为70%～90%），自然授粉坐果率60%～75%。花粉多，花粉生活力85%～90%（培养基法），建园时无需配置授粉树，丰产性强，采前落果轻。管理不当的情况下（如病虫害较严重），或生长后期雨水多会发生裂果。

4.物候期 晚世纪在河北省昌黎地区，4月上旬萌芽，4月下旬开花，9月上旬果实成熟，果实发育天数135天左右，11月上旬落叶。

5.适应性与抗性 晚世纪桃没有特殊病虫害，已经发现的病害有桃细菌性穿孔病、炭疽病、黑星病、白粉病等；虫害有蚜虫、潜叶蛾、红蜘蛛、梨小食心虫、红颈天牛等。晚世纪对土壤没有特殊要求，但要避免在偏碱的土壤条件下栽培。果实生长后期如遇大雨有裂果发生，采用套袋栽培技术或通过及时排水可以解决。

晚世纪属于晚熟品种，抗寒性较弱，适合在比较温暖的地区栽培，最适栽培区域为河北省中、南部地区。在比较冷凉的地区栽植晚世纪桃树应慎重，冬季必须采取防寒措施，如利用绑缚法对树干和三主枝进行保护。用毛桃作砧木并高接栽培对提高抗寒性有一定效果。

【玉西红蜜】（见彩版7图3-18）

选育单位：河南科技大学

1.选育经过 玉西红蜜桃是用晚红蜜作母本、用八月鲜（9月中旬成熟）和眉县冬桃（丰产性好）的混合花粉作父本杂交育成。1996年杂交，1997年春播种，9月中旬将栽培性状较为明显的大叶杂交实生苗嫩枝嫁接在2年生毛桃实生砧木上。嫁接植株于1998年结果，经过1999～2005年连续6年观察，从中选出玉西红蜜。

2.果实经济性状 果实圆形，果形指数1.0，平均单果重350.0g，最大单果重500.0g，大小整齐。果皮底色黄白色，果面着玫瑰红色，果顶微凹，缝合线浅而明显，两半部较对称，茸毛稀、短。果皮薄，完熟后易剥离，黏核。果肉乳白色，皮下有红色素（贮藏后或延迟采收，红色素增加），近核处为深红色，果肉为硬溶质、脆，纤维少，汁液多，有微香，风味甜。可溶性固形物含量16.0%～17.0%，可食率96.0%，耐贮藏。

3.生长结果特性 玉西红蜜生长势强，5年生树高2.5m，冠幅3.0m×2.5m，干径10.5cm，1年生枝平均长75.0cm，萌芽率中高，成枝力强。长、中、短果枝均可结果，短果枝花芽起始节位为第1节，长、中果枝花芽起始节位为第2～3节，复花芽多，苗木栽植第2～5年平均株产分别为5、35、60、75kg，丰产性比母本品种晚红蜜强，无采前落果现象。

4.物候期 在河南省焦作和洛阳地区，玉西红蜜3月中旬叶芽萌动，3月底初花，4月上旬盛花，花期持续8～9天，4月中旬展叶，4月下旬新梢迅速生长，果实9月中旬成熟，成熟期比母本晚红蜜晚，果实可分2～3次采收，果实发育期160～170天，落叶期为11月中旬。

5.抗逆性 2001年冬至2002年7月未浇水，也未降雨，玉西红蜜仍丰产。2003年5～8月，连降大雨并出现连阴天，该新品系仍然丰产。该品系几乎不感桃细菌性穿孔病，桃褐腐病极少。

【铁岭秋桃】（见彩版7图3-19）

选育单位：辽宁职业学院园艺系

1.选育经过 1998年以丹桃1号（毛桃自然实生，辽宁省丹东市农业科学研究所选育）作母本、92-04-01（毛桃自然实生，引自辽宁省抚顺县哈达镇）作父本进行杂交。2002年杂交实生树开始结果，2003年全部开始结果。2003～2005年经过连续3年观察鉴定，从中选出优良单株，并嫁接繁殖进行生产试验，试验结果表明优良单株优良性状稳定，桃果实综合性状优于亲本。选育地辽宁职业学院的果树基地位于铁岭，加上果实秋季成熟，故取名为铁岭秋桃。2008年9月通过辽宁省教育厅和辽宁省种子管理局组织的品种鉴定。

2.果实经济性状 果实圆形，平均单果重160.0g，最大单果重225.0g，果个较整齐。果皮浅黄色至浅绿色，有红晕，果尖突出，梗洼中浅。果皮较薄，果核椭圆形，有沟纹，离核。果肉乳白色，近核处果肉红色，肉质细腻，汁液多，有浓郁毛桃风味，风味甜，适宜鲜食。可溶性固形物含量13.0%～15.0%，可滴定酸含量0.45%，维生素C含量370.5μg/g。冷藏可贮藏21天。

3.生长结果习性 铁岭秋桃生长势中庸偏强，树冠较矮，3年生树高2m左右，骨干枝分枝部位低。萌芽率高，成枝力强，极性生长不明显。树冠内枝条密度中等，枝条较软，1年生枝长80～120cm，初结果树以中、长果枝结果为主，其长、中、短果枝和徒长性果枝分别占26%、39%、29%、6%，盛果期树长、中、短果枝均能结果，坐果率高，果枝连续结果能力强，大小年结果现象不明显。嫁接苗栽后第2年开始结果，第3年平均株产12kg，最高株产20kg，折合每667m^{2}产量1 000kg。

4.物候期　在辽宁铁岭地区，铁岭秋桃4月上中旬花芽膨大，4月下旬为始花期，4月下旬至5月上旬盛花期，8月中旬新梢停止生长，果实9月中旬成熟（龙白桃8月下旬成熟），属中晚熟品种。10月中旬落叶。

5.抗寒性　自苗木1999年定植到2008年，铁岭秋桃在1月平均气温−16.5℃、最低气温−28.7℃没有发生冻害；在1月平均气温−17.5℃、最低气温−34.6℃的2001年，花芽遭受冻害，受冻情况与毛桃相同，在同一个果园栽培的桃品种龙白桃、丹桃1号受冻较铁岭秋桃和毛桃严重。铁岭秋桃在辽宁省北部能露地越冬，在1月平均气温−13.1℃地区可以安全生产，能耐−30～−35℃的极端低温。

6.适宜发展地区　铁岭秋桃抗寒力强，在辽宁中北部地区可以露地栽培，其他地区应试栽。

【金秋】（见彩版7图3-20）

选育单位：山西省农业科学院果树研究所

1.选育经过　1981年以山西省当地鲜食桃品种阳泉肉桃为母本、以日本加工专用桃品种明星为父本进行杂交，初选出的优良品系81−7−15果实成熟期比大久保晚。1990年播种优良品系81−7−15自然授粉种子，1996年从这些实生后代中初选出符合育种目标的优良单株“东5−14”。该品种果实为金黄色，成熟期正值秋季，故取名为金秋。2003年9月通过山西省科技厅组织的品种鉴定。

2.果实经济性状　金秋果实近圆形，果实纵横径为6.9cm×7.0cm；平均单果重186.7g，最大果重487.0g；果皮底色金黄色，阳面鲜红色，呈片状，着色面积80%以上。果顶微突，缝合线浅，不明显，两半部对称，茸毛中，果皮不易剥离，黏核，核形状为倒卵圆形，棕色；核窝小，核面较粗糙，裂核少。果肉金黄色，肉质致密，果肉内无红色素，近核处略带红色，不溶质，纤维少，汁液少，有香气，风味甜，鲜食品质上等，可溶性固形物含量13.0%～15.0%。在冷藏条件下（2～4℃）可贮藏30天左右，耐贮运性较好。

3.加工性能 1996年以来，在山西省果树研究所内对金秋进行加工试验，样品制作工艺流程：采用手工劈桃挖核→碱液去皮→清洗→预煮→修整装罐→加糖水→排气→封口→杀菌→自然冷却。1996～2004年共加工原料1 270.5kg，劈桃挖核123.24kg，损耗率9.7%，装成品2 287瓶（1 140.26kg），每加工1t罐头成品需用金秋桃1.033t。在加工过程中，近核处果肉极少量红色素经碱液去皮后即可消失，果肉不褐变，耐煮，在100℃水中预煮5～10分钟，无毛边现象，果肉色泽达到出口黄桃比色卡的7～8级。金秋是一个加工性能优良的品种。

4.生长结果特性 该品种树体生长势强，3年生树高2m，干周40cm，冠幅2.8m×2.7m，新梢平均长115cm、粗0.57cm，平均节间长2.1cm。以中、长果枝结果为主，长果枝占40%．中果枝占35%，短果枝占15%，花束状果枝占5%，徒长性果枝占5%。花粉量较大，自花结实率59.7%以上，自花结实率高。金秋丰产性好，苗木定植后第2年即可成花，第3年平均株产12.5kg，每667m^{2}产量650kg。

5.物候期 在山西省晋中地区，金秋4月上中旬萌芽，4月中下旬为盛花期，花期持续7天左右，4月中下旬叶芽膨大，9月中下旬果实成熟，果实发育期150～160天，属于晚熟品种。10月下旬开始大量落叶，11月上旬落叶终止，年生长期200天左右。

6.抗性及适应性 2002年冬季，晋中地区最低气温达到−28℃，桃树遭受严重冻害。2003年盛花期调查结果表明，试验园中金秋受冻花芽率明显低于大久保和当地品种三台肉桃。

【金秋红蜜】（见彩版7图3-21）

选育单位：山东省果茶技术指导站　临朐县营子镇沙崖村　临朐县果树站

1.选育经过　金秋红蜜是冬桃的自然实生。1986年冬季在处理冬桃桃核时，从4万多个桃核中偶然砸出的1个特大桃仁，将该桃仁保存，第2年春天播种，该桃仁所长出的桃苗于1991年结果。经鉴定发现，该桃苗所结桃果着色比冬桃好、果个比冬桃大、含糖量也高，选为优良单株。经嫁接鉴定，1995年选为新品系。1995～2001年连续观察6年，确认该品系遗传性状稳定。经专家初步评审后，于2001～2006年在山东省临朐、淄博、泰安、临沂、青岛等地试栽，性状稳定。2006年10月通过了专家鉴定，并定名为金秋红蜜，2007年9月通过山东省农作物品种审定委员会审定。

2.果实经济性状　果实圆形，果个大，平均单果重285.0g，最大单果重600.0g，大小均匀。成熟果实底色乳白色，套袋果着色面积占果实面积的70%以上，缝合线较明显，果顶略突，果面茸毛稀、短。果皮中厚，不易剥离，黏核，近核处有红晕。果肉乳白色，肉质细、密、硬、脆，香味浓郁，风味甘甜，品质上等，可溶性固形物含量15.0%～20.0%，最高达25.5%，耐贮运，货架期长。

3.生长结果习性　生长势强健，幼树生长旺盛，新梢多次分枝，如配合2～3次夏剪，当年即可形成稳定的丰产树形。萌芽率高，成枝力强，5月底外围延长枝新梢长79.5cm，并抽生大量副梢。枝条成花易，绝大多数1～2次副梢都能形成花芽结果，长、中、短果枝均能结果，长、中、短果枝分别占58.6%、20.7%、20.7%。花芽饱满，复花芽多，花量大，自花结实率高，自然授粉坐果率达24.3%。金秋红蜜幼树成花早，结果易，具有结果早、丰产特点。2002年在临朐县营子镇沙崖村栽植1年生速生苗，当年即能形成花芽，开花、结果株率在100%以上，株产3.5～3.9kg，第4年进入丰产期，每667m^{2}产量在4 000kg以上；在淄博和泰安，3年生树折合每667m^{2}产量为999.6、1 075.2kg。

4.物候期　在山东潍坊地区，金秋红蜜3月底萌芽，4月4日初花，4月9日花期结束，花期比对照品种冬桃早4～6天，4月下旬新梢开始旺长，

9月20日前后果实着色，果实9月底至10月中旬成熟，果实发育期175天，比冬桃早熟约15天，11月中旬落叶。

5.适应性 金秋红蜜在山东省临朐、淄博、泰安、临沂、青岛等不同立地条件下栽培，均表现出良好适应性，耐瘠薄，耐旱，生长良好，生长量大，树冠成形快。2002年春在受晚霜危害情况下，仍能坐果。桃褐腐病、桃疮痂病和桃细菌性穿孔病很少发生。

（二）蟠桃

【双红蟠】（见彩版7图3-22）

选育单位：青岛农业大学园艺学院 昌乐县农业局 临朐县龙岗镇

1.选育经过 2003年以耐贮运、大果、丰产、优质、早熟为选育蟠桃新品种目标，进行了广泛的田间普查，在山东省临朐县龙岗镇2001年定植的早露蟠桃园中发现了符合育种目标的优良变异单株。2004年春在临朐县龙岗镇双埠村用4年生早露蟠桃树进行高接，共高接50株，以生产上的主要栽培（原）品种早露蟠作对照，进行品种比较试验。同时2004年和2005年繁育苗木5 000株，还分别在临朐、安丘、莱阳等地进行多代嫁接试验，以确定新品种的遗传稳定性和适应性。经过近4年观察高接树和苗木建园树，证明其遗传性状稳定，与早露蟠相比，新品种表现为果个大、果肉厚、果皮着色鲜艳、成熟后硬度大、产量高、品质好。经观察和同工酶分析，认定该品种为早露蟠的芽变品种。2007年7月通过山东省农业厅组织的品种鉴定。

2.果实经济性状 果实扁圆形，平均单果重131.5g，最大单果重250.0g，比原品种早露蟠重40.0g左右，且大小整齐一致。果实纵径4.02cm，横径7.81cm，比原品种早露蟠分别大24.5%和31.3%。80%以上果面着粉红至鲜红色，外观美，而原品种早露蟠仅果顶处着暗红色。果顶部平凹，果肉白色，成熟后肉质细、脆，有香气，风味甜，品质优良，核小，黏核，而原品种早露蟠果实成熟后柔软多汁，风味较淡。可溶性固形物含量14.0%，比早露蟠高；成熟时果实硬度大，高于早露蟠，耐贮运性好，采后自然货架期1周以上，比早露蟠延长4～5天。

3.生长结果特性 生长势中庸，6年生树冠幅3.7m×3.7m，干径10.2cm，外围延长新梢平均长14.9cm。萌芽率高，成枝力中等。以中、短果枝结果为主，长、中、短果枝所占比率分别为24.3%、18.6%、57.1%。树冠内膛果枝结果良好，结果部位稳定，内膛果实产量比早露蟠高80.0%。自花坐果率高，以早露蟠、中华寿桃等作授粉树，自然授粉坐果率61.0%以上。采用当年速生苗建园，栽植行株距4m×2～3m，第2年开始结果，平均株产可达10kg，第3年进入丰产期，平均株产50kg以上。盛果期每667m^2产量在5 000kg以上。果实成熟后不采也可在树上挂20 天以上，基本不裂果，硬度下降慢，品质基本不变。

4.物候期 在山东省潍坊地区，双红蟠3月上旬叶芽萌动，3月中旬花芽萌动，4月上中旬盛花期，花期7天左右。果实发育期65 天左右，6月中旬开始采收，可采到7月上旬。11月上旬落叶，年营养生长期230天左右。

5.适应性 双红蟠在山地、平原均表现生长结果良好，栽在沙壤土或壤土上，果实果面光滑、外观艳丽、风味甜、香味浓。花期和幼果期抗晚霜能力较强，在2004～2007年春，试验地的双红蟠在花期、幼果期连续发生霜冻的情况下，仍能保持高产优质，2007年的产量是早露蟠的1.5倍。较耐干旱，在干旱条件下，叶片的光合速率和水分利用率均高于原品种早露蟠。在桃树适宜栽培区均可引种进行露地和设施栽培。

【红蜜蟠】（见彩版7图3-23）

选育单位：河北农业大学园艺学院

1.选育经过 红蜜蟠是早露蟠桃的株变，早露蟠桃是北京市农林科学院林果研究所1978年从撒花红蟠桃与早香玉杂交后代中选育出的蟠桃极早熟品种。1986年河北省满城县引进早露蟠桃苗木并采用露地栽培，1997年进行日光温室栽培。2000年发现日光温室栽培的1株树所结果实的成熟期比早露蟠桃晚，果实着色好、品质优良，将其选为优良单株。经育苗栽培后进一步观察，性状稳定。2008年10月通过走访专家，认为果实性状与植物学特征与早露蟠桃相近，DNA鉴定认为它与早露蟠桃存在明显差别，初步认定为早露蟠桃相关品系变异，但亲源关系仍需继续深入研究。2008年12月通过河北省林木品种审定委员会审定，定名红蜜蟠。

2.果实经济性状 果实扁平形，纵径4.1cm，横径8.0cm，侧径7.6cm。平均单果重144.0g，最大单果重190.0g。果皮底色乳白色，果面玫瑰红晕，着色面积占果实表面积的80%以上，果顶明显凹陷，有少量裂顶，缝合线突出，两侧稍不对称，果实15%左右厚薄不均现象；梗洼浅而广，果实与果柄结合紧密，采摘时未见果皮破皮现象。果皮中厚，果皮与果肉不易剥离，果核小，果核重占果重的2.8%，黏核。果肉黄白色，皮下有少量红色素，近核处同肉色，果实硬，为硬溶质，汁液多，风味甜。可溶性固形物含量13.2%；果肉硬度11.2kg/cm^2，耐运输。红蜜蟠果个比早露蟠桃大，果实着色面积比早露蟠桃大，色泽新鲜度比早露蟠桃好，可溶性固形物含量比早露蟠桃高，果肉硬度比早露蟠桃大，且比早露蟠桃耐运输。

3.生长结果习性 红蜜蟠树势强健，树冠中大。各类果枝均能结果，中、长果枝及徒长性结果枝为好。容易形成花芽，复花芽多，花芽起始节位为2～3节。结果早，嫁接苗栽后第2年即可结果。丰产，高接树第2年产量23 000kg/hm^2，盛果期树产量37 000kg/hm^{2}以上。早果性、丰产性与早露蟠桃基本相当。

4.物候期 在河北省沧州地区，红蜜蟠3月中下旬萌芽，4月中旬盛花，开花期比早露蟠桃晚2～3天，果实6月底成熟，比早露蟠桃晚熟5～7天左右，果实发育期70天左右，11月上旬落叶。

5.适应性和抗病虫性 经过连续7年观察，红蜜蟠在试栽地未见树体遭受冻害，未见抽条、僵芽现象。在干旱、瘠薄、管理粗放的盐碱地上生长结果正常，对水肥条件要求不严格，但以栽植在肥沃沙壤土更能表现出优质性状。对病虫抗性与早露蟠桃无明显差别。

【瑞蟠13号】（见彩版7图3-24）

选育单位：北京市农林科学院林业果树研究所

1.选育经过 蟠桃瑞蟠13号是以阿母肯（Armking）为母本、早露蟠桃为父本，1997年杂交。杂交果于6月底成熟后取出种胚，接种到改良F14培养基中培养。当苗高5～10cm时，移至温室育苗，1998年5月下旬定植于北京市农林科学院林业果树研究所桃杂种圃。2000年开始结果，初选为优良单株，2002年复选为优良品系。2001年开始在北京等地试栽，试栽结果表明其优良性状稳定，经济价值高，受到栽培者和消费者欢迎。2003年命名为瑞蟠13号，2004年通过北京市农作物品种审定委员会审定。

2.果实经济性状 果实扁平形，果实纵径4.30cm、横径7.36cm、侧径7.38cm；果个中大，平均单果重133g，最大单果重183g。果面底色为黄白色，果面近全面着玫瑰红色晕，茸毛中等，果顶凹入，缝合线浅，梗洼浅而广，果实与果柄结合紧密，采收时梗洼处不破皮，不裂或个别轻微裂。果皮中等厚、易剥离，果肉黄白色，皮下的果肉有少量红色素，近核处同肉色，无红色素，肉质较硬，汁液多，纤维少，风味甜，有淡香味，耐运输。果核浅褐色，扁平形，核较小，占果重的2.9%，黏核。可溶性固形物含量11.0%，可溶性糖含量9.3%，可滴定酸含量0.24%。

3.生长结果习性 树势强健，树冠较大。各类果枝均能结果，徒长性果枝结果良好。容易形成花芽，复花芽多，花芽起始节位为1～2节。结果早，嫁接苗栽后第2年即可结果。丰产，4年生树产量可达20t/hm^2，盛果期树产量30t/hm^2以上。

4.物候期 在北京地区，3月下旬萌芽，4月中旬盛花，6月底果实成熟，果实发育期78天左右，较早露蟠桃晚熟8天左右，较瑞蟠2号早熟约20天，10月中下旬大量落叶，年生育期210天左右。

5.抗寒性 在北京地区，该品种的母树、高接树、幼树，7年内未见严重冻花芽和抽条现象。

【贵妃红】（见彩版7图3-25）

选育单位：新疆石河子农业科学中心葡萄研究所

1.选育经过　贵妃红于1997年从新疆石河子农业科学中心葡萄研究所桃品种资源圃中选出，是伊犁蟠桃芽变。经过连续6年综合鉴定，证明其果实早熟、个大、果皮色泽鲜艳、品质优良、丰产稳产等性状稳定。2005年7月，新疆维吾尔自治区农作物品种登记办公室组织专家对该品种进行了田间考察，2006年2月通过新疆维吾尔自治区农作物品种登记委员会鉴定，并命名为贵妃红。

2.果实经济性状　果实扁平形，纵径3.84cm，横径7.1cm，侧径7.4cm；果个中等大，平均单果重130.0g，最大单果重210.0g，果个比伊犁蟠桃大。果皮底色黄绿色，着鲜红色（日光直接照射处为暗红色）面积占果实总面积的70%以上，果皮着色面积比伊犁蟠桃大，茸毛中等多，果梗洼浅而广，果实与果柄结合紧密．果顶凹陷，缝合线浅。果皮中等厚，成熟后易剥离，果核浅褐色，扁平形，核较小，半离核。果肉淡绿色，完熟后呈黄白色，皮下果肉有少量红色素，硬溶质，纤维少，汁液多，有香气，风味甜，耐运输。

3.生长结果特性　贵妃红生长势中庸，树冠较大，各类果枝均能结果，徒长性果枝结果良好。容易形成花芽，复花芽多，花芽起始节位低，多为第1～2节。开始结果早，嫁接苗栽后第2年结果。坐果率高，丰产性强，4年生树每667m^{2}产量1 500kg以上，盛果期树每667m^{2}产量2 000kg。裂果现象轻。

4.物候期　在新疆石河子地区，4月上、中旬去除表土，4月中旬除去草帘或秸秆后，贵妃红4月22日初花，4月24日盛花，4月28日终花，花期7天左右。果实6月28日左右着色，7月8～10日即可采收上市，在树上可挂果10～15天，果实成熟期比伊犁蟠桃早5～7天，10月中下旬落叶。

【瑞蟠14号】（见彩版7图3-26）

选育单位：北京市农林科学院林业果树研究所

1.选育经过　蟠桃瑞蟠14号（代号96-8-6）以美国引入油桃品种幻想

（Fantasia）为母本、蟠桃新品种瑞蟠2号作父本，1996年杂交。1999年开始结果，初选为优良单株，2000年开始在北京等地试栽，试栽结果证明其优良性状稳定。2002年复选为优良品系，命名为瑞蟠14号，2003年通过北京市农作物品种审定委员会审定。

2.果实经济性状　果实扁平形，纵径4.15cm，横径7.14cm，侧径7.35cm；果实中大，平均单果重137g，最大单果重172g，果个比瑞蟠2号略小，比早露蟠桃大。果皮底色为黄白色，全面着红色晕，着色比早露蟠桃和瑞蟠2号好，茸毛中等，果顶凹入，不裂顶，缝合线浅，梗洼浅而广。果皮中等厚，难剥离；果肉黄白色，皮下果肉少红丝，近核处无红色，肉质为硬溶质，汁液多，纤维少，有香气，风味甜，黏核。可溶性固形物含量11.0%，总糖含量9.57%，可滴定酸含量0.38%，维生素C含量204.0μg/g。

3.生长结果特性　树势中庸，萌芽率较高，成枝力较强。在一般管理水平下，树形采用“Y”字形，高接3年后的树高2.85m，东西冠径3.05m，1年生枝长102cm。花芽形成好，复花芽多，占总花芽量的64.7%，花芽在枝条上起始节位低，为1～2节。各类果枝均能结果，幼树以长、中果枝结果为主。自然坐果率高，丰产性强，不需要配置授粉树，4年生树每667m^2产量可达1 500kg，盛果期树每667m^2产量2 000kg以上。

4.物候期　在北京地区，瑞蟠14号一般3月下旬萌芽，4月中旬盛花，花期1周左右，4月下旬展叶，5月上旬抽梢，7月上中旬果实成熟，果实发育期87天左右，瑞蟠14号比早露蟠桃晚熟20天左右，比瑞蟠2号早熟8天左右，10月中下旬落叶，年生育期210天左右。

5.适应性和抗性　瑞蟠14号对土壤没有特殊要求，适合在我国桃主要产区如河北、河南、山东、山西、陕西等省及长江流域的部分地区栽培。瑞蟠14号病害有桃细菌性穿孔病、桃白粉病等，虫害有蚜虫、潜叶蛾、红蜘蛛、梨小食心虫等。

6.评价　瑞蟠14号是目前我国优良早熟蟠桃品种，具有果个大小均匀，果实近全红色，风味甜，结果早，丰产等突出优点，具有推广价值。但该品种过熟后会发生落果现象，果肉变软，品质下降，不利于运输，应在果皮底色变白，果实表现出固有风味时就采收。

【瑞蟠2号】（见彩版8图3-27）

选育单位：北京市农林科学院林业果树研究所

1.选育经过 蟠桃瑞蟠2号（85–1–9）以晚熟大蟠桃为母本，以扬州124蟠桃为父本，1985年杂交。1988年开花结果，1990年初选为优株，1993年开始进行区试，1994年命名。1999年通过北京市农作物品种审定委员会审定。

2.果实经济性状 果实扁平形，纵径4.07cm，横径7.30cm，侧径7.52cm。平均单果重150g，最大单果重220g。果顶凹入，缝合线浅，果皮黄白色，果面1/3～1/2着玫瑰红晕，果皮不易剥离。果肉黄白色，肉质为硬溶质，完熟后柔软多汁，味甜，黏核。可溶性固形物含量8.5%～11.0%，可溶性糖9.67%，可滴定酸0.37%，维生素C含量190.4μg/g，较耐贮运。

3.生长结果习性 树势中庸，花芽形成较好，复花芽多，花芽起始节位低，为1～2节，开始结果早，苗木栽后第2年即可结果；各类果枝均能结果，特别是徒长性果枝结果良好，以长、中果枝结果为主。坐果率高，丰产性强，4年生每667m^{2}产量1 500kg，盛果期每667m^{2}产量2 000kg左右。尿素施入过多有少量裂果。

4.物候期 北京地区一般4月初萌芽，4月下旬展叶，5月上旬抽梢。4月上中旬始花，4月中旬盛花，花期1周，果实成熟期7月15～24日，果实发育期90天左右。10月下旬落叶，年生育期210天左右。

【瑞蟠5号】（见彩版8图3-28）

选育单位：北京市农林科学院林业果树研究所

1.选育经过 蟠桃新品种瑞蟠5号是以晚熟大蟠桃为母本、油蟠桃为父本杂交育成。1990年杂交，1993年开始结果并初选为优良单株。连续4年对该优良单株的果实性状进行鉴定，该优良单株均表现出果形整齐、风味甜、黏核、肉质韧、耐运输、丰产，1996年复选为优良品系，代号为瑞蟠5号。1996年，在北京等地进行区域试验，结果表明其优良性状稳定，经济价值高。2000年命名为瑞蟠5号，2003年通过北京市农作物品种审定委员会审定。

2.果实经济性状 果实扁平形，果个较大，平均单果重150g，最大单果重250g。果实纵径4.68cm，横径7.53cm，侧径7.55cm。果皮底色为黄白色，果面1/2以上着紫红色晕，茸毛中等。果顶凹入，缝合线浅，梗洼浅而广。果皮中等厚、易剥离，果肉淡绿色，完熟后黄白色，皮下果肉有少量红色素，近核处，无红色素；硬溶质，果细而韧，汁液多，纤维少，风味甜，有香气，耐运输。果核浅褐色，扁平形，核较小，占果重的4%，黏核。可溶性固形物含量11.0%~13.0%，可溶性糖含量11.04%，可滴定酸含量0.165%，维生素C含量28.2μg/g。

3.生长结果习性 树势中庸，树冠较大。各类果枝均能结果，徒长性果枝结果良好，容易形成花芽，复花芽多，花芽起始节位为1~2节。结果早，嫁接苗栽后第2年即可结果，4年生树每公顷产量可达20t，盛果期树每公顷产量30t以上。

4.物候期 在北京地区，3月下旬萌芽，4月中旬盛花，4月下旬展叶，5月上旬抽梢，8月初果实成熟，果实发育期108天左右，10月中下旬大量落叶，年生育期210天左右。

5.抗逆性 在北京地区，该品种的母株、高接树、苗木、幼树和成年大树，10年内未见严重冻花芽和抽条现象。

（三）油桃

【丽春】（见彩版8图3-29）

选育单位：北京市农林科学院植物保护环境保护研究所

1.选育经过 油桃丽春1990年以瑞光3号［京玉（大久保×兴津油桃）

× NJN76］作母本、五月火（极早熟油桃品种）作父本进行杂交。1995年开始结果并选为优良单株，并于1997年复选为优良品系。经过连续4年观察，该优良品系表现为果个大、着色好、品质优、极早熟、丰产，2000年命名为丽春，2004年通过北京市农作物品种审定委员会审定。

2.果实经济性状 果实近圆形，平均纵、横、侧径为5.92cm×5.96cm×6.15cm，平均单果重123.8g，最大单果重152.5g。果皮底色乳白色，全面着鲜红色，有玫瑰红色斑条纹，果皮表面光滑无毛，果顶圆平，浅唇状，对称或较对称，缝合线浅，不明显。梗洼中等稍浅，广度中等。果肉乳白色，软溶质，硬度中等，半黏核，有微香味，风味甜至浓甜，品质优，可溶性固形物含量9.0%～11.0%，耐贮运性良好。

3.生长结果特性 丽春生长势较旺盛，树体健壮，枝条节间短，长果枝节间长为2.1～2.2cm。开始结果早，初结果树以长、中果枝结果为主，副梢结实力强，4年生树花束状果枝占5.70%，短果枝占16.84%，中果枝占27.72%，长果枝占44.09%，徒长性果枝占1.81%，副梢果枝占13.84%。3～5年生树花芽起始节位多在第2～3节，复花芽多，结实力强，2年生树自然坐果率62.53%，4年生树自然坐果率达55.45%，自花结实率极高。

4.物候期 在北京地区，丽春3月下旬至4月上旬萌芽，4月中旬开花，6月12～14日果实成熟，比早红珠早成熟7～10天，果实发育期55天左右，10月下旬至11月上旬落叶，年营养生长期210天左右。

5.抗逆性 丽春母树1995年结果以来，经历年观察，母树冻花芽率均低于1%，高接树及各试验点初结果树表现亦相同。1999～2000年冬春，北京地区气温多次达−15℃左右，郊区普遍反映甜油桃花芽受冻严重，丽春3年生初结果树冻花芽率8.6%，而相邻果园油桃品种五月火花芽受冻率在80%以上，几乎无收成。2000～2001年冬春，丽春冻花芽率4.5%，2002～2003年冬春，丽春2年生幼树冻花芽率为2.65%。

【新春】（见彩版8图3-30）

选育单位：北京市农林科学院农业综合发展研究所

1.选育经过 油桃新春杂交亲本是瑞光3号［京玉（大久保×兴津油桃）×NJN76］×五月火，1990年杂交。1995年开始结果，1996年复选为优良单株，并连续4年进行了观察鉴定。1997、1998年分别在北京市房山区官道乡和海淀区四季青乡进行了高接观察和区域试验，2001年在北京市顺义区高丽营乡开始生产试栽。2005年命名为新春，2006年4月通过北京市农作物品种审定委员会审定。

2.果实经济性状 果实近圆形，稍长，平均纵、横、侧径为6.35cm×6.12cm×6.24cm。平均单果重126.4g，最大单果重184.0g，果个比父本五月火大。果皮底色乳白色，80%果面着鲜红色至玫瑰红色，色泽呈片状及斑纹状，明亮。果皮光滑，两半部对称，缝合线浅，果顶部圆形；梗洼中深、中广。半黏核，果肉乳白色，硬溶质，果肉硬度中等，微香，风味比父本五月火甜，为浓甜，鲜食品质优良。可溶性固形物含量11.0%～12.3%，耐贮运。

3.生长结果特性 生长势旺盛，结果早，3年生树开始结果，初结果树以长、中果枝结果为主，副梢结实力强，花束状果枝占6.7%，短果枝占9.9%，中果枝占24.3%，长果枝占45.8%，徒长性果枝占13.3%。花芽起始节位低，3～4年生树多在第1～3节形成花芽，复花芽多，2年生树自然坐果率76.44%，多年未发现裂果。

4.物候期 在北京地区，新春3月下旬至4月上旬萌芽，4月中旬开花，果实6月中旬成熟，果实发育期60天左右，成熟期比母本瑞光3号早20天，与父本五月火同期成熟。10月下旬至11月上旬落叶，年生长期218天左右。

【秀春】（见彩版8图3-31）

选育单位：北京市农林科学院农业综合发展研究所

1.选育经过 油桃秀春杂交亲本是瑞光2号［京玉（大久保×兴津油桃）×NJN76］×五月火，1991年杂交。1996年将代号为91-16-7的杂交单株选为优良单株，1997、1998年进行了高接观察和区域试验。2001年在北京市顺义区高丽营乡开始生产试栽，2003～2005年连续3年试验观察。2005年命名为秀春，2006年通过北京市农作物品种审定委员会审定。

2.果实经济性状　果实近长圆形，平均纵横侧径为6.25cm×5.97cm×6.07cm。平均单果重120.0g，最大单果重163.9g，果个比父本五月火大。果皮底色黄色，近全面着鲜红色至玫瑰红色，呈片状或斑条纹状，明亮。果皮光滑，果顶圆或尖圆形，两半部对称，缝合线浅，梗洼中深、中广。半黏核，果肉黄色，软溶质，微香，风味比父本五月火甜，为浓甜，品质优。可溶性固形物含量10.0%～11.0%，耐贮运，10%左右的果实发生裂核。

3.生长结果特性　生长势旺盛。3年生树开始结果，副梢结实力强。初结果树以长、中果枝结果为主，花束状果枝占4.9%，短果枝占4.8%，中果枝占18.1%，长果枝占60.3%，长果枝平均节间长2.2～2.6cm，徒长性果枝占11.9%。花芽起始节位低，3～4年生树多在第1～3节形成花芽，复花芽多，2年生树自然坐果率57.1%，4年生树坐果率72.8%。多年未发现裂果。

4.物候期　在北京地区，秀春3月下旬至4月上旬萌芽，4月中旬开花，果实6月中旬成熟，果实发育期59天左右，10月下旬至11月上旬落叶，年生长期219天左右。

【超红珠】（见彩版8图3-32）

选育单位：北京市农林科学院植物保护环境保护研究所

1.选育经过　极早熟油桃超红珠以瑞光3号［京玉（大久保×兴津油桃）×NJN76］为母本、美国早熟油桃五月火（极早熟油桃品种）为父本。1990年杂交。1996年开始结果并选为优系，1997年复选。并在北京海淀四季青、房山官道、顺义高丽营等地进行区试试验，2000年命名为超红珠，2004年通过北京市农作物品种审定委员会审定。

2.果实经济性状　果实长圆形，平均纵、横、侧径为6.20cm×

6.00cm×6.00cm，平均单果重121.1g，最大单果重143.5g。果顶圆，两侧对称，缝合线浅。梗洼中深，广度中等。底色乳白，全面着鲜红至玫瑰色，明亮。果肉乳白色，软溶质，硬度中等，半黏核，中香味，风味浓甜，品质优，可溶性固形物含量10.0%～11.0%，品质优，耐贮运性良好。

3.生长结果特性 树体健壮，结实早，各类果枝均能结果，幼树以长、中果枝结果为主，副梢结实力强。4年生树花束状果枝、短果枝、中果枝、长果枝及徒长性果枝所占比例依次为9.89%、17.23%、27.69%、43.50%和1.70%，副梢果枝占11.72%。枝条节间短，长果枝节间长为2.3～2.4cm。3～5年生树花芽起始节位多在第1～2节，复花芽多，结实力强，2年生树自然坐果率75.76%，4年生树自然坐果率达59.32%，自花结实率极高。

4.物候期 在北京地区，3月下旬至4月上旬萌芽，4月中旬开花，6月14～17日果实成熟，果实发育期57天左右，10月下旬至11月上旬落叶，年营养生长期210天左右。

5.抗逆性 超红珠树体及花芽抗寒力强。母树1995年结果以来，经历年观察，冻花芽率均低于1%，高接树幼树表现亦相同。1999～2000年冬春，北京地区气温多次达-15℃ 左右，郊区普遍反映甜油桃花芽受冻严重，超红珠3年生初结果树冻花芽率仅为7.1%，其他年份未见冻花芽及抽条现象发生。

【早红珠】（见彩版8图3-33）

选育单位：北京市农林科学院植物保护环境保护研究所

1.选育经过 极早熟油桃品种早红珠（88-33-15）母本为京玉，父本为来自美国阿肯色州A369，1988年杂交。1991年开始结果，经鉴定初选，1992～1993年复选同时开始区试，1994年通过北京市农作物品种审定委员会审定并命名。

2.果实经济性状 果实近圆形，纵径5.70cm，横径5.50cm，侧径5.50cm；平均单果重97g，最大果重120g。果顶圆平，部分微凹；缝合线浅，两侧较对称；梗洼深度广度中等。果实整齐。果面全面着明亮鲜红色，有不明显斑纹。果肉白色，果顶及皮下少量红色，近核无红晕。果肉柔软多汁，质细，硬度中等。风味浓甜，香味浓郁，含可溶性固形物11.0%。鲜食品质上等。黏核。耐运性良好。

3.生长结果习性 树势中等，树姿半开张。各类果枝结果良好，复花芽多。铃形花、花粉多，花芽起始节位为2～3节。坐果率极高，开始结果早，丰产性强，芽苗定植后次年即有少量结实。

4.物候期 在北京地区，3月下旬萌芽，4月中旬开花，6月18～23日果实成熟，果实发育期63天左右。10月下旬落叶，年生育期210天左右。

5.抗逆性 早红珠适应性强，平原、山地、保护地均能栽种并表现生长结果良好。抗旱，极抗寒，经历年观察，实生树、高接树及幼树均未见严重冻花芽和抽条现象。

【丹墨】（见彩版8图3-34）

选育单位：北京市农林科学院植物保护环境保护研究所

1.选育经过 极早熟油桃品种丹墨（89–18–7）母本为北京市农林科学院自育的早熟黄肉油桃选系81–3–76（京玉×NJN76），父本来自中国农业科学院郑州果树研究所种植美国油桃早红2号，1989年杂交。1992年开始结果并初选为优系，1993年复选并在京郊进行试种，1994年通过北京市农作物品种审定委员会审定并命名。

2.果实经济性状 果实圆正，稍扁，纵径5.30cm，横径5.70cm，侧径5.60cm；平均单果重98g，最大果重135g。果顶圆平，呈浅唇状；缝合线浅，过顶，两侧对称；梗洼深而较广。果面全面着深红至紫红色，有不明显条纹；着色不均匀，充分成熟时果顶及部分果面呈黑红色。果肉黄色，皮下红色较多，近核无红色。果肉硬溶质，质细。风味浓甜，香味中等，含可溶性固形物10.0%～12.0%，鲜食品质上等。黏核。耐运性良好。

3.生长结果习性 树势中等，树姿半开张。各类果枝均能结果，以长、中果枝结果为主。复花芽多。铃形花、花粉多，花芽起始节位为2～3节。坐果率高，结果早，丰产性强，芽苗定植后次年可以少量结实。

4.物候期 在北京地区，3月下旬萌芽，4月中旬开花，6月21～26日果实成熟，果实发育期66天左右。10月下旬落叶，年生育期210天左右。

5.抗逆性 适应性、抗逆性强，平原、山地、保护地均能栽种并表现生长结果良好。抗旱，极抗寒，经历年观察，实生树、高接树及幼树均未见冻花芽和抽条现象。

【早红霞】（见彩版8图3-35）

选育单位：北京市农林科学院植物保护环境保护研究所

1.选育经过 极早熟油桃品种早红霞（88–24–4），母本为美国早熟油桃品种阿姆肯（Armking），父本为北京市农林科学院自育的早熟白肉油桃选系81–3–3（京玉×NJN76），1988年在中国农业科学院郑州果树研究所杂交授粉。1991年结果并初选为优系，1993年复选并在京郊进行试种，1994年通过北京市农作物品种审定委员会审定并命名。

2.果实经济性状 果实长圆形，纵径5.90cm，横径5.50cm，侧径5.40cm；单果重97～100g，果顶圆；缝合线浅，不明显，两侧较对称；梗洼中深稍浅，广度中等。果实整齐。果皮底色绿白，果面80%以上着鲜红色条斑纹，色泽美观。果肉乳白色，皮下少量淡红色，近核无红晕。果肉软溶质，质细。风味甜或浓甜，有微香，含可溶性固形物9.0%～12.0%，鲜食桃品质中上等。黏核。耐运性中等。

3.生长结果习性 树体健壮，树势中等稍旺。以长、中果枝结果为主，多复花芽。花蔷薇形，花粉多，坐果率高，丰产性强，6年生每667m^2产量2 000kg左右。

4.物候期 在北京地区，3月下旬萌芽，4月中旬开花，6月21～26日果实成熟，果实发育期66天左右。10月下旬落叶，年生育期212天左右。

5.抗逆性 适应性强，平原、山地、保护地均能栽种并表现生长结果良好。抗旱，抗寒，经历年观察，实生树、高接树及幼树均未见冻花芽和抽条现象。

【春光】（见彩版9图3-36）

选育单位：北京市农林科学院植物保护环境保护研究所

1.选育经过 春光是北京市农林科学院植物保护环境保护研究所油桃育种课题组以瑞光3号［京玉（大久保×兴津油桃）×NJN76］作母本、双佛（Sunfre）作父本杂交育成的油桃黄肉极早熟新品种。1990年杂交，1995年选为优良单株，1997年复选为优良品系。经过连续4年观察，该优良品系性状稳定，2000年命名为春光，2004年通过北京市农作物品种审定委员会审定。

2.果实经济性状 果实近圆形稍扁，平均纵、横、侧径为5.93cm×6.38cm×6.50cm，平均单果重162.5g，最大单果重188.5g。果皮底色黄色，全面着鲜红色至玫瑰红色，果形圆正对称，果顶圆平，浅唇状，梗洼深而稍广，缝合线浅，果皮表面光滑无毛，明亮。半黏核，果肉黄色，有少至中多的红色素，果肉硬溶质，肉质细、稍硬，有中等香味，风味酸甜，品质优。可溶性固形物含量11.0%～13.2%，耐贮运性好。

3.生长结果特性 生长势中等稍旺，初结果树以长、中果枝结果为主，长果枝节间长2.2～2.3cm，副梢结实力强。经2000年冬季调查，花芽起始节位低，4年生树花芽多着生在果枝的第1～2节，复花芽多。4年生树花束状果枝占6.06%，短果枝占15.79%，中果枝占28.68%，长果枝占48.42%，徒长性果枝和副梢也能结果。自花结实率58.88%，2年生树自然坐果率53.17%，4年生树自然坐果率达56.15%。1997～1998年在海淀区四季青乡及房山区官道乡建立2个春光试验园，面积1 666.75m^2。2个试验园1997～2000年4年平均每667m^{2}产量为1 131.8kg。

4.物候期 在北京市，春光3月下旬至4月上旬萌芽，4月中旬开花，6

月下旬果实成熟，果实发育期65天左右，10月下旬至11月上旬落叶，年生育期215天左右。

5.抗逆性 春光适应性强，平原、山地、保护地均能栽种并表现生长结果良好。抗旱，极抗寒，1999～2000年和2002～2003年的冬春北京市极端低温多次达−15℃左右，经调查春光实生母株、幼树和高接树的冻花芽仅占2.6%～8.4%，而同园栽植的油桃品种五月火的花芽受冻率80.0%以上。春光多年来未见严重的病虫害发生。

春光存在的主要缺点是枝头果或光照强的部位部分果面着色过深。

【瑞光22号】（见彩版9图3-37）

选育单位：北京市农林科学院林业果树研究所

1.选育经过 油桃新品种瑞光22号（90−6−11）母本为丽格兰特，父本为82−48−12［秋玉（大久保×兴津油桃）×NJN80］，1990年杂交。1994年开始结果，1996年初选为优系，1997年开始区试，2000年通过北京市农作物品种审定委员会审定并命名。

2.果实经济性状 果实短椭圆形，纵径6.42cm，横径5.66cm，侧径6.09cm；平均单果重150g，最大果重196g。果皮底色黄色，果面近全面着亮红色晕间有细点，完熟后紫红色。果顶圆平，缝合线浅，梗洼中等深宽，果皮中等厚，不易剥离，不裂果。果肉黄色，近核处黄色、无红，硬溶质，肉质细，完熟后多汁，风味甜，有香气。果核浅棕色，椭圆形，核大，表面沟纹较多，半离核，不裂核。可溶性固形物含量11.0%，维生素C含量80.9μg/g，有机酸含量0.37%，可溶性糖7.395%，糖酸比约为20∶1。

3.生长结果习性 树势强健，萌芽率高，成枝力较强。各类果枝均能结果，以长、中果枝结果为主。花芽形成较好，复花芽多，花芽起始节位为2～3节。坐果率高，开始结果早，丰产性强，4年生树每667m^{2}产量可达1 500kg，盛果期树每667m^{2}产量2 000kg以上。

4.物候期 在北京地区，3月下旬萌芽，4月下旬展叶，5月上旬抽梢，

4月中旬盛花，花期1周左右。6月底至7月初果实成熟，果实发育期73天左右。10月中下旬落叶，年生育期210天左右。

5.抗逆性 在北京市农林科学院林业果树研究所3年生高接，未见严重冻花芽和抽条现象，无特殊敏感性病虫害。

【望春】（见彩版9图3-38）

选育单位：北京市农林科学院农业综合发展研究所

1.选育经过 油桃望春（94-16-11）原代号为青19-5，是北京市农林科学院培育的油桃优良品系89-13-11的自然实生。其起源谱系为：1994年从油桃优良品系89-13-11树上采集果实，取种核，经胚培养、营养钵育苗，定植实生苗。代号为青19-5的实生单株于1997年大量结果，经鉴定初选为优良单株。1998、1999年对该优良单株连续进行观察，并复选为优良品系。2001年在北京市顺义区高丽营、天津市蓟县下营镇等地进行生产试验，2003年试验树结果，2003～2005年连续3年进行了各项试验观察，性状稳定。2006年通过北京市林木品种审定委员会审定，并命名为望春。

2.果实经济性状 果实近圆形稍长，果实大，平均单果重191.3g。平均果径7.22cm×6.99cm×7.08cm。果皮底色黄色，近全面着鲜红至玫瑰红色，色泽呈块状或斑、条、纹状，阳面着色浓；果顶圆平或略有小唇状，梗洼深，广度中等，缝合线浅，两侧对称。果点中大，严重时可影响外观。果肉黄色，硬溶质，微香，风味甜，鲜食品质优。半黏核，无裂核。可溶性固形物含量10.9%，可溶性糖含量9.8%，可滴定酸含量0.43%，维生素C含量79.2μg/g。耐贮运性良好。

3.生长结果习性 生长势中庸，树体健壮。结果早，各类果枝均能结果，初结果树以长、中果枝结果为主，副梢结实能力强。3年生树果枝所占比率近100%，其中花束状果枝占6.8%，短果枝占16.5%，中果枝占21.3%，长果枝占23.7%，徒长性果枝占5.0%，副梢果枝量占26.7%。花芽起始节位低，3～4年生树多在第2、3节形成花芽；长果枝平均节间长度为2.7cm。复花芽多，自花结实率较高，为50.7%，自然坐果率74.0%。高接树和生产试验树均表现出较好的早实、丰产性，一般苗木栽后第3年开始结果，第4年进入盛果期，株产45kg。多年试栽未见裂果发生。

4.物候期 在北京地区，望春3月底至4月上旬萌芽，4月中旬开花，7月9～12日果实成熟，果实发育期85天左右，11月上旬落叶，年生育期214天左右。

5.抗逆性 抗寒性强，经历年观察，望春母树、高接树、幼龄树冻花芽较少，2004年春北京地区桃花芽发生不同程度的冻害，望春冻花芽率仅3.84%。2005年春季晚霜冻，北京郊区桃树坐果受到明显影响，而望春仍表现丰产，坐果率达68.0%。

【金春】（见彩版9图3-39）

选育单位：北京市农林科学院农业综合发展研究所

1.选育经过 1994年采集油桃品系89-4-24自然授粉的种核，通过胚培养技术获得自然杂交实生苗。实生苗1996年开花结实，1997年大量结实，经过鉴定编号为94-12-2的单株所结的油桃果个大、果肉不溶质、鲜食品质优、成熟早、丰产，初选为优良单株。1997年繁殖少量苗木，分别在北京市顺义区高丽营镇和天津市蓟县下营镇等地试栽。1998、1999年进行复选。经过连续几年观察鉴定，确认其综合性状优良，且优良性状稳定，选为新品系，2006年通过北京市林木品种审定委员会审定，命名为金春。

2.果实经济性状 果实长圆形，平均纵横侧径7.02cm×6.69cm×6.77cm。平均单果重171.3g，最大单果重260.0g。果皮底色为黄色，全面着玫瑰红色或鲜红色，果实阳面着色较深。果皮光滑无毛，果顶圆，少数微凹，缝合线浅或不明显，两侧对称，有果点。梗洼较深，中广。半黏核，无裂核。果肉黄色，不溶质（对照品种玫瑰红果肉为硬溶质），果肉硬度中等，微香，风味甜，鲜食品质优。可溶性固形物含量为12.4%。耐贮运性好，多年未发现裂果。

3.生长结果习性 生长势中等，树体健壮。开始结果早，花芽起始节位低，3～4年生树多在第1、2节形成花芽，长果枝平均节间长2.27～2.49cm，复花芽多，结实力强。初结果树以长、中果枝结果为主，副梢结实能力强，3年生树花束状果枝占7.70%，短果枝占25.88%，中果枝13.90%，长果枝19.55%，徒长性果枝3.58%，副梢果枝量占29.39%，2～4年生树自然坐果率65.3%～76.0%。

4.物候期 在北京地区，金春3月底至4月上旬萌芽，4月中旬开花，果实7月中旬成熟，果实发育期84天左右，为早熟新品种，10月下旬落叶，年生育期208天左右。

5.抗逆性 经多年观察，金春在北京栽培冻花芽较少，2004年春北京地区栽培的桃树发生不同程度的冻花芽，金春冻花芽率仅6.37%，自然坐果率75.1%。2005年春季遇到晚霜冻，北京郊区桃树坐果受到明显影响，而金春坐果率仍达76.0%。

【锦霞】（见彩版9图3-40）

选育单位：山西省农业科学院果树研究所

1.选育经过 油桃锦霞原代号81-12-3，母本为75-3-9（大久保×兴津油桃），父本为75-6-18（兴津油桃实生），1981年杂交。杂交果采收后，切开种核，取出幼胚，进行胚培养，培育杂交实生苗。1984年杂交单株陆续开花结果，1984～1986年连续3年观察、鉴定果实经济性状，代号为81-12-3杂交单株所结果实符合育种目标而初选为优良单株。1986年在山西省果树研究所高接并繁育苗木，1988年开始在山西省内外进行区域适应性试验，1995年通过山西省科技厅组织的鉴定，1998年开始在山西省果树研究所和基地建立生产示范园，2007年7月通过山西省林木新品种审定委员会品种审定，定名为锦霞。

2.果实经济性状 锦霞果实圆形，纵、横、侧径分别是6.8cm×6.8cm×6.8cm。平均单果重160.0g，最大单果重375.0g。果皮底色绿白色，阳面鲜红色，着色面积占果面积的80%左右，果皮光滑、无毛。果顶较平，缝合线浅，两侧果肉对称。皮厚，不易剥离，半离核，果核扁圆形。果肉多为白色，阳面果肉稍带红色，肉质较细，汁液多，软溶质，风味酸甜。可溶性固形物含量15.3%，总糖含量10.8%，总酸含量0.46%，维生素C含量131.5μg/g。

3.生长结果特性 锦霞生长势中庸，4年生树树高2.7m，干周31cm，冠幅2.70m×3.25m，1年生枝长97.6cm，萌芽率高，成枝力强。复花芽多，花芽起始节位为2～3节；以中、长果枝结果为主，6年生树长果枝占32.6%、中果枝占33.7%、短果枝占20.3%、花束状果枝占3.9%、徒长性果枝占9.5%。自交结实率为15.6%，自然坐果率为23.2%～25.0%。苗木定植后第3年开始结果，4年生树平均株产7.5kg，最高株产18.5kg；6年生树平均株产32.0kg，折合每667m^{2}产量1 760kg。1988年锦霞高接在山西省襄汾县许留村2年生桃树上，共高接50株，1990年高接树开始结果，1992年平均株产25.0kg，1994年平均株产60.0kg，折合每667m^{2}产量1 980kg。

锦霞很少发生裂果，1993年7月5～12日，山西省连续降雨8天，降雨量52.9mm，许多油桃品种发生裂果，锦霞裂果率极显著低于对照品种NJN76和兴津油桃，而且轻微裂果居多，而对照品种NJN76和兴津油桃严重裂果居多。

4.物候期 在山西省太谷县，锦霞4月上旬花（叶）芽开始萌动，4月中旬盛花期，7月中旬果实成熟，果实发育期为83～90天，10月下旬大量落叶，11月上旬落叶终止。

5.抗寒性 1994年山西省晋中以北地区桃树花芽普遍受冻，油桃品种花芽受冻更严重。经调查，锦霞冻花芽率明显低于对照油桃品种NJN72、NJN76、NJN78，但高于桃品种大久保。

【92-1】 （见彩版9图3-41）

选育单位：甘肃省农业科学院果树研究所

1.选育经过 1991年，甘肃省农业科学院果树研究所从美国加利佛尼亚州Ziger果树研究所引进12个油桃品种（系），高接保存在甘肃省农业科学院果树研究所桃品种园4年生白凤树上。1992年7月发现编号为12-1的1个主枝上所结的油桃果实色泽艳丽、果肉白色、风味浓甜，初定名92−1。历经10年试栽观察，发现该品系表现早果，优质，丰产，易成花，易管理，在兰州地区不裂果或裂果极轻（7.5%）。92−1于2002年8月通过甘肃省科技厅组织的成果鉴定。

2.果实经济性状 果实圆形或近圆形，平均单果重161g，最大单果重254g。果面底色黄绿，完熟后呈黄白色，果面95%以上着玫瑰红色至深红色的红晕，果面光滑、细腻，具蜡质。果形端正，两半部较对称，顶部略尖，缝合线浅，果梗中深，果皮不易剥离。果肉乳白色，细嫩，汁液中多，纤维少，有香气，风味浓甜。可溶性固形物含量12.8%，总糖含量10.73%，总酸含量0.43%，维生素C含量62.0μg/g。半离核，鲜核重9g，无裂核，种仁苦。不裂果或裂果极轻。

3.生长结果习性 幼树生长较旺，结果后树势中庸；树冠中大，行株距4m×3m，采用自然开心形，4年生树树高2.6m，冠幅东西为3.3m、南北为3.1m。在兰州新梢4月底开始生长，节间长2.3cm。萌芽率高，成枝力强。极易成花，花芽起始节位2～3节，以复花芽为主；长、中、短果枝均能结果，以长果枝结果为主。生理落果和采前落果轻。

4.物候期 在兰州地区，4月上旬花芽萌动，4月中旬开花，花期10天左右。7月中下旬果实成熟，果实发育期85天以上，属早熟品种。10月下旬落叶，生长期210天左右。

5.抗逆性与适应性 油桃92−1除在甘肃省农业科学院果树研究所桃品种园进行观察研究外，还在甘肃白银、皋兰、平凉等地进行多点试验。试验结果表明：该品种在各试验地均表现综合性状优良，果实全面着色，不裂果或极少裂果。在兰州冬季−23℃未见树体和花、果遭受冻害；−25～−27℃幼树有轻微抽条，但可安全越冬。92−1在甘肃省原有桃区均可种植，但以中部和陇东地区，年平均气温8℃以上、低温−25℃以上、有灌溉条件的地区为最适栽培区。

【红珊瑚】（见彩版9图3-42）

选育单位：北京市农林科学院植物保护环境保护研究所

1.选育经过 中熟油桃品种红珊瑚（88−19−107），母本为秋玉（大久保×兴津油桃），父本为美国油桃品种NJN76，其花粉由中国农业科学院郑州果树所提供。1988年杂交授粉，1991年结果初选为优系，1992～1994年复选并在京郊进行试种，1995年通过北京市农作物品种审定委员会审定并命名。

2.果实经济性状 果实近圆形，纵径6.3cm，横径6.6cm，侧径6.8cm；平均单果重140g，最大果重166g。果顶部圆，呈浅唇状；缝合线浅，不明显，两侧对称，梗洼深，广度中等。果皮底色乳白，全面着鲜红至玫瑰红色，有不明显条斑纹。果肉乳白色，有少量淡红色。果肉硬溶质，质细。风味浓甜，香味中等，含可溶性固形物11.0%～12.0%，鲜食品质上等，黏核。耐运性好。

3.生长结果习性 树势中等，树姿半开张。幼树稍直立。幼树以长、中果枝结果为主，副梢结实力强，复花芽多。铃形花，花粉多。丰产性好。

4.物候期 在北京地区，3月下旬萌芽，4月中旬开花，7月21～25日果实成熟，果实发育期94～96天。11月上旬落叶，年生育期220天左右。

5.抗逆性 在北京地区，该品种的母株、高接树、幼树和成年大树，多年未见严重冻花芽和抽条现象。

【香珊瑚】（见彩版9图3-43）

选育单位：北京市农林科学院植物保护环境保护研究所

1.选育经过 中熟油桃品种香珊瑚（88−19−95），与红珊瑚互为姊妹系。1988年杂交授粉，1992年结果，1993年初选为优系，1994年复选并在京郊进行试种，1995年通过北京市农作物品种审定委员会审定并命名。

2.果实经济性状　果实近圆形稍长，纵径6.7cm，横径6.5cm，侧径6.4cm；平均单果重153g，最大果重166g。果顶部圆唇状；缝合线浅，两侧较对称；梗洼深，广度中等。果皮底色乳白，全面着鲜红至玫瑰红色，色泽艳丽。果肉乳白色，红色素中等或稍多。果肉硬溶质，质细。风味浓甜，香味中等，含可溶性固形物11.0%～14.0%。鲜食品质上等，黏核，核较小。耐运性好。

3.生长结果习性　树势中等，树姿半开张。各类果枝结果良好，复花芽多。铃形花，花粉多。丰产性较好。

4.物候期　在北京地区3月下旬萌芽，4月中旬开花，7月25～29日果实成熟，果实发育期98～100天。11月上旬落叶，年生育期220天左右。

5.抗逆性　在北京地区，该品种的母株、高接树、幼树和成年大树，多年未见严重冻花芽和抽条现象。注意防治蚜虫、潜叶蛾、红蜘蛛、梨小食心虫等害虫。

【瑞光19号】（见彩版9图3-44）

选育单位：北京市农林科学院林业果树研究所

1.选育经过　油桃新品种瑞光19号（原代号88-4-39）是以美国油桃品种丽格兰特为母本、81-25-6（秋玉×NJN69）为父本杂交育成。1988年杂交，1992年开始结果，并被选为优良单株。经过连续3年对该优良单株果实性状进行鉴定，该优良单株表现果个中等大、果面着色好、不裂果、风味甜、半离核，1994年复选为优良品系，并命名为瑞光19号。1999年通过北京市农作物品种审定委员会审定。

2.果实经济性状　果实近圆形，纵径6.42cm，横径6.41cm，侧径6.54cm，平均单果重150g，最大单果重220g。果皮底色为黄白色，果面3/4至全面着玫瑰红色晕。果顶圆，缝合线浅，两侧较对称，梗洼深度和宽度中等。果皮不易剥离，果肉黄白色，近核处无红色素，硬溶质，汁液多，风味甜；核较小，鲜核重为7.3g，半离核。可溶性固形物含量10%～13%，可滴定酸含量0.34%，维生素C含量88.9μg/g，不裂果。

3.生长结果特性　树势强健，萌芽率高，成枝力强。在正常管理水平条件下，栽植行株距为5m×3m的8年生树，树高3.1m，干周53cm，冠幅4.21m×3.35m，节间长度1.8cm，1年生枝长109.5cm。初结果树以长果枝结果为主，进入盛果期后各类果枝均能结果，花芽形成容易，复花芽占总花芽量的57.4%，花芽起始节位为第1～2节，自然坐果率高，结果早，丰产性强，嫁接苗栽后第2年即可结果，第3年平均株产15.2kg，第4年每667m^{2}产量可达1 400kg，盛果期树每667m^{2}产量2 000kg以上。

4.物候期　在北京地区，瑞光19号3月下旬萌芽，4月中旬盛花，花期持续1周左右，4月下旬展叶，5月上旬抽梢，7月下旬果实成熟，果实发育期97天左右，10月中下旬大量落叶，年生育期205天左右。

5.适应性和抗性　1994年开始进行区域适应性试验，2002年冬至2003年春，北京及周边地区有的桃品种受冻严重甚至冻死，而该品种的母树、高接树、幼树和成年大树，表现正常。

瑞光19号对土壤没有特殊要求，适合在我国桃主要产区如北京、河北、辽宁、河南、山东、山西、江苏、浙江等省（自治区、直辖市）推广栽培。该品种优点是果实近圆形，果个大小均匀，果实着色面积大、美观，风味甜，不裂果，半离核，结果早，丰产。缺点是果实成熟期降雨过多时，风味变淡，过熟时果肉较软，留果过多时，果个变小，树势易早衰。

【瑞光18号】（见彩版10图3-45）

选育单位：北京市农林科学院林业果树研究所

1.选育经过　油桃新品种瑞光18号是以丽格兰特为母本、81-25-15（京玉×NJN76）为父本杂交育成，1988年杂交，1992年开始结果，并被初选为优良单株。1994年复选为优良品系，代号为瑞光18号。1993年开始在北京等地区试，区试结果表明其优良性状稳定，经济价值高。1999年通过北京市农作物品种审定委员会审定。

2.果实经济性状　果实短椭圆形，果实纵径6.73cm，横径6.55cm。

果个大，平均单果重210g，最大单果重260g，果皮底色为黄色，果面3/4至全面着紫红色，外观好。果顶圆，缝合线浅，两侧对称，梗洼深度和宽度中等，果皮不易剥离，不裂果。果肉黄色，近核处无红色素，硬溶质，肉质细韧，汁液多，风味甜，黏核。可溶性固形物含量9%～12%，可溶性糖含量8.57%，可滴定酸含量0.22%，维生素C含量78.2μg/g。

3.生长结果习性 树势强健，树冠较大。萌芽率高，成枝力强。初果期以长果枝结果为主，进入盛果期后各类果枝均能结果，容易形成花芽，复花芽多，花芽起始节位为第1～2节。结果早，嫁接苗栽后第2年即可结果，丰产，4年生树产量20t/hm^2，盛果期树产量30t/hm^{2}以上。

4.物候期 在北京地区，3月底萌芽，4月中旬盛花，7月下旬果实成熟。果实发育期104天左右，10月中下旬落叶，年生长期205天左右。

5.抗逆性 在北京地区，该品种的母株、幼树未见严重冻花芽和抽条现象，2002年冬至2003年春，北京及周边地区桃品种严重受冻甚至死亡，而该品种未受冻。

【瑞光28号】（见彩版10图3-46）

选育单位：北京市农林科学院林业果树研究所

1.选育经过 油桃新品种瑞光28号是以美国油桃品种丽格兰特（Legrand）为母本、瑞光2号（京玉×NJN76)为父本杂交育成。1990年杂交，1994年开始结果，初选为优良单株。经过连续5年对该优良单株果实性状进行鉴定，该优株均表现果个极大、颜色美观、风味甜，于1997年复选为优良品系。2001年命名为瑞光28号，2003年通过北京市农作物品种审定委员会审定。

2.果实经济性状 果实近圆形至短椭圆形，果个极大，平均单果重260g，最大单果重650g。果实纵径8.31cm，横径7.99cm，侧径7.89cm。果皮底色为黄色，果面的80%至全面着紫红色晕，阳面有片状色斑。果顶圆，缝合线浅，梗洼深、中广，果皮厚不能剥离。果肉黄色，近核处无红色素；硬溶质，汁液多，风味甜。果核浅褐色，椭圆形，核中大，占果重的4.15%，黏核。可溶性固形物含量12.0%，可溶性糖含量10.38%，可滴定酸含量0.184%，维生素C含量47.4μg/g。

3.生长结果习性 树势强健，树冠较大，萌芽率高，成枝力强。初果期以长果枝结果为主，进入盛果期后各类果枝均能结果，容易形成花芽，复花芽多，花芽起始节位为第1～2节。结果早，嫁接苗栽后第2年即可结果，丰产，4年生树产量20t/hm^2，盛果期树产量30t/hm^{2}以上。

4.物候期 在北京地区，3月下旬萌芽，4月中旬盛花，4月下旬展叶，5月上旬抽梢，7月下旬果实成熟，果实发育期101天左右，10月中下旬大量落叶，年生长期210天左右。

5.抗逆性 在北京地区，该品种的母株、高接树、幼树和成年大树，10年未见严重冻花芽和抽条现象，2002年冬季至2003年春季，北京及周边地区一些油桃品种严重受冻甚至死亡，而该品种表现正常。

【仙岛明珠】（见彩版10图3-47）

选育单位：山东蓬莱市桃树科学研究所　中国农业大学烟台分校
山东省烟台市果树工作站

1.选育经过 油桃新品种仙岛明珠（原代号98-2-东-34）是1998年以潍坊甜油桃3号作母本，红珊瑚、NJN72、NJN76、丽格兰特、曙光、华光、艳光、早红珠、布雷顶峰、晴朗等混合花粉作父本杂交育成。经2001～2002年鉴定，将代号为98-2-东-34杂交单株选为优良单株，此后大树高接扩繁，高接树于2005年结果，当年8月1日蓬莱市科技局邀请省内果树专家对该优良单株进行了验收，并初定名前仙岛红3号。同年繁育苗木5 000株，开始在云南省昭通市、四川省米易县、新疆伊犁市、河北省辛集市试栽。经连续观察鉴定，均表现生长结果正常。2007年命名为仙岛明珠，2008年7月通过烟台市科技局组织的品种鉴定。

2.果实经济性状 果实近圆形，纵径7.26cm，横径7.7cm。平均单果重230.8g，最大单果重503.0g。果皮底色白色，全面着鲜红色，艳丽油亮，树冠内膛果实也能充分着色。果顶微凹，梗洼中广，缝合线明显，比较浅，两半部对称。果皮和果肉不能剥离，果皮中厚、韧，离核，鲜核重10.5g。果肉白色，近果皮处的果肉有红色素，近核处的果肉微绿色，硬溶质，肉质硬脆，完熟果实果肉细腻，汁液多，风味甜，微酸。可溶性固形物含量12.5%~14.8%，室温可存放5~7天。

3.生长结果特性 生长势中庸，树体健壮，苗木栽植后第1年1年生枝长80.5cm，第2年1年生枝长103.0cm，第3、4、5年单株结果分别为26.8、65.0、103.0kg。2004年8月下旬将仙岛明珠高接在山东蓬莱市桃树科学研究所3年生美秋树上，每株接芽约20个，当年恢复高接前的树冠，第2年平均株产42.0kg，第3年平均株产80.6kg。萌芽率高，成枝力较强，各类结果枝均能结果，徒长性果枝、长果枝、中果枝、短果枝、花束状果枝分别占总果枝量的8.0%、37.0%、34.0%、15.0%、6.0%。花芽起始节位低，长、中、短果枝分别平均为2.38节、2.56节、1.98节，花芽多为复花芽，自然坐果率40.0%以上。

4.物候期 在山东蓬莱，仙岛明珠4月7日萌芽，4月15日始花，4月18日盛花，果实7月28日成熟，果实发育期100天左右。10月下旬大量落叶，11月上旬落叶终止，年生育期约为210天。

5.抗逆性 在山东省烟台市、新疆、云南、四川、河北、陕西等地试栽，均表现生长发育良好，树体健壮。在北方试栽未见裂果，在云南、四川省试栽有少量裂果。2008年早春，新疆伊犁桃树严重冻害，仙岛明珠的抗寒性高于当地栽培品种。

【艳霞】（见彩版10图3-48）

选育单位：山西省农业科学院果树研究所

1.选育经过 油桃新品种艳霞原代号81-12-11。1981年以75-3-9（大久保×兴津油桃）作母本、75-6-18（兴津油桃自然实生）作父本进行杂交，获得的杂交种核采用胚组织培养法，1982年5月将实生苗直接定植于选种圃。1984年这些杂交实生苗陆续开花结果，

1984～1986年鉴定果实经济性状等，代号为81-12-11的杂交单株所结的果实综合性状符合果实大、风味甜、中熟、丰产、不裂果的育种目标，入选为优良单株。1986年在山西省农业科学院果树研究所高接试验，并繁育苗木，1988年开始在山西省内外进行区域适应性试验，复选为新品系。1995年通过山西省科学技术厅组织的专家鉴定，2007年8月通过山西省林木品种审定委员会审定，定名为艳霞。

2.果实经济性状 果实圆形，纵横侧径6.8cm×6.9cm×7.2cm。平均单果重167.0g，最大单果重300.0g。果皮底色绿白色，阳面着鲜红色，着色面积占果皮面积的90%左右，果皮光滑无毛，果顶较平，缝合线浅，两侧果肉对称。果皮厚，不易剥离。黏核，核扁圆形。果肉白色，阳面果肉稍带红色，肉质较细，软溶质，汁液多，风味酸甜。可溶性固形物含量13.94%，总糖含量9.64%，总酸含量0.48%，维生素C含量 205.9μg/g，很少发生裂果。

3.生长结果特性 艳霞生长势中庸，4年生树树高2.8m，干周33.0cm，冠幅2.8m×3.3m，1年生枝长98.0cm，萌芽率高，成枝力强。花芽起始节位为第2～3节，复花芽居多，初结果树以中、长果枝结果为主，各类果枝占总果枝的比率是：长果枝占32.6%，中果枝占33.7%，短果枝占20.3%，花束状果枝占3.9%，徒长性果枝占9.5%。自花结实率为18.6%，自然授粉坐果率为23.2%～28.0%。3年生树开始结果，4年生树平均株产9.5kg，6年生树株产35.0kg，折合每667m^{2}产量1 925kg。

4.物候期 在山西太谷地区，艳霞4月上旬花（叶）芽开始萌动，4月中旬盛花，8月上旬果实成熟，果实发育期为112天，10月下旬大量落叶，11月上旬落叶终止。

5.花芽抗冻性 1994年山西省晋中以北地区桃树花芽普遍受冻，油桃品种受冻花芽率高于桃品种，艳霞、NJN72、NJN76、NJN78、ER2、大久保花芽受冻率分别为21.46%、41.53%、79.56%、73.10%、72.31%、85.88%，艳霞受冻花芽率明显低于NJN72、NJN76、NJN78、ER2、大久保。艳霞适宜栽培的区域是华北，可在桃品种大久保适栽地发展。冬季极端低温低于-25℃的地区应先进行试栽，根据试栽表现再决定是否发展艳霞。艳霞适宜砧木为山桃。

【美秋】（见彩版10图3-49）

选育单位：北京市农林科学院植物保护环境保护研究所

1.选育经过　美秋品种（原代号88−36−8）杂交亲本为丽格兰特（Legrand）×81−3−63　（瑞光10号），1988年杂交，经温室育苗等，1989年定植于选种圃（南口农场果树科学试验站），1992年结果，1992～1993年88−36−8表现果大、全红，1993年选为优系。1994年后表现果型特大、外观好、品质优，遗传性状稳定，开始在北京市昌平、海淀、房山等区进行多点试栽。1999年8月通过北京市农作物品种审定委员会审定。

2.果实经济性状　全红型中熟黄肉甜油桃。果实长圆形，果型特大，单果重226～240g，最大果重达320g，整齐，平均果径7.9cm×7.9cm×7.8cm。果皮底色黄，全面或近全面鲜红至玫瑰红色，明亮。果顶圆，呈浅唇状，梗洼深，广度中等，缝合线浅，两半部对称或较对称。果肉黄色，皮下少量红色，果肉硬溶质，质细，风味浓甜，有微香，品质优。含可溶性固形物11.0%～12.0%，全糖8.06%，总酸0.28%，维生素C含量18.0μg/g，类胡萝卜素106.0μg/g。黏核，耐运性好，无裂果。

3.生长结果特性　树势旺盛，3年生树高2.7m，冠幅3.3m×3.0m，干周25.0cm，延长枝长159.4cm，幼树萌芽率高，成枝力强。结果早，丰产，各类果枝结实良好，初结果树以长、中果枝结果为主。副梢结实力强。经调查，3年生树花束枝、短果枝、中果枝、长果枝、徒长性果枝比率依次为5.0%、28.7%、30.7%、32.7%、2.9%，副梢果枝量25.2%。花芽起始节位较低，3～5年生树长果枝多在2～3节形成花芽。节间较短，平均2.16～2.61cm。多复花芽，自然坐果率51.0%。2年生树（芽苗定植第3年）667m^2产量464.3kg，5年生树667m^2产量1 486kg。

4.物候期　在北京地区3月下旬至4月初萌芽，4月中旬开花，8月上中旬果实成熟，10月下旬落叶，果实发育期112～116天，生长期213天左右。

5.抗逆性 花芽抗寒性强。1992年实生苗结果以来未见严重冻花芽和抽条，1993年春调查，仅见零星冻花芽；又遇花期低温飘雪，仍获丰收。1996年以来各中试基点幼树均未见发生严重冻花芽；2000年调查，3年生幼树冻花芽12.5%。多年来未见突出病虫害发生。

北京各种植点及辽宁省大连市引种种植后均未见裂果发生。

【红芙蓉】（见彩版10图3-50）

选育单位：北京市农林科学院植物保护环境保护研究所

1.选育经过 红芙蓉品种（原代号88-30-6）杂交亲本为秋玉×秀峰，1988年杂交，经温室育苗等，1989年定植于选种圃，行株距2m×0.75m。1992年结果，1993年88-30-6表现较晚熟，极丰产，果大，近浓红型着色，风味浓甜、浓香，品质优。经鉴定初选为优系，1994年后表现性状稳定，复选并开始在北京市昌平、海淀、房山等区进行多点试栽。1999年8月通过北京市农作物品种审定委员会审定。

2.果实经济性状 全红型晚熟白肉甜油桃。果实长圆形，果型大，平均果重164～180g，最大果重252g，整齐，平均果径6.9cm×6.5cm×6.4cm。果皮底色乳白，全面着明亮鲜红至玫瑰红色。果顶部圆，略呈浅唇状；梗洼深，广度中等；缝合线浅，两半部对称或较对称。果肉乳白色，有稀薄红色素，果肉硬溶质，细而较致密，风味浓甜，浓香至中等香，品质优。含可溶性固形物11.0%～14.0%，全糖11.32%，总酸0.30%，维生素C含量75.5μg/g。黏核，核中等稍大。耐运性好，多年未见裂果。

3.生长结果特性 树势旺盛，3年生树高3.0m，冠幅3.5m×3.0m，干周27cm，延长枝长147.9cm，树冠较大，萌芽率高，成枝力较强。结果早，丰产性好，产量稳定。各类果枝均结果良好，初结果树以长、中果枝结果为主，副梢结实力强。经调查，3年生树花束枝、短果枝、中果枝、长果枝、徒长性果枝比率依次为14.0%、27.7%、30.3%、

25.2%、2.8%，副梢果枝量24.6%。

4.物候期 在北京地区3月下旬至4月初萌芽，4月中旬开花，8月中下旬果实成熟，10月下旬落叶，果实发育期120～126天，生长期210天左右。

5.抗逆性 花芽抗寒力很强。1992年以来，实生苗及幼树均未见严重冻花芽及抽条。经调查，1993年尽管花期飘雪，仍获丰产。经2000年春调查，3年生幼树冻花芽为5.9%。实生苗及各基点多年来均未见裂果与突出病虫害发生。

【晚金】（见彩版10图3-51）

选育单位：山西省农业科学院果树研究所

1.选育经过 1995年秋季在山西省农业科学院果树研究所采集从意大利引进油桃优良品种Manuela De luca自然授粉果实，1996年春季播种。1999年实生苗开花结果，经连续3年鉴定油桃果实品质，选出优良单株。优良单株在山西省农业科学院果树研究所高接鉴定，2000年开始在山西省的运城、晋城、晋中、忻州等地进行区域适应性试验，高接及区域适应性试验结果表明该优良单株综合性状优良，遗传性状稳定。2004年9月中旬通过山西省林木品种审定委员会审定，因其果实成熟期正值国庆、中秋节，故命名为晚金。

2.果实经济性状 果实近圆形，纵横径7.8cm×7.7cm；单果重234g，最大单果重300g，果皮底色金黄色，阳面有点状鲜红色，着色面积在95%以上；果面光滑无毛，果顶圆平，果尖小，缝合线浅，不明显，对称。果皮不易剥离，果肉金黄色，肉质致密、较硬，近核处略带红色，硬溶质，汁液中多，纤维少，有香气，风味酸甜适口，鲜食品质上等；离核，核形状为卵圆形，棕色，核窝小，核面较粗糙，裂核少，甜仁；可溶性固形物含量13.0%～15.0%。

3.生长结果特性 油桃晚金以山桃作砧木，其生长势强，3年生树树高2.72m，冠幅3.26m×3.08m，干周22.5cm，1年生枝平均长、粗分别为89.7、0.6cm，平均节间长2.84cm。以中、长果枝结果为主，在各类果枝中，长果枝占31.16%，中果枝占26.43%，短果枝占13.36%，花束状果枝占13.36%，徒长性果枝占15.69%。有自花结实特性，平均自花结实率41.16%。该品种丰产性好，苗木定植后第2年开始结果，第3年平均株产27.3kg，每667m^{2}产量750kg。

4.物候期　在山西省晋中地区，4月中下旬叶芽膨大，4月中旬盛花，花期持续7天左右，4月下旬枝条开始生长，9月中旬果实成熟，果实发育期150～160天，属于晚熟品种，10月下旬开始大量落叶，11月上旬落叶终止，年生育期210天左右。

5.抗性和适应性　2002年冬季至2003年春季，品种试验园最低气温-25℃，对品种试验园中晚金、大久保、三台肉桃的花芽受冻情况进行了随机抽样调查（在盛花期，从被调查植株的东、南、西、北4个方向随机选取3～5个枝条，调查受冻花芽数，并统计受冻花芽率），结果是在这3个品种中，晚金受冻花芽率低于大久保和本地品种三台肉桃，可以认为晚金花芽抗寒性比大久保、三台肉桃强。适合栽培大久保的地区均可发展晚金。

（四）扁桃

【天扁一号】（见彩版10图3-52）

选育单位：甘肃省天水市果树研究所

1.选育经过　天扁一号是甘肃省天水市果树研究所从栽植于毛腊柱山地扁桃品种园蒙特瑞株变中选出的扁桃新品种。2003年春，在对全园扁桃树遭受冻害情况进行调查时，发现栽植于第4行的蒙特瑞品种的第1株树未发生抽条，花芽发育良好，而该树相邻的同一品种树抽条率达100%，冻害指数达49.22，花量极少。初步认为这第1株树为蒙特瑞的抗寒株变。经过连续5年对比观察，综合经济性状优于蒙特瑞，且遗传性状稳定，选为新品系，暂定名为天扁一号，2007年12月通过甘肃省天水市科技局组织的成果鉴定。

2.果实经济性状　果实长扁圆形或扁圆柱形，长5.06cm，宽3.72cm。

果个较大，其平均单果重为20.6g。幼果果皮绿色，成熟果实褐绿色。缝合线对称，茸毛密，乳白色，果皮厚0.45cm，成熟果皮开裂较浅，部分不开裂，但在干旱气温高的年份也能完全开裂。平均单核重6.32g，长4.1cm，宽2.43cm，浅黄色，核尖渐尖，核面少有纤维，有点状核纹，中密，中大，封闭严，无裂核。壳厚0.8mm。平均鲜仁重2.49g，长3.05cm，宽1.55cm，干仁重1.72g，风味香，少有甜味，品质上等。鲜出仁率48.63%，干出仁率58.7%，双仁率5%～10%。

3.生长结果习性 幼树生长势强旺，结果树生长势中庸，3年生树干高（高接树）52cm，树高3.4m，冠幅3.2m×3.9m，平均新梢长145cm、粗0.92cm，节间长2.01cm，萌芽率85.45%，近30%的萌芽可以抽生长枝。初结果树以长、中果枝结果为主，长、中、短、徒长枝、花束状枝分别为60.50%、18.48%、11.76%、5.88%、3.36%。单花芽、复花芽、叶芽比率分别为13.68%、37.06%、49.25%，花芽起始自枝条的第2～3节。坐果率比对照品种高13.13%～15.29%，其坐果率为39.07%～50.27%，高接树在高接后的第2年开始结果，第4年株产2.45kg，折合每667m^2产量134.76kg。

4.物候期 在甘肃省天水市，天扁一号4月2日萌芽，4月5日始花，4月6日盛花，4月14日末花，9月15日左右果实成熟，果实发育期151天左右，11月初开始落叶。

5.抗逆性和适应性 近年来，天水地区栽培的扁桃品种1年生枝春季抽条严重，原品种蒙特瑞抽条率为100%，冻害指数达49.22。天扁一号没有发生抽条、死株。2001、2002、2005、2006年4月上旬至4月中旬，气温由15～20℃左右降至-4～-5℃，持续时间为3～5天，天扁一号幼叶受冻率100%，叶尖至叶中部干枯率27.8%，花朵雌蕊死亡率30.06%。对照（原）品种蒙特瑞幼叶受冻率100%，叶尖至叶中部干枯率38.6%，花朵雌蕊死亡率33.08%，天扁一号的抗寒、抗霜冻性比蒙特瑞强。

天扁一号在贫瘠的沙壤土、红黏土、黄土、红土和青泥土等土壤都能够正常生长、开花结果，可在山、川地栽培。

【晋扁2号】（见彩版10图3-53）

选育单位：山西省农业科学院果树研究所

1.选育经过　晋扁2号（代号93–2）是意大利扁桃优良品种Tuono实生苗中选育出的扁桃新品种。1992年山西省农业科学院果树研究所从意大利带回扁桃优良品种Tuono自然授粉种子，当年春天播种，其实生苗嫁接于山桃砧木上。经试验观察，优良单株93–2具有开花晚、适应性强、丰产稳产、成熟期较晚、病虫害少等优良性状，选为优良品系。2004年9月7日通过山西省林木品种审定委员会组织的田间考察，并命名为晋扁2号。

2.果实经济性状　果实呈半月形，灰绿色，外披短而密的茸毛，果实长、宽、厚分别为4.22、2.87、2.59cm。坚果呈半月形，偏扁，平均坚果重4.0g，浅褐色，长、宽、厚分别为3.97、2.39、1.52cm，表面光滑有较深点凹，饱满且风味香甜。壳厚0.22cm，仁重1.6g，出仁率40.0%，其坚果重、坚果体积、壳厚、平均仁重、出仁率等高于主要栽培品种或与主要栽培品种不相上下。晋扁2号无双仁。晋扁2号果仁含脂肪58.25%、蛋白质23.00%、糖3.83%、总碳水化合物11.27%。

3.生长结果特性　幼树生长势强，芽具早熟性，能抽二次枝、三次枝；盛果期树生长势中庸，萌芽率78.5%，成枝力较强。以短果枝及花束状果枝结果为主，其占总枝量的80%，自花结实，结果早。苗木定植后第3年开花结果，第5年平均株产果仁0.89kg，每667m^2产果仁48.4kg，第7年平均株产果仁2.1kg，每667m^2产果仁105kg，连续结果能力强，丰产，稳产。

4.物候期　在山西省中部的太谷县，3月下旬花芽萌动，4月上中旬开花，花期7～10天，花期与桃树花期相近，4月中旬展叶，9月下旬果实成熟，果实发育期150～160天，11月初落叶，年生育期210～220天。

5.抗逆性　该品种耐寒性强，在冬季地面最低气温−24.3℃地区栽培，能安全越冬；耐旱能力强，在年降水量300mm以下地区栽培，能正常生长发育。细菌性穿孔病、流胶病、早期落叶病及蚜虫、叶螨等病虫害极轻。

四、杏

【沧早甜杏2号】（见彩版11图4-1）

选育单位：河北省沧州市农林科学院

1.选育经过　1986年调查河北省沧州等地杏树资源时，在1个杏园发现1株当地群众称之为早熟杏的单株，所结的果实较大、着色好、成熟较早（6月初）、鲜食品质好。该杏园同时栽有拳头杏、麦黄杏等品种。在该单株杏果成熟期，采集该单株自然杂交果实，获得种核800粒，1987年春播于河北省沧州市农林科学院试验基地。1990年有20株实生苗开始结果，经鉴定，发现代号为89-6-16实生单株所结的果实品质优良，选为优良单株。1999年该优良单株被复选为优良新品系，并先后建立多个生产示范园，示范取得良好效果，于2004年5月通过河北省林业局组织的成果鉴定。

2.果实经济性状　果实卵圆形，纵横径4.47cm×4.16cm，平均单果重55.0g，最大单果重75.0g。果皮底色黄白色，向阳面着红晕，外形美丽，果面光洁，无斑点，果顶尖，缝合线明显，片面对称。果皮中厚，不易剥离，果肉厚，果肉橙黄色，肉质松软，汁液多，纤维中等，风味甜酸，无涩味，品质上等，果核为长圆形，离核。可溶性固形物含量15.5%，总糖含量10.0%，总酸含量1.9%，维生素C含量95.0μg/g，可食率高达94.98%。常温下，沧早甜杏2号可贮藏5～7天。

3.生长结果特性 树势中庸，在河北沧州8年生树干周39cm，树高4.03m，冠幅4.1m×3.9m。1年生枝平均长为1.2m、粗为1.2cm，节间平均长1.74cm，萌芽率35.5%，成枝力弱。以短果枝和花束状果枝结果为主，结果早，一般苗木栽后第2～3年即可见果，第4年有经济产量，6～7年生树（栽植行株距5m×4m）株产可达40kg，丰产，生理落果轻。

4.物候期 在河北省沧州市，沧早甜杏2号3月上旬花芽萌动，3月底至4月初开花，果实5月23日左右成熟，果实发育期48～49天，属于极早熟品种，10月下旬落叶，年营养生长期210天左右。

5.抗性 沧早甜杏2号对桃细菌性穿孔病抗性明显强于骆驼黄、串枝红。在干旱、瘠薄、管理粗放的沙壤土上生长结果正常。花期抗晚霜、耐低温，能耐−3～−5℃的低温。

【沧早甜杏1号】（见彩版11图4-2）

选育单位：河北省沧州市农林科学院

1.选育经过 同沧早甜杏2号。

2.果实经济性状 果实圆形，平均单果重60g，最大单果重80g。果皮底色橙黄，果顶、缝合线、向阳面均可着鲜红色晕，着色面积占果面积的70%以上，果顶平或微凹，缝合线明显，片面对称，外形美丽，果面光洁无斑点。果皮中厚，不易剥离，核为长圆形，黏核，甜仁。果肉橙黄色，肉质松软，汁液多，纤维中等多，风味甜酸，无涩味，口感好，品质上等。可溶性固形物含量13.6%，总糖含量7.5%，总酸含量2.0%，维生素C含量60.0μg/g，果肉厚，可食率高达96.89%。常温下可贮藏5～7天。

3.生长结果习性 树势中庸，1年生枝长可达2m，萌芽率30.4%，成枝力中等。在河北省献县8年生树平均干周38cm，树高4.12m，冠幅4.2m×4.0m，1年生枝平均长1.65m、粗1.2cm，节间长2.12cm。结果早，以短果枝和花束状果枝结果为主，苗木栽后第2～3年即可见果，第4年有经济产量，生理落果轻，7～10年生树（行株距5m×

4m）株产50～75kg，丰产。

4.物候期 在河北省沧州市，3月上旬花芽萌动，3月底至4月初开花，5月25日左右果实成熟，果实发育期50～55天，10月下旬落叶，年营养生长期210天左右。

5.抗逆性 沧早甜杏1号对桃细菌性穿孔病抗逆性明显强于骆驼黄、串枝红。在干旱、瘠薄、管理粗放的沙壤土上生长结果正常。抗晚霜，耐低温，在1999、2001、2002年春季倒春寒严重的气候条件下，沧早甜杏1号花受冻率30%～33%，当地其他品种花受冻率为68%～90%。

【鲁南早红杏】（见彩版11图4-3）

选育单位：山东省邹城市钟山稀有林果资源开发研究所

1.选育经过 鲁南早红杏选自山东省邹城市东部偏僻山区年久老龄单株，已在当地封闭栽培100余年，母株1992年自然死亡。现存植株是20世纪70年代改接的3棵杏树，株产鲜杏500kg，且连年丰产稳产。2000年高接并繁育鲁南早红杏苗木，并试栽。通过进一步观察，高接和繁殖苗木的性状稳定，初选为优良品系，并建立了复选圃，通过与当地主栽的对照品种金太阳、凯特、大果杏、红丰、新世纪等比较，证明其综合性状优良，决选为新品种，2005年6月山东省济宁市科学技术局组织专家进行了鉴定。

2.果实经济性状 果实扁圆形，平均横径5.1cm、纵径4.2cm，最大横径达7.0cm。平均单果重70.5g，最大单果重193.0g。果实底色淡黄色，阳面鲜红色，富有光泽，缝合线浅，梗洼略平，顶端平凹，果皮较厚。黏核或半黏核，果肉橘黄色，有香气，风味甜。可溶性固形物含量15.9%，可贮藏10多天。

3.生长结果特性 生长势强，树体健壮，30年生树树高6.4m，冠幅5.6m×5.6m。萌芽率高，成枝力强。1年生枝平均长100.0cm左右，最长达150.0cm。平均节间长3.15cm。2～3年生枝极易形成短果枝及花束状果枝，且在树冠内分布均匀，长枝顶梢易形成腋花芽。每个短果枝平均着生1～6个花芽，以单花芽为主，且花芽分布较均匀，总花量并不大，败育花所占的比例低，坐果率高，自花结实力强。幼树定植后第2年开花结果，最高株产3.5kg，第4年进入丰产期，平均株产27.1kg，且连年丰产稳产。很少发生自然落果现象，采收期长达20天。

4.物候期 在山东省南部地区，3月中旬开花，4月初叶芽萌动，果实5月23日开始着色，5月25日开始成熟，果实发育期55~60天。

5.抗逆性与适应性 鲁南早红杏较耐瘠薄，但抗寒性不及金太阳。对土壤要求不严格，无论是在鲁南丘陵山区，还是在平地、河滩沙荒地均表现出较强的生长势及抗逆性。遭受蚜虫危害比金太阳轻。

【丰园红】（见彩版11图4-4）

选育单位：西安市杏果研究所（原户县果树试验站　所址：陕西省户县蒋村镇郝寨村）

1.选育经过 丰园红为红太阳自然杂交选育而成。1999年采集西安市杏果研究所杏种质资源圃品种金太阳自然杂交种子，2003年部分实生树开始结实。经鉴定评价，发现编号为X-02-80的自然实生单株所结的果实果个大、浓红色、果肉硬、果仁香甜、成熟早，被初选为优良单株。经过对本所高接树和区域试验点连续4年观察，确认该优良单株性状稳定，结果早，极丰产，商品率高，适应性强，复选为新品系。2008年6月通过陕西省果树品种审定委员会的新品种审定，定名为丰园红。

2.果实经济性状 果实卵圆形，纵径5.8cm，横径6.1cm。平均单果重62.0g，最大单果重110.0g。果皮底色橙黄色，阳面着片状浓红色，着色面积占果实表面积的60%；果顶圆形，缝合线中深，片肉对称或稍不对称。离核，鲜核重2.0g，鲜仁重1.4g，仁果甜。果肉较硬，完全成熟后肉质细密，纤维中等，汁液多，可溶性固形物含量为13.29%，总糖含量7.58%，总酸含量0.93%，维生素C含量72.6μg/g，可食率96%。果实在室温下可以存放7天，较抗碰压，耐运输。

3.生长结果习性 生长势强健，栽植在瘠薄地4年生树树高2.25m，冠幅3.0m×3.2m，干周12.7cm，1年生枝平均长78.0cm，节间平均长

2.1cm。容易形成花芽，幼树生长期多次摘心后第2年副梢大量结果，成龄树长、中、短果枝均能正常结实，秋梢8月底摘心后仍能形成正常花芽。5年生树花束状果枝占4%，短果枝占39%，中果枝占32%，长果枝占25%。花芽起始节位第2节，单花芽和复花芽比例为17：83，完全花占92.0%，自然坐果率32.4%，自花结实率4.0%，生理落果轻。1年生苗栽植后第2年结果株率达97.0%，5年生树每667m^{2}产量3 000kg以上，大树高位枝接后第2年每667m^{2}产量1 621kg。

4.物候期　在西安地区，丰园红2月15日花芽开始萌动，3月8日叶芽萌动期，3月16日始花期，3月21日末花期，3月25日展叶期，5月11日果实开始着色，5月23日果实成熟，比金太阳杏早熟4天。落叶期12月上旬，营养生长期约272天。

5.抗性　经在各个试栽点和本所试验园连续4年观察，该品种在陕西浅山丘陵、河滩沙土地和关中平原灌区均表现生长结果正常。2007年花期遇连阴雨，花后遇晚霜冻，丰园红结果正常，金太阳减产60%。在正常管理的情况下尚未见杏疔病和流胶病发生。

【甘玉】（见彩版11图4-5）

选育单位：河北省农林科学院石家庄果树研究所

1.选育经过　甘玉系河北省农林科学院石家庄果树研究所1992～2001年从河北省杏资源中选出的极早熟优质鲜食杏新品种。2002年11月通过河北省林木品种审定委员会审定。

2.果实经济性状　果实圆形，平均单果重49.5g，最大单果重65g，果皮底色黄白，阳面着鲜红晕，外观亮丽，洁净，果顶圆平。果肉黄白色，肉质细，纤维少，开始成熟的果实果肉较硬，充分成熟后柔软多汁，风味酸甜，香气浓，鲜食品质上等。可溶性固形物含量13.04%，总糖7.6%，总酸1.644%，维生素C含量148.0μg/g。常温下果实可贮藏5天。黏核，种仁苦，饱满。

3.生长结果习性　树势中庸，在石家庄市7年生树干周30.4cm，树高4.04m，冠幅4.3m×4.2m，新梢平均长为120.6cm、粗为0.86cm，节间长1.82cm，萌芽率29.73%，成枝力弱。以短果枝和花束状果枝结果为主。开始结果早，苗木定植后2～3年见果，4～6年生树平均有效花比率62.9%，高于同期成熟的其他品种，自然坐果率29.1%，生理落果轻，6年生树（行株距6m×4m）每667m^{2}产量701kg，7年生树（行株距5m×4m）每667m^{2}产量1 334kg，丰产。

4.物候期　在石家庄地区，2月下旬至3月上旬花芽萌动，3月下旬至4月上旬开花，果实5月下旬成熟，果实发育期56～60天。10月下旬至11月上旬落叶，年营养生长期约200天。

5.抗性　经1987～2001年观察，在自然条件下未见发生细菌性穿孔病。花芽抗倒春寒能力较强，1999年倒春寒严重，在河北省农林科学院石家庄果树研究所区试其他品种受害率60%，受害品种有效花比率0～5%，甘玉有效花比率为17.5%。

【珍珠油杏】（见彩版11图4-6）

选育单位：山东省泰安市林业局

1.选育经过　1985年山东省泰安市林业局组织开展对本市果树资源普查，珍珠油杏是在这次普查期间由新泰市青云街道办事处林业站在泰沂山脉中段旋崮山脚下外峪村村民方立章老宅中发现，已栽植20余年，为偶然实生。从1998年开始立项，详细观察其性状，并开展丰产栽培技术研究，2004年6月山东农业大学、山东省果树研究所、泰山林业科学研究院、泰安市林业局等单位果树专家进行了品种鉴定，定名为珍珠油杏。2006年12月通过山东省林业局林木良种审定委员会审定。

2.果实经济性状　珍珠油杏果实椭圆形，果形端正。平均单果重26.3g，最大单果重38.0g。幼果绿色，成熟果橙黄色，半透明，着色均匀，表面光滑似被一层油脂。果顶稍平，缝合线明显，两半对称。离核，果核光滑，核壳薄；杏仁饱满，有清香味，风味甜。果肉橙黄色，肉质韧、硬，香气浓郁，风味甜，品质上等。可溶性固形物含量24.0%，总糖含量18.75%，可食率95.6%，出仁率42.0%。珍珠油杏果实耐贮运，成熟后15天果肉不变软。鲜食、制干、仁用均可。果实成熟期的6月遇干旱、高温（35℃）天气，果实向阳面易发生日灼。

3.生长结果习性 生长势强健，成年树树高7～10m。萌芽率85.2%，成枝力较强，幼树1年中可抽生春梢、夏梢、秋梢，成年树一般只抽生春梢。营养枝短截后一般能萌发3～9个枝条，当年生枝平均长80.0cm，最长200.0cm以上。徒长新梢当年可形成花芽，翌年结果。初结果树以短果枝结果为主，盛果期树花束状果枝和短果枝结果占果枝总数的78.3%。

珍珠油杏自花授粉坐果率高，自然授粉结实率27.6%。丰产，5年生试验园每667m^{2}产量2 587.2kg。

4.物候期 在山东泰安，珍珠油杏3月上旬萌芽期，3月中旬进入初花期，3月下旬盛花期，花期13天左右。3月下旬前后展叶，果实4月中旬进入迅速膨大期，6月10日开始变黄色，6月20日前后成熟，果实发育期80天左右，属中早熟品种。11月中旬落叶，年营养生长期250天左右。

5.适应性 经过试栽，珍珠油杏适应山东泰安、济宁、济南、德州、临沂等地气候条件，表现丰产、优质，适应在山地、丘陵等立地条件栽培。华北、西北、华南及辽宁等已经引种试栽。

【龙园甜杏】（见彩版11图4-7）

选育单位：黑龙江省农业科学院园艺分院

1.选育经过 龙园甜杏（代号85-20-13，简称3号杏）是以79-7-1（北方二号李×大接杏）作母本、79-15-14（631杏×大接杏）作父本杂交育成的杏树新品种。1984年杂交，1985年播种，1990年杂交实生单株开始结果。1992年被选为优良单株，同年嫁接繁殖该优良单株苗木。1993年该优良单株苗木定植于新品系展示园，同时开始在黑龙江省哈尔滨周边地区、牡丹江、勃利等地进行区域试验和生产试栽，该新品系表现为抗寒、果实个大、品质好，是目前高寒地区比较理想的杏新品种。2006年2月通过黑龙江省农作物品种审定委员会审定，并命名为龙园甜杏。

2.果实经济性状 果实近圆形，纵径5.64cm、横径5.26cm。果个大而整齐，平均单果重59.2g，最大单果重75.5g。果实底色为杏黄色，阳面带有红晕，果实缝合线两侧片肉对称。离核，果仁甘甜，平均单核重2.5g，核重占果重的5.6%。果肉为橙黄色，肉质较细、软，纤维少，汁液多，风味酸甜适口，口感极佳，品质优，是鲜食兼仁用优良品种。

3.生长结果特性 龙园甜杏生长势中庸，其成龄树（15年生）树冠高3m左右。该品种萌芽率高，成枝力强，1年生新梢的秋梢发育程度差。苗木栽后第3年开始结果，以短果枝和花束状果枝结果为主，坐果率高，5年生树平均每公顷产量3 700kg。

4.物候期 在哈尔滨地区，龙园甜杏4月上旬花芽萌动，5月上旬始花，花期较晚，花期7～8天，7月20日左右果实成熟，果实发育期75天，属中晚熟品种，10月下旬落叶。

5.适应性 龙园甜杏较抗寒，哈尔滨地区2000年秋季气温偏高，初冬气温偏低，11月气温比常年低2.2℃；冬季−30℃气温前后持续1个多月，龙园甜杏1年生枝的髓部、木质部受冻变褐，但恢复能力较强。抗旱，适应性强，对土壤要求不严。可在黑龙江省哈尔滨、牡丹江、勃利、密山等地大量栽植，目前吉林、辽宁、内蒙古、新疆、河北等省（自治区）已引种试栽。

【中仁1号】（见彩版11图4-8）

选育单位：中国林业科学研究院经济林研究开发中心

1.选育经过 中仁1号是杏优良单株优1的自然实生。1993年春季，从河北省张家口市引进仁用杏优良单株优1种核，播种后获得优1自然实生苗5 362株，实生苗于1994年3月栽植于洛宁县成仁林场。从建园第2年开始，连续5年观察各自然实生单株的果实经济性状、初果期、生长发育特性、丰产性、抗逆性等性状，1996年初选出优良单株103株，1998年复选出96032、96057、96061、96077、96098共5个优良单株，1999年根据丰产性、种仁性状和抗倒春寒能力等指标对复选出的这5个优良单株再进行系统筛选，将代号为96077的优良单株复选为仁用杏优良品系。2000年3月以1年生山杏作砧木，繁殖96077苗木，共嫁接535株，嫁接成活率94.6%。2001～2004年在河南省嵩县、宜阳、中牟3个试验点各建立试验园0.33hm^2，此后对新品系96077的生长结果特性等性状进行了系统鉴定，96077在早实性、丰产性和抗性等方面都表现十分突出，性状稳定。2008年12月通过河南省林木品种审定委员会审定，定名为中仁1号。

2.果实经济性状 果实卵形，果实纵径2.8～3.5cm、横径2.3～3.0cm。成熟果实黄红色，果顶尖，缝合线较浅。外果皮顺缝合线自然开裂。果实两半部对称，梗洼浅，果柄短。离核，单仁重0.67～0.72g，出仁率38.5%～41.3%。种仁含油率56.7%，其中油酸含量74.1%、亚油酸含量19.9%、蛋白质含量21.96%、氨基酸含量20.33%。

3.生长结果习性 中仁1号树势中庸，苗木栽植当年树干基径3.3cm，平均新梢基径1.2cm，单株当年新梢数15个，平均新梢长117.0cm。以中、短果枝和花束状果枝结果为主，其中短果枝和花束状果枝的结果量可达全树结果量的65%～80%。自花结实，苗木栽植后第2～3年开始结果，结果株率93%～100%，4～5年进入盛果期，极丰产，盛果期单株种仁产量2 200～2 600g，每667m^{2}产杏仁92.4～215.8kg。

4.物候期 在河南省郑州地区，中仁1号花芽萌动期为2月15～25日，花期3月1～25日；叶芽萌动期3月15～20日，展叶期为3月20～25日，3月25日至4月1日开始抽枝，新梢停止生长期9月上旬；5月25日果实开始着色，着色期10～15天，果实成熟期6月25～30日，果实发育期95天左右，是早熟品种。落叶期10月下旬至11月上旬。

5.抗逆性及栽培适应性 中仁1号果实生长和成熟期基本上能够避开病虫危害，病虫害少，抗性强。经过连续5～8年观察，中仁1号在河南省嵩县、宜阳、中牟3个试验点丰产、稳产性好，具有较强的抗倒春寒能力。

【围选1号】（见彩版11图4-9）

选育单位：河北省围场满族蒙古族自治县林业局

1.选育经过　杏扁新品种围选1号是河北省围场满族蒙古族自治县林业局林果工程技术人员于1989年在该县杨家湾乡务本堂村果农田国玉果园发现的，起源不详。发现时，围选1号树龄约50年生以上，树高4.6m，冠幅9.5m×7.6m，自然开心形，从地表处分生的5个主枝距地面0.6m处平均直径18.0cm，该树生长在阳坡。1990～1992年连续3年进行调查，在粗放管理下，平均年产杏仁9.2kg，1992年5月12日盛花期和6月4、5、6日围场县遭受2次霜冻，造成山杏大幅度减产，而杏扁新品种围选1号花、果实未受冻害。2007年12月20日通过河北省林木品种审定委员会审定。

2.果实经济性状　果实阔卵圆形，平均单果重13.6g，果皮橙黄色，果实阳面红色，缝合线明显。离核，果核阔卵圆形，杏核大，平均单核重2.6g，果核长宽比为1.4。杏仁心脏形，饱满，平均单仁重0.93g，为杏扁品种中大仁品种，仁皮棕黄色，仁肉乳白色，脆，有香气，风味甜，略有苦味，出仁率35.7%。果肉浅黄色，肉质绵，粗纤维多，风味酸。适宜加工杏脯、杏干、酿醋。

3.生长结果特性　生长势强健，5年生树树高3.0m，冠幅3.5m×3.5m。1～4年生树新梢生长较快，1年生枝条长1.0m。萌芽率高，成枝力弱。苗木栽植第3年开花结果，株产果实25.0kg，折合每667m^{2}产量1 375kg，单株产核7.5kg，折合每667m^{2}产核412.5kg，7～8年生树进入盛果期，以短果枝结果为主，腋花芽也能结果，自花结实。

4.物候期　在河北围场，围选1号4月上中旬花芽萌动，5月上旬进入盛花期，花期约5～6天，新梢5月上旬开始生长，5月下旬至6月中旬为新梢快速生长期，7月上旬新梢基本停长，果实8月上中旬成熟，11月初落叶。

5.抗寒性　围选1号抗寒性强，经观测在花期遭遇−7℃冻害仍能正常结果。2006年春张家口市林业局在涿鹿、赤城高接围选1号，2007年开花结果，生长、越冬表现良好。没有发现发生杏疔病。

【美林黄】（见彩版12图4-10）

选育单位：浙江林学院生命科学学院　浙江湖州林业科学研究所
浙江湖州市林业局

1.选育经过　1988年在长兴县梅树生产重点乡（村）开展优株普查，初选出15个优良单株，其中有1个优良单株表现为短枝型。1989年春集中高接初选的优良单株，建立无性系鉴定园，并繁殖少量苗木，连续2年对优良单株观察记载。1991年高接优良单株开始结果，经连续2年观察，并鉴定果实加工性能，1992年从中复选出6个优系。1993年建立6个优系无性系后代鉴定园，并先后在浙江梅产区开展多点区域试验，1996年各区试验园开始结果，1997年从6个优系中决选出4个优系。后经连续5年鉴定，确认1个优系保持了母树特点，优良性状稳定，定名为美林黄，2002年通过浙江省林木良种审定委员会审定。

2.果实经济性状　果实长圆形，平均单果重13.6g，最大单果重18～25g，果皮硬熟期为青绿色至绿黄色，充分成熟后为黄色，果面清洁，果顶尖，两半部对称，肉厚，含水量低，鲜果外贸等级达到M级（中型盐梅干）A等的果率为99.35%，外贸梅加工制品中，L级（大型盐梅干）比8820、A18、大青梅增加14百分点，M级A等的果率为98.46%。成熟度较一致，适于制作盐渍梅，鲜果与盐梅干比例为1.89∶1，加工的盐梅干皮薄、色黄、无斑点，有青梅清香味。核小，果核椭圆形，核尖突出，核点多而深，核沟小，中深，背沟长宽，腹沟明显，核翼窄。可食率高，是果梅优良加工品种。果实可食率84.6%，总糖含量7.38%，总酸含量8.64%，含水量78.2%，出汁率46.2%。

3.生长结果特性　美林黄为短枝型品种，树冠紧凑，其5年生树干径7.1cm、树高2.3m、冠幅2.58m×2.58m。萌发短枝能力强，2～3年生枝上萌生的短枝约占总枝量的98.1%，中、长枝仅占总枝量的1.9%，1年生枝长35～45cm。美林黄完全花率为87.89%，结果早，以短果枝结果为主，坐果率16.0%。在正常管理下，苗木定植后第2～3年开始结果，第4、5年每667m^{2}产量分别为328.0、635.0kg，表现出早果、丰产、稳产的特性。美林黄果实能耐30℃以上高温，不易提早落果，后期果实增长膨大迅速，能在树上充分成熟。美林黄坐果率偏高，挂果过多，果实趋小，外贸加工用鲜果的M级A等减少，应予注意。

4.物候期　在浙江省长兴地区，美林黄2月上旬花芽萌动，2月下旬开花，花期约10 天，一般在5月下旬至6月上旬果皮呈黄色时采收，从开花至果实黄熟约110天，11月上旬开始落叶。

【龙廷杏梅】（见彩版12图4-11）

选育单位：山东省泰安市林业局

1.选育经过　山东省新泰市龙廷镇林业科技人员在龙廷镇掌平洼村凤凰山下发现1株50多年生杏梅。该杏梅果皮金黄色，向阳面略带红晕，光滑，有光泽，果肉黄色半透明，鲜食甜酸可口、香味浓，风味独特，品质上等，宜加工。1998年，山东省科学技术厅立项研究，2003年7月邀请山东农业大学、山东省果树研究所、山东省农业厅等单位专家进行了鉴定，国家林业局于2003年12月授权品种专利。

2.果实经济性状　果实近球形，不疏果平均单果重47.5g，合理疏果后平均单果重71.3g，最大单果重110.0g。果皮金黄色，向阳面着鲜红色，着色面积占果实表面积的1/3～1/2，光滑，有光泽，无果粉，无毛，果顶平滑，缝合线浅，两侧对称。离核，核重1.14g，果核表面粗糙，核仁苦、不充实，种子层积不萌发。果肉黄色，半透明，肉质较韧，香味浓，鲜食甜酸可口，风味独特，品质上等。果实八成熟时有机酸含量高，不需加酸、加色，即可加工成果脯、果汁。可溶性固形物含量11.5%，有3～5天后熟期，耐长途运输，货架期7～10天。

3.生长结果特性　幼树生长旺，1年生枝长可达2m，1年内可发2～3次枝。干性弱，萌芽率高，成枝力强，发育枝中部短截后可萌发3～5个新枝，枝条柔软细长，适宜密植。成花容易，以短果枝和花束状果枝结果为主，这2种果枝占全树总枝量的81.6%，结果量占全树的92.0%，徒长新梢营养充足时，有当年形成花芽的习性。完全花所占的比率高，在不配置授粉品种的情况下，自然结果率很高。具有极强的丰产性，无大小年结果现象，如管理得当，2～3年生树结果，5～6年生进入丰产期，2～7年生树每667m^{2}产量分别为36、178、547、1 344、2 755、3 914kg。

4.物候期 在山东省泰安市，龙廷杏梅3月下旬萌芽，4月上中旬开花，6月底果实由绿色转为黄色，7月上旬果实成熟，果实发育期80天，11月上旬落叶，年营养生长期210天左右。

5.抗性 龙廷杏梅用杏作砧木，适应性很强，抗旱、耐涝、耐盐碱。多年观察龙廷杏梅对桃细菌性穿孔病的抗性比麦黄杏、帅杏强，蚜虫、红蜘蛛很少。在干旱、瘠薄、管理粗放的沙壤土上生长正常。休眠期能耐−30℃低温，花期适宜气温6～18℃，能耐−3℃的低温。连续十几年观察，干旱或晚霜等灾害对龙廷杏梅坐果影响不大。该品种已引入辽宁、陕西、山西、河北、河南等省，并在生产中栽培。

五、李

【关公李】（见彩版12图5-1）

选育单位：湖北省当阳市农业110服务中心　当阳市园林处
当阳市农业技术推广中心

1.选育经过　1988年，以麦黄李作母本、三月甜作父本进行杂交，当年秋播，第2年春长出成苗。1989年6月剪取枝条高接到大树上，1990年高接树开花结果。经过近6年的试验观察，1996年从中选出1个优良单株，同年进行区域适应性试验。区试结果表明：该优良单株果个大，品质优良，结果早，极早熟，丰产稳产，抗性强，遂选为优良品系，初步定名为关公李。

2.果实经济性状　果实圆形或近圆形，纵径4.5cm，横径4.3cm，平均单果重75g，最大单果重125g，果皮底色黄色，全面着红色，有少许果粉，艳丽美观。果顶圆平或微尖，缝合线浅，有果点。果肉黄色，肉质细，汁液多，香气浓郁，酸甜可口，品质上等。可食率96%，黏核，可溶性固形物含量12.5%。适时采收在常温下可贮藏10天。

3.生长结果特性　生长势强健，5年生树树高3.36m，冠幅3m×3m。短果枝和花束状果枝占81.6%，中果枝占14.9%，长果枝占3.5%，自花结实。苗木定植后第2年成花株率100%，平均株产3kg，第3年株产

14kg，第4年株产32kg，第5年每667m^{2}产量3 000～4 000kg。

4.物候期 在湖北省当阳，关公李3月上旬花芽萌动，3月中旬开花，5月上旬果实着色，5月中旬果实成熟。果实发育期48天左右，11月中旬开始落叶，年生育期200多天。

5.抗性 关公李开花期晚，可以避开晚霜的危害，观察13年中有4年花期遭遇晚霜，仅减产8.6%。关公李细菌性穿孔病比同园其他品种轻。适宜各类土壤，耐瘠薄，氮肥过多易徒长。

【迟花芙蓉李】 （见彩版12图5-2）

选育单位：福建省永泰县农业局 永泰县李果研究所

1.选育经过 1989年对芙蓉李花期和果实成熟期的早、中、晚类型进行初选，冬季取初选的优良单株接穗嫁接于桃砧木上，直接种植在永泰县李果研究所的李品种园中。经过几年的田间观察，初步看出所选的单株开花迟、晚熟，性状稳定，芙蓉李的其他优良特点能够得到保持，1995年开始在永泰县推广试种。1996年后进行多点试验和较大范围的示范推广。2003年7月通过由福建省非主要农作物品种审定委员会组织的鉴定。

2.果实经济性状 果实圆形，平均单果重62g，最大单果重87g。硬熟期果皮绿黄色，软熟期果皮红色，果顶平，缝合线浅，两半部对称，果粉厚。果肉红色，肉质松脆，汁液多，纤维多，酸甜可口，品质上等，适宜鲜食和加工。可食率96.6%，可溶性固形物含量12.0%，总糖含量8.58%，总酸含量0.9%，维生素C含量44.0μg/g，常温下鲜果存放7～14天，加工李制干率76%。该品种是加工蜜饯类最佳品种，加工品质地细腻、嫩滑。耐贮运，可作为鲜食、加工兼用品种。

3.生长结果特性 生长势中庸，7年生树高4m，冠幅4.9m×5.5m，干周43cm，新梢长70.2cm，茎粗5.2mm，节间长2.1cm。自花坐果率6.3%～7.2%。3年生树株产8.8kg，折合每667m^{2}产量264kg，7年生树株产63.0kg，折合每667m^{2}产量1 890kg。

4.物候期 1992～1996年，在福建省永泰县迟花芙蓉李2月中旬萌芽，3月中旬始花，3月中下旬盛花，3月下旬终花，7月中旬至8月上旬果实成熟，10月下旬至11月上旬落叶。迟花芙蓉李花期较芙蓉李迟10～15天。

5.抗性 迟花芙蓉李比芙蓉李穿孔病发病轻，田间随机抽样调查：病叶率平均13.65%，感病指数平均5.2；芙蓉李发病率29.7%，感病指数平均18.87。

由于迟花芙蓉李盛花期在3月中旬或3月下旬，平均气温比上中旬高2℃，有利于花粉的萌发、授粉受精，提高坐果率。迟花芙蓉李坐果率6.3%～7.2%，芙蓉李的坐果率仅为1.7%～2.2%。

【紫晶】（见彩版12图5-3）

选育单位：山西省农业科学院果树研究所

1.选育经过 紫晶原代号93-1。1992年冬季，从意大利引进李品种（品种名称不详）自然实生种核150粒，当年进行低温沙藏处理。1993年播种，于当年8月初取实生苗枝芽，嫁接在1年生山杏砧木上。根据育种目标，采用越冬筛选、早果筛选，优良单株93-1入选，对其果实性状进行细致调查，该优良单株均表现中晚熟、优质、丰产、适应性强，综合优良性状稳定，果实主要经济性状符合育种目标，选为优良品系。该优良品系于2007年12月通过山西省林木品种审定委员会审定，并定名为紫晶。

2.果实经济性状 果实圆形，纵径4.24cm，横径4.03cm，平均单果重51.9g，最大单果重100.0g。果皮紫红色，外观端正，色泽艳丽。果粉多，果顶微凸，缝合线浅，对称；果柄较细，平均长1.51cm。黏核，核小，平均核重1.18g，长扁形，核表面较光滑，果肉橘红色，肉厚1.66cm，果肉细腻，多汁，纤维少，酸甜可口。可食率高达97.2%，可溶性固形物含量15.0%，总糖含量10.8%，单糖含量6.4%，双糖含量4.3%，可滴定酸含量1.1%。

3.生长结果特性 树冠较高大，生长势强，干性强。3年生树树高

2.0m，干高70.0cm，干周6.5cm，冠幅2.45m×2.32m；13年生树树高4.0～5.0m，干周41.9cm，冠幅3.35m×2.98m。萌芽率高，为87.3%，成枝力弱，1年生枝长9.5cm。以短果枝和花束状果枝结果为主，这2类果枝约占总果枝数的90.0%。自花结实性强，单一品种园自然坐果率可达70.0%。丰产性好，3年生树平均株产为8kg，5年生树平均株产为25kg，每667m^{2}产量可达1 600kg。

4.物候期　在山西省中部地区，紫晶3月中旬开始萌芽，3月底花芽明显膨大，4月初始花，4月上旬盛花，而在当地中国李品种玉红、早黄李、云阳红玫瑰等正常年份花期在3月中旬至4月初，紫晶花期比这些品种晚，可避开晚霜危害。8月上旬果实成熟，果实发育期120天左右，11月上旬落叶，全年营养生长期约为210～215天。

5.适应性及抗性　2002年冬季至2003年春季，山西省中部最低气温达到−27℃，山西省农业科学院果树研究所栽植的大多数李品种树体严重受冻，而紫晶受害较轻，且当年仍可少量结果。花期晚，避开晚霜危害，花果受害轻，2006年早春山西省中部李树遭受花期霜冻，紫晶花朵受冻率为39.4%，而邻近的中国李品种玉红花朵受冻率为65.1%。

据小面积试栽结果，该品种在山西省中部、南部及类似气候区均能栽植，且表现正常生长结果。紫晶在山地栽植具有较强的抗旱性和抗寒性。

【牡丰李】（见彩版12图5-4）

选育单位：黑龙江省农业科学院牡丹江农业科学研究所

1.选育经过　牡丰李（原代号牡育82−2−345）为巴彦大红袍与七月红李的杂交后代。1981年在黑龙江省友谊农场园林连果园杂交，1982年播种于黑龙江省农业科学院牡丹江农业科学研究所，1983年定植杂交苗。杂交苗1988年结果。经5年观察评价，82−2−345单株具有抗寒性强、果个大、品质佳、果实耐贮、抗病、丰产稳产等特点，被确定为优系。2002年通过了田间鉴定，2003年通过黑龙江省农作物品种审定委员会审定并命名。

2.果实经济性状 果实扁圆形，平均单果重46g，果实大小整齐。果实底色绿黄色，成熟时紫红色，果面有果粉，果粉厚，无茸毛，果点小、密、圆形、白色，片肉对称，缝合线明显，中等深，果顶凹入，有顶洼，果梗短（1.2cm）、粗。果皮中厚，果肉淡黄色，果汁中多，肉质细，有纤维，风味酸甜，品质上等。黏核，核中大，圆形，核面较粗糙，鲜核重1.2g。可溶性固形物含量15.13%，可溶性糖含量11.57%，可滴定酸含量0.38%，维生素C含量30.0μg/g，果实硬度10.86kg/cm^2，极耐贮，采收期无阳光直射的室内贮藏20天烂果率6.48%。

3.生长结果习性 树势中庸，萌芽率高，成枝力中等。9年生树树高3.14m，冠幅3.49m×4.19m，平均干周46.0cm，新梢平均长95.2cm、粗 0.35cm，平均节间长2.32cm。苗木在栽植后第3年结果，高接树均在嫁接后的第3年结果。长、中、短、花束状果枝均可结果，幼树以中、长果枝结果为主，盛果期树以花束状果枝和短果枝结果为主。牡丰李自花结实率为6.8%，需配置授粉树，用长李15、龙园秋李、矮甜李为牡丰李的授粉树，其授粉坐果率分别为30.9%～33.3%、34.0%～34.9%、29.0%。

4.物候期 在黑龙江省牡丹江地区，牡丰李花芽萌动期4月上中旬，叶芽萌动期4月下旬，开花期5月上中旬，果实成熟期8月中旬，落叶期10月初，果实发育期95天左右。

5.抗寒力与抗病性 一般年份牡丰李的受冻情况为髓部略变黄变色。据历年田间观察和调查的结果，结果期牡丰李抗寒力和绥棱红李相近，幼树抗寒力强于绥棱红李。牡丰李抗病力强，在几年的田间观察中，没发生红点病、细菌性穿孔病和褐腐病。

【红喜梅】（见彩版12图5-5）

选育单位：西北农林科技大学园艺学院

1.选育经过 1988年从意大利一个商业种植园引进李品种接穗，品种名称不详，1989年在陕西省高接换头、繁育苗木。1991年定植苗木，1993年高接树结果。经过3年的连续观察和鉴定果实性状，1995年初选为优良品系，2001年复选为新品系。2005年12月通过陕西省林木品种审定委员会品种认定。

2.果实经济性状 果实卵圆形，平均单果重75.0g，最大单果重120.0g。果面玫瑰红色，被果粉，缝合线浅，两侧果肉对称，果顶圆，微平，脐凸起，梗洼宽而浅，果柄长0.8～1.0cm，淡褐色。果皮厚，半离核，核小，平均核重2.5g。果肉淡黄色，肉质韧而细，纤维少，汁液少，有香气，风味极甜，品质优。可溶性固形物含量18.5%～23.0%，可食率96.7%。耐贮运，冷藏条件下可贮藏60天，室内常温下可贮藏2周左右。可制干，制干率31.0%～33.0%。

3.生长结果特性 生长势强健，4年生树冠幅3.5m×3.5m。萌芽率高，成枝力弱，苗木定植第2年开始结果，第4～5年进入盛果期，盛果期树以短果枝及花束状果枝结果为主，花芽占总芽数的3/4以上，自花结实率32.0%。丰产性极强，3、4、5年生树株产分别为5.5、15.5、21.6kg；在每667m^{2}栽植111株条件下，盛果期树平均每667m^{2}产量为2 059.05kg。红喜梅果实成熟前遇雨也无裂果或落果现象。

4.物候期 在陕西省关中地区，3月中旬叶芽萌动，4月初开花。8月上中旬果实成熟，果实发育期125天，属中晚熟品种。10月下旬至11月上旬落叶，年营养生长期240天。

5.抗逆性及栽培适应性 对细菌性穿孔病抗性较强。遇雨不裂果，无采前落果现象。适应性强，在山地、坡地、滩地均能栽培，但以土壤疏松、有灌溉条件、排水通畅的沙壤土、壤土、垆土栽培为好。

【秋香李】（见彩版12图5-6）

选育单位：辽宁省风沙地改良利用研究所　农业部优质农产品开发服务中心
辽宁省果树科学研究所　普兰店市爬山果树农场

1.选育经过 2003年在辽宁省盖州市杨运镇发现1株5年生的香蕉李果实成熟期比香蕉李晚熟50天左右，品质优良，其他性状与原品种香蕉李相同，认为是香蕉李的晚熟芽变。剪取该单株枝条，分别在辽宁阜新、熊岳、普兰店等地进行异地高接鉴定。试栽结果表明：该单株在几个高接地果实发育期均稳定在150天左右，摘取其果实先后分别送到农业部果品及苗木质量监督检验测试中心（兴城）和农业部郑州果品质量检测中心分析，其品质优良性状也稳定一致。2007年9月通过辽宁省非主要农作物品种审查登记。

2.果实经济性状 果实卵圆形，果个比原品种香蕉李大，其平均单果重为60.9g，最大单果重为100.0g。果皮紫红色，原品种香蕉李果皮黄红色。果粉厚，缝合线浅，片肉对称，果顶平，微凹，梗洼深而狭，果柄长1.6cm。半离核，核小。果肉橘黄色，肉质硬脆、爽口，果汁中多，香味浓，风味酸甜。可溶性固形物含量为13.1%～18.0%，总糖含量为9.14%，维生素C含量为55.3μg/g；总酸含量为1.1%，果肉硬度为15.0kg/cm^2。可食率为96.4%。果实在常温下贮藏天数比香蕉李长3天，在0～2℃可贮藏70天以上。

3.生长结果特性 秋香李幼树生长势旺，开始结果早，嫁接苗栽后第2年部分植株开花，第3年全部植株开花结果；原品种香蕉李开始结果期较晚。秋香李自花结实率25.9%，原品种香蕉李自花不结实。异花授粉能够提高秋香李坐果率，用香蕉李、美丽李、安哥诺李、晚花山杏和早花山杏给秋香李授粉，秋香李坐果率分别为27.3%、30.3%、40.0%、39.2%和70.0%，安哥诺李和早花山杏可作为秋香李授粉树。据调查，秋香李高接树在高接后第2年株产8.8～15.1kg，折合每667m^2产量484kg；第3年每667m^2产量1 100kg，最高达1 375kg。

4.物候期 在辽宁省普兰店市爬山果园，秋香李4月上旬花芽萌动，4月下旬显蕾，4月底至5月初开花，花期7～9天，果实8月中下旬开始着色，9月下旬果实成熟，原品种香蕉李8月中旬成熟，秋香李果实成熟期比原品种香蕉李晚50多天，果实发育期150天左右，11月上中旬落叶，年营养生长期200～210天。

5.抗性与适栽区域 试栽发现秋香李抗病与抗旱；在多年的栽培中也没有发生流胶病和采前裂果现象；抗寒性中等。可在香蕉李和美丽李栽培区域露地栽培，不宜在土壤pH值大于8.0的地区栽培。

【风味玫瑰】（见彩版13图5-7）

引种单位：中国林业科学研究院经济林研究开发中心

1.选育和引种过程 风味玫瑰亲本不详，先由李（*Prunus domestica*）和杏（*Armeniaca vulgaris*）杂交获得F_1代种间杂交单株，再利用获得的F_1代单株与李杂交后获得F_2代，从F_2中选育而成。中国林业科学研究院经济林研究开发中心于2000年承担国家“948”项目“杏李种间杂交新品种的引进”，先后在河南、湖北、河北、新疆等省（自治区）进行引种与示范工作，对风味玫瑰进行了生长结果特性、物候期、产量、果实品质等的观测与测定，品种稳定性和生态适应性的评定。2004年12月通过国家林业局组织的项目验收，并认定为科技成果。

2.果实经济性状 果实扁圆球形，果实纵径4.6～5.0cm、横径5.6～6.5cm，平均单果重95.0g，最大单果重150.0g。完全成熟后果实紫黑色，果顶圆平而凹陷，缝合线浅，梗洼深，果皮易剥离。果肉鲜红色，肉质细，粗纤维少，汁液多，香气浓，具有浓郁的玫瑰花香味，风味甜，品质佳。可溶性固形物含量15.2%～18.5%，果实较耐贮运，室温下可贮藏15～30天，冷藏条件下可贮藏2～4个月。

3.生长结果特性 风味玫瑰生长势中庸，新梢基部直径平均1.4cm，单株当年生长新梢25个，新梢平均长167.0cm。以中、短果枝结果为主，中、短果枝约占果枝总数的65%～85%，长果枝和花束状果枝较少。在适宜地区栽培，苗木栽植后2～3年结果，第4～5年进入盛果期，盛果期株产25～35kg，每667m^2产量1 800～2 500kg。

4.物候期 在河南省，风味玫瑰花芽萌动期2月15～25日，初花期3月1～9日，盛花期3月10～19日，谢花期3月20～25日。叶芽萌动期3月7～15日，3月中下旬展叶，4月上旬抽枝。果实从5月5～9日开始着色，成熟期为5月25日至6月10日，果实发育期75～85天，落叶期11月上中旬。

5.抗逆性及栽培适应性 风味玫瑰具有较强的抗逆性，病虫害较少。5年试栽结果表明，风味玫瑰较丰产，表现出良好的栽培适应性和丰产稳产性。适宜在我国中西部等夏干型气候区发展。风味玫瑰需冷量仅400～500小时，特别适宜保护地栽培，保护地栽培果实成熟期可提前至5月1日。

【味馨】（见彩版13图5-8）

引种单位：中国林业科学研究院经济林研究开发中心

1.选育和引种过程 味馨是美国选育的，用杏与李杂交，获得种间杂交种F_1代，再利用F_1代与杏杂交，获得F_2代，从F_2代中选育成为新品种。杏李新品种味馨中杏基因占75%、李基因占25%，味馨的具体亲本不详。中国林业科学研究院经济林研究开发中心于2000年承担国家948项目“杏李种间杂交新品种的引进”，先后在河南、河北、陕西、山东、四川、新疆等地进行引种与示范工作。对味馨进行了生长结果习性、物候期、产量、品质等观测与测定及品种稳定性和生态适应性评定。2004年12月通过国家林业局组织的国家948项目验收，筛选出的优质、丰产早熟杏李种间杂交新品种味馨，2007年12月通过河南省林木品种审定委员会审定。

2.果实经济性状 果实圆形或近圆形，纵径4.6～5.0cm，横径4.1～4.8cm。平均单果重43.0g，最大单果重68.0g，果皮黄红色，果顶平，缝合线明显，中深。果实两半部对称，梗洼浅，果柄短。离核，平均单仁重0.71g。果肉橘黄色，香味浓，风味甜，品质上等。可溶性固形物含量14.0%～18.0%，果实常温下可贮藏5～7天，在2～5℃可贮藏1个月。

3.生长结果习性 味馨生长势较强，栽植当年树干基径达到4.5cm，平均新梢基径1.5cm，单株当年新梢数28个，平均新梢长157cm，节间长1.8cm。自花结实，自花结实率80%以上；以中、短果枝和花束状果枝结果为主，其中短果枝和花束状果枝的结果量可达全树结果量的70%～80%。产量高，苗木栽植第2年结果株率100%，株产4～6kg。4～5年进入盛果期，极丰产，盛果期树每667m^2产量2 500～3 500kg。味馨抗性强，具有极强的抗倒春寒能力，病虫害少。

4.物候期 在河南省，味馨花芽萌动期为2月上旬至中旬，开花期2月下旬至3月上旬，叶芽萌动期3月上旬至中旬，展叶期为3月中旬至下旬，新梢开始生长3月下旬至4月上旬。果实迅速生长期第1次在落花后、第2次在花后1个月、第3次在采收前10天左右。果实5月下旬开始着色，着色期9～13天，6月上旬成熟，果实发育期85天左右。落叶期10月下旬至11月上旬。

5.抗逆性及栽培适应性 味馨是早熟品种，果实基本上没有病虫侵害，不裂果。经过多点试栽观察，味馨在各试栽点表现出良好的适应性，连续5年试验结果表明，味馨的丰产稳产性好，表现出良好的栽培适应性和丰产稳产性。需冷量400～500小时。味馨具有极强的抗倒春寒能力，试验表明，味馨在花期遇-2℃以下低温或降雪天气，仍能正常结实。

【味帝】（见彩版13图5-9）

引种单位：中国林业科学研究院经济林研究开发中心

1.选育和引种过程 味帝亲本不详，先由杏和李杂交获得F_1代种间杂交单株，再利用获得的F_1代杂交单株与李品种回交，获得F_2代杂交单株，再从F_2代杂交单株中选育而成。中国林业科学研究院经济林研究开发中心于2000年承担国家“948”项目“杏李种间杂交新品种的引进”，先后在河南、湖南、湖北、陕西等省进行杏李引种与示范栽培工作，并对味帝等杏李新品种的生长结果特性、物候期、产量、果实品质、性状稳定性和生态适应性等进行了观测与鉴定。2004年12月通过国家林业局组织的国家“948”项目验收，筛选出优质、丰产、早熟杏李种间杂交新品种味帝。于2003年12月通过河南省林木良种审定委员会认定。

2.果实经济性状 果实圆球形或近圆球形，纵径5.1～6.2cm，横径4.9～6.3cm，平均单果重106.0g，最大单果重152.0g；果皮金黄色，带有红色斑点，光滑，果顶平而稍突，缝合线浅，梗洼深，果柄短。黏核，果肉鲜红色，肉质细，粗纤维少，汁液多，香气浓，风味甜，品质极佳。可溶性固形物含量14.0%～19.0%，较耐贮运，果实在室温条件下可贮藏15～30天，低温下可贮藏3～5个月。

3.生长结果特性 味帝生长势强，萌芽率高，成枝力较弱，以短果枝和花束状果枝结果为主，这2种果枝结果量约占全树结果量的75.0%～90.0%，复花芽多，完全花率高，自花授粉坐果率低。苗木栽植后第2年结果，第4年进入盛果期，平均株产30.6kg，每667m^2产量2 000～2 500kg。

4.物候期 在河南省，味帝花芽萌动期为2月27日～3月3日，开花期3月6～19日，叶芽萌动期3月5～10日，展叶期3月20～25日，4月1～5日开始抽枝，5月29日果实开始着色，着色期8～15天，果实迅速生长期第1次在落花后，第2次在花后30～35天，第3次在采收前10～15天，果实成熟期6月10～15日，果实发育期85天左右，落叶期11月下旬。

5.抗逆性及栽培适应性 味帝具有较强的抗逆性，病虫害较少，不裂果。味帝在多个试验点均表现良好，连续3年的结果表明，味帝极丰产，表现出良好的栽培适应性和丰产稳产性。在长江中下游及其以北的杏李适生区引种栽培表现较好，味帝需冷量仅500～600小时。

【金皇后杏李】（见彩版13图5-10）

选育单位：陕西省咸阳市园艺蚕桑站
西北农林科技大学园艺学院果树研究所 乾县园艺站

1.选育经过 该品种起源不详，1968年6月，陕西省乾县临平镇曲家村曲建中同志，在乾县、扶风县的漆水河两岸发现了零星分布的金皇后杏李，并育苗繁殖，逐步推广到扶风县召公镇和乾县的临平、周城、新阳、漠西等乡（镇）。1983年，漠西乡西宇村三组的吴克智同志从临平镇引进该品种并栽植，以该村为中心栽植约有100hm^2。

1994年，原陕西省果树研究所王长柱同志在调查果树资源时得知金皇后杏李，他于1995年8月采摘金皇后杏李果实，并将其种核置于冰箱内进行层积处理。12月下旬将种子播种在温室。1996年3月移植存活6株，1998年将存活的4株苗木定植到陕西省果树研究所资源圃，其中3株表现明显的李树性状，1株表现为杏树性状，说明金皇后杏李确系杏、李杂交品种。1996年在陕西省乾县、兴平市、泾阳县试栽，此后全国20个省（自治区、直辖市）引种试栽。经过多年多点观察，该品种遗传性状稳定。2004年6月通过陕西省果树品种审定委员会组织的田间考察和初审，2005年4月通过陕西省第二次果树品种委员会品种审定，并命名为金皇后杏李。

2.果实经济性状 果实圆形或长圆形，在严格疏花疏果条件下，平均单果重81.0g，最大单果重150.0g。果皮底色橙黄色，部分果实阳面有红色晕斑，缝合线浅，果皮似李，皮孔明显，果面洁净，有光泽。半离核，果核中大，扁圆形，果仁微苦。果肉金黄色，肉质细而致密，始熟期采收风味偏酸，经5～7天后熟，果实汁液多，风味甜，兼有杏、李风味。采收时果实可溶性固形物含量15.19%，总酸含量1.76%，硬度7.3kg/cm^2，维生素C含量24.6μg/g；后熟果可溶性固形物含量可达20.0%，此时为最佳鲜食期，鲜食品质中上等。室温下可贮藏14天左右，冷藏条件下可贮藏50～60天。极适宜加工杏汁、杏脯、杏罐头等。

3.生长结果特性 生长势中庸或偏弱，据在陕西省乾县漠西乡西宇村调查，7年生树树高2.7m，干高70cm，干周40cm，冠幅4.6m×4.2m，1年生枝长35.5～45.0cm，粗0.80～1.06cm。萌芽率高，成枝力强。长、中、短果枝及花束状果枝均能结果，以短果枝和花束状果枝结果为主，3～5年生树以短果枝结果为主，短果枝占总果枝的72.3%；6年生以上树以花束状果枝结果为主，花束状果枝占总果枝的95.6%。花芽起始节位一般为0～1节，花芽与叶芽比4.5：1。无采前落果现象，但果实成熟期遇降雨果面出现裂口。自花结实，自然坐果率26%～44%。

经过连续10年观察，该品种丰产，稳产，苗木栽后第2年开花株率占栽植株数的45.0%，坐果率40.0%，第3年株产6.5kg，第4年株产21.5kg，第5年株产51.5kg，几乎没有大小年结果现象。因该品种花期较晚，能避开晚霜危害，一般年份均能正常开花结果。

通过对7～15年生金皇后杏李树观察发现，无论用山桃或山杏作砧木，金皇后杏李树均无大脚或小脚现象。但用山桃作砧木其生长势较弱，用山杏作砧木树冠大，生长势较强，果实无皱缩现象且早熟。

4.物候期 在陕西省乾县，金皇后杏李2月底至3月初萌芽，3月中旬为盛花期，花期比当地其他杏品种晚5～7天。果实6月下旬至7月初成熟，果实发育期100天，果实成熟期正值杏果成熟上市淡季。10月底至11月初落叶，年营养生长期240天。

5.抗病性及适应性 金皇后杏李花芽膨大和开花期可耐−3～−2℃的低温，在此气温下银香白杏、华县大接杏基本上绝收。对土壤要求不严，凡可栽植李、杏的地方，该品种均能适应。经陕西省植物保护研究所鉴定，金皇后杏李对细菌性穿孔病和褐腐病的抗性比张公园杏和红梅杏强。抗旱性比其他杏品种稍差。

【恐龙蛋】（见彩版13图5-11）

引种单位：中国林业科学研究院经济林研究开发中心

1.选育和引种过程 恐龙蛋亲本不详，先由杏和李杂交获得F_1代种间杂交种，再用杂交F_1代与李品种杂交，获得F_2代杂交单株，再从F_2代杂交单株中选育出杏李新品种恐龙蛋。中国林业科学研究院经济林研究开发中心于2000年承担国家“948”项目“杏李种间杂交新品种的引进”，先后在河南、湖南、湖北、陕西等地进行杏李的引种工作，对恐龙蛋等杏李种间杂交新品种的生长结果习性、物候期、产量、品质等进行了观察与测定，评定品种稳定性和生态适应性。2004年12月通过国家林业局组织的国家“948”项目验收，筛选出优质、丰产、中熟杏李种间杂交新品种恐龙蛋。2003年12月通过河南省林木良种审定委员会认定。

2.果实经济性状 恐龙蛋果实近圆形，纵径5.2～6.3cm，横径5.6～6.6cm，平均单果重126.0g，最大单果重199.0g。果皮淡红色，密被片状暗红色，表面被白色蜡质果粉，果顶圆平，侧沟不明显，缝合线浅，果梗长1～2cm，无毛。黏核，果核椭圆形，长1～1.5cm、宽约1cm，顶端有尖头，表面粗糙。果肉粉红色，肉质脆，粗纤维少，汁液多，风味甜，香气浓，品质极佳。可溶性固形物含量

15.0%～20.0%。较耐贮运，果实常温下可贮藏14～21天，低温贮藏时间3～6个月。

3.生长结果特性 恐龙蛋生长势旺，萌芽率高，但成枝力弱。以短果枝和花束状果枝结果为主，短果枝和花束状果枝结果量约占全树结果量的75%～90%，复花芽多，完全花率高，自花结实率低，需配置适宜授粉树，花朵坐果率40%以上。苗木栽植后第2～3年结果，第4年进入盛果期，平均株产33.6kg。

4.物候期 在河南省，恐龙蛋花芽萌动期3月3～6日，开花期3月7～22日，叶芽萌动期3月5～10日，展叶期3月12～18日，4月1～5日开始抽枝，果实6月7日开始着色，着色期30～50天，果实成熟期8月上中旬，果实发育期135天左右，落叶期11月上旬，年营养生长期约260天。

5.抗逆性 恐龙蛋具有较强的抗逆性，病虫害较少，不裂果。恐龙蛋在多个试验点均表现良好，连续3年试栽结果表明，恐龙蛋极丰产，表现出良好的栽培适应性和丰产稳产性。在长江中下游及其以北地区的杏李适生区均可引种栽培。恐龙蛋需冷量仅400～500小时。

【味王】（见彩版13图5-12）

引种单位：中国林业科学研究院经济林研究开发中心

1.选育和引种过程 味王亲本不详，美国育成，先由杏品种与李品种杂交获得F_1代种间杂交品种，再用F_1代种间杂交品种与李品种回交，获得F_2代，从F_2代中选育出杏李新品种味王。中国林业科学研究院经济林研究开发中心于2000年承担国家“948”项目“杏李种间杂交新品种的引进”，先后在河南、湖南、湖北、陕西等地进行杏李引种与示范工作，对杏李种间杂交新品种味王等品种的生长结果特性、物候期、产量、品质等进行了观察与测定，并进行品种稳定性和生态适应性评定。筛选出优质、丰产、中晚熟杏李种间杂交新品种味王，2003年12月通过河南省林木良种审定委员会品种认定，2004年12月通过国家林业局组织的国家“948”项目验收。

2.果实经济性状 果实近圆形，纵径5.2～6.6cm，横径

5.1～6.3cm，平均单果重92g，最大单果重145g。成熟后整个果皮紫红色，有蜡质光泽，果顶稍尖突起，似桃形，缝合线明显，中深，梗洼深。离核，果肉鲜红色，肉质细，粗纤维少，汁液多，风味极甜，风味十分独特，品质极佳。可溶性固形物含量18.0%～20.0%。耐贮运，低温条件下可贮藏3～5个月。

3.生长结果特性 味王树势弱，萌芽率中等，成枝力弱。以中、短果枝结果为主，苗木栽后第2年结果，第3年平均株产11.9kg，第4年进入盛果期，平均株产32.9kg。

4.物候期 在河南省，味王花芽萌动期为3月5～8日，开花期3月9～22日；叶芽萌动期3月3～8日，展叶期3月12～18日，4月2～5日开始抽枝。7月5日果实开始着色，果实成熟期8月中旬，果实发育期140天左右。落叶期11月下旬。

5.抗逆性及栽培适应性 味王具有良好的适应性和丰产稳产性。但味王在果实的迅速膨大期如遇较大降雨，有裂果现象。需冷量800～900小时。

【味厚】（见彩版13图5-13）

引种单位：中国林业科学研究院经济林研究开发中心

1.选育和引种过程 味厚亲本不详，选育过程是：先由杏和李杂交，获得F_1代种间杂交单株，再用F_1代单株与李品种杂交，获得F_2代杂交单株，从F_2代杂交单株中选育而成。中国林业科学研究院经济林研究开发中心于2000年承担国家“948”项目“杏李种间杂交新品种的引进”，先后在河南、湖南、湖北、陕西等地进行引种与示范工作，对味厚等杏李种间杂交新品种的生长结果特性、物候期、产量、品质等进行了观察与测定，评定品种稳定性和生态适应性。2004年12月通过了国家林业局组织的国家“948”项目验收，筛选出优质、丰产、中晚熟杏李种间杂交新品种味厚，于2003年12月通过河南省林木良种审定委员会品种认定。

2.果实经济性状 味厚果实圆形，纵径5.2～5.8cm，横径

5.6～6.6cm，平均单果重126g，最大单果重203g。成熟果的果皮为紫黑色，有蜡质光泽，果顶圆平而凹陷，缝合线浅，果梗长1～2cm，无毛。黏核，果核近圆形，长、宽约1.5cm，表面粗糙。果肉橘黄色，肉质细，粗纤维少，汁液多，风味甜，香气浓，品质极佳。可溶性固形物含量15.0%～18.0%，较耐贮藏、运输，果实常温下可贮藏15～30天，低温贮藏3～6个月。

3.生长结果特性 味厚树势中庸，萌芽率中等，成枝力较弱，枝条较细弱，容易下垂。初结果树以中果枝和短果枝结果为主，盛果期树以短果枝和花束状果枝结果为主。复花芽多，自花授粉结实率低，需配置授粉树。苗木栽后第2年结果，第4年进入盛果期，平均株产28.7kg，每667m^{2}产量2 000～2 500kg。

4.物候期 在河南省，味厚花芽萌动期为3月5～8日，开花期3月9～25日。叶芽萌动期3月5～10日，展叶期为3月15～20日，4月5～10日开始抽生新枝。果实6月10日开始着色，8月下旬至9月上旬成熟，果实发育期150天左右。落叶期11月下旬。

5.抗逆性及栽培适应性 味厚具有较强的抗逆性，病虫害也较少，不裂果。味厚极丰产，稳产。在长江中下游地区及其以北地区的杏李适生区均可引种栽培味厚，而在长江流域以南地区引种栽培味厚，应考虑当地冬季低温能否满足该品种需冷量的要求，味厚需冷量为800～900小时。

六、樱桃

【超早红】（见彩版14图6-1）

选育单位：山东省枣庄市果树科学研究所

1.选育经过 1997年4月，在山东省枣庄市市中区齐村镇莲汪村樱桃园中发现了1株中国樱桃树所结的果实果个大、成熟早、品质优，其起源不详。1999年在枣庄市市中区齐村镇莲汪村及西王庄乡果树良种实验场建立品种实验园1.5hm^2，经过5年的多点试验和高接换头试验，证明其遗传性状稳定。2003年暂定名为“超早红”，并开始试栽。2004年在辽宁省瓦房店市建立试栽大棚1个（0.07hm^2），2005年在江苏省宜兴市建立区试园1.82hm^2，试验结果表明其适应性较强、性状稳定。2007年11月通过山东省林木品种审定委员会审定。

2.果实经济性状 果实扁圆球形，果形端正，畸形果极少。平均单果重4.0g，最大单果重4.5g。果皮鲜红色，色泽艳丽，富有光泽，果柄长为2.46cm。核小，核重0.24g，半黏核。果肉粉红色，果肉溶质，风味甜，适口，品质极上等。可溶性固形物含量21.8%。可食率94.0%；超早红樱桃常温下货架期3天左右，采用冷藏贮藏能保存10天左右。2003年枣庄市春季多雨，超早红樱桃裂果极少，大窝蒌叶和大尖叶樱桃裂果严重。

3.生长结果特性 生长势强，3年生树冠幅2.2m×1.9m，1～2年生枝较直立粗壮，外围新梢平均节间长1.5cm。萌芽率高，成枝力强，外围1年生枝不短截萌芽率96.2%，成枝4.6条；外围1年生枝中短截后萌发长枝3～5条，中下部芽萌发后多形成叶丛枝。初结果树以中、长果枝结果为主，有腋花芽结果习性，盛果期树以中、短果枝和花束状果枝结果为主。嫁接苗当年可以成花，翌年结果。超早红栽培第3年株产2～5kg，每667m^{2}产量290.5kg；第4年株产8～10kg，每667m^{2}产量759.2kg。超早红第5、6、7、8、9年平均株产10.3、11.0、11.3、11.4、11.5kg。

4.物候期 在山东省枣庄市露地栽培，超早红花芽萌动开始于2月底，盛花期为3月15～18日。果实成熟期为4月底至5月初，果实成熟期比大尖叶樱桃早7天左右，属于极早熟品种。

超早红需冷量约为300小时，在山东省枣庄市可于10月下旬强制落叶后土法预冷10天左右，11月上中旬扣棚升温，春节前可成熟上市。

5.抗逆性 2007年3月中旬，山东省枣庄市市发生了倒春寒，气温在10小时内骤降了10℃以上，给樱桃生产造成了较大损失，当年超早红仍能维持较好的产量，其他樱桃品种几乎绝产。据观察，超早红樱桃流胶病、细菌性穿孔病等病害较少。

【秦早 秦红 秦霞】（见彩版14图6-2）

选育单位：河北科技师范学院园艺园林系

1.选育经过 1983年从辽宁省葫芦岛市前所果树农场采摘甜樱桃品种大锦、黄玉、滨库3个品种果实，采种沙藏，第2年得实生苗131株。1988～1990年实生树陆续结果，从中选出6个优系。经1992～1997年对各优系进行试栽观察鉴定，选出甜樱桃新品种秦早、秦红、秦霞，1998年5月河北省教委组织同行专家进行了技术成果鉴定。

2.果实经济性状 秦早（代号W5−01），为大锦实生，平均单果重6.5g，最大单果重8.0g，果面橙红色，果柄较长，软肉，汁液多，风味甜，可溶性固形物含量17.9%，可溶性糖含量12.4%，可滴定酸含量1.0%，维生素C含量66.9μg/g，可食率92.8%。

秦红（代号W2–19），为大锦实生，平均单果重6.2g，最大单果重7.0g，底色黄，具红晕，软肉，汁液多，风味酸甜，可溶性固形物含量17.9%，可溶性糖含量13.9%，可滴定酸含量0.89%，维生素C含量179.0μg/g，可食率93.9%。

秦霞（代号W3–11），为黄玉实生，平均单果重6.8g，最大单果重8.1g，果面红色，软肉，汁液多，甜酸适度，可溶性固形物含量15.3%，可溶性糖含量11.7%，可滴定酸含量0.94%，维生素C含量45.8μg/g，可食率91.4%。

3.生长结果习性 3个品种的生长结果习性相似，新梢的生长量较小，果实成熟前基本停止生长。长、中、短果枝的着花节位均以基部1～4节最多（不含基部2个无芽节位），主要结果枝为短果枝，中、长果枝次之。自然坐果率21%～61%，3个品种之间可相互作为授粉树。秦早自花结实率15%～20%，秦红、秦霞自花结实率3.6%～9.4%，需要多配授粉树。

4.物候期 在河北省昌黎地区，3个品种一般3月下旬萌芽，4月20日前后开花，5月下旬果实开始着色，5月底或6月上旬果实相继成熟，10月下旬或11月上旬落叶。

5.适应性与抗性 在栽培试验中，发现的病虫害主要为红颈天牛、刺蛾、桑白蚧和山樱桃砧木上的根癌病等。适应性和抗性与其他品种相似。

【黑珍珠】（见彩版14图6-3）

选育单位：山东省烟台市农业科学院果树科学研究所

1.选育经过 甜樱桃新品种黑珍珠亲本不详，是1999年栖霞市桃村镇桃林夼村王甲义同志在其拉宾斯、斯坦勒、先锋、滨库、红灯、萨姆混栽甜樱桃园内发现的优良实生单株。烟台市农业科学院果树科学研究所在进行“大樱桃鲜食优良品种选育”项目研究期间，通过采穗高接和育苗建园试验，调查了其植物学特征、生物学特性、果实经济性状、早果性、丰产性等特征特性，确定为甜樱桃优良品种，定名为黑珍珠。2006年6月通过山东省科学技术厅组织的专家成果鉴定。

2.果实经济性状 果实肾形，直径约1.0～1.5cm，果个大，平均单果重11.0g，最大单果重16.0g。折合每667m^2产量3 500kg时，单果重仍在8.5g以上。果实紫黑色，有光泽，黑里透亮，果顶稍凹陷，果顶脐点大，缝合线色淡，不很明显，缝合线对面凹陷，两边果肉稍凸。果柄长3.05cm。果肉、果汁深红色，肉质脆硬，风味甜。可溶性固形物含量17.5%，耐贮运。

3.生长结果特性 生长势类似于对照品种红灯、美早，3年生树树高2.9m，冠幅3.0m×2.9m，干周31.7cm，外围新梢长106.7cm。萌芽率高，为98.2%；成枝力强，外围新梢短截可发3～5个长枝。易成花，当年生枝条基部易形成腋花芽，粗壮的大长枝条甩放后，易形成成串的花芽，具有良好的早产性。盛果期树以短果枝和花束状果枝结果为主，伴有腋花芽结果。自花结实率高达85.0%，极丰产是其突出优点之一。无畸形果，果实在树上挂果时间长，延期采收10～15天果肉不变软，一次即可采收完毕。在个别年份，果实在紫黑色时若遇涝雨，少数果实梗洼处出现小裂纹。

4.物候期 在山东省栖霞市，黑珍珠4月18日左右盛花，6月上旬果实开始变红，6月中下旬果实成熟，果实紫黑色时风味最好。

5.抗逆性 2002年4月25日一场严重晚霜冻（花期气温-4℃），王甲义樱桃园内的其他甜樱桃品种挂果较少，而黑珍珠产量受影响较轻。2005年花期遭受晚霜冻，该园中红灯坐果寥寥无几，即使公认很丰产的甜樱桃品种斯坦勒坐果也不及黑珍珠多。在该园中，多年来，最丰产、最耐低温霜冻的就属黑珍珠。

6.嫁接亲和性 经育苗试验，黑珍珠与大青叶、中国樱桃具有良好的嫁接亲和性。2005年以大青叶作砧木分别于春季、夏季、秋季嫁接黑珍珠，成活率分别为96.2%、90.7%、98.6%。接口愈合良好，苗木粗壮。

7.适应性 该品种已推广到新疆喀什地区、四川阿坝藏族羌族自治州以及北京郊区、大连、西安及安徽、山东的大部分地市等。凡适宜栽培中晚熟甜樱桃品种的地区，均适合栽培黑珍珠。

【砂蜜豆】（见彩版14图6-4）

选育单位：山东省烟台市农业科学院果树科学研究所

1.选育经过 2000年烟台市果树科学研究所张福兴、孙贞义同志在该市考察甜樱桃生产时，在烟台市芝罘区黄务街道办事处套口村王树林管理樱桃园中发现1株甜樱桃树树冠紧凑矮小、枝条粗短、极丰产、果形呈心脏形、果个大，风味甜，故当时为其起名为福林砂蜜心，后来观察其果实形状类似于萨米脱（Summit），但树体许多特点与萨米脱又有别，所以，又更名为砂蜜豆。至2006年，连续结果10年，未发现裂果现象。比较甜樱桃砂蜜豆与萨米脱的农艺性状后，认为砂蜜豆是萨米脱的优良紧凑型芽变。2007年6月通过山东省科技厅组织的专家成果鉴定，同年9月通过山东省农作物品种审定委员会审定。

2.果实经济性状 果实长心脏形，横径2.80cm，纵径2.63cm，侧径2.37cm。果个极大，大小整齐均匀。单果重11.9g，最大18.0g。果皮鲜红色至紫红色，色泽鲜艳，有光泽。果顶稍尖，缝合线明显，果面蜡质厚，无畸形果。果柄中短，柄长2.43cm。果核椭圆形，中大。果肉红色，肉质较硬，汁液多、红色，风味甜。可溶性固形物含量18.2%，可食率94.3%。果实熟到紫红色时，硬度略下降。

3.生长结果特性 砂蜜豆生长势比拉宾斯、先锋、意大利早红弱。在烟台市农业科学院大樱桃示范园，6年生砂蜜豆树高3.47m，冠幅3.5m×3.5m，干周36.2cm，小于同树龄原品种萨米脱。砂蜜豆枝条甩放后很容易形成花芽，当年生枝条基部几个芽眼容易形成腋花芽。在苗圃地中，个别生长势弱的2年生苗木即形成花芽，苗木栽植后高定干，当年就形成较多花芽，第2年结果，第3年株产2～3kg。自交结实率49.5%，高于原品种萨米脱（39.7%），丰产性极好。

据授粉试验，甜樱桃品种先锋、拉宾斯、萨米脱、斯帕克里、滨库与砂蜜豆授粉亲和性较好，坐果率在52.1%～77.8%。

4.物候期 在山东烟台市黄务、福山，砂蜜豆 4月20日左右盛花期，盛花期比红灯晚2～4天，比萨米脱晚1天，属于开花较晚品种。6月15日左右果实着鲜红色，即可采收出售，6月中下旬果面紫红色或暗红色。成熟上市期一致。

5.抗逆性 砂蜜豆花芽较耐低温，2002年4月25日烟台虽发生一场严重霜冻，但对砂蜜豆产量影响甚小。2001年3月27日烟台气温降至-4℃，鲁中和鲁西樱桃局部绝产，而栽培在烟台市芝罘区套口村王树林果园的砂蜜豆树仍然挂果累累。砂蜜豆雨后不裂果，在套口村王树林果园栽培的砂蜜豆10年未发现裂果。

七、枣

【伏脆蜜】（见彩版14图7-1）

选育单位：山东省枣庄市果树研究所

1.选育经过 该品种是从枣庄当地选出的枣树优良新品种，2002年8月，通过枣庄市科技局组织的专家验收，同年9月通过市科技局组织的技术鉴定，并定名为伏脆蜜。

2.果实经济性状 果实短圆柱形，纵径5cm，横径3cm，果实中大，较整齐，平均单果重16.2g，最大单果重27.0g。果肩平整，与果顶等宽。梗洼小，浅或中深。果柄较短，约3mm。果顶广圆，顶点略凹。果皮绿白色，密布白色果点，白熟期可溶性固形物含量17%以上，风味佳，可采收应市。脆熟前期果皮粉白色，阳面鲜红色，果肉细，酥脆无渣，汁液较多，果面着色面积占总面积的60%时，含可溶性固形物29.9%，维生素C含量2 392μg/g，品质上等。完熟期果皮紫红色，果面光亮洁净，极美观。可食率96.5%，核中大，长椭圆形，核重0.5g，核内有1～2粒种子。较耐贮藏，-2～0℃可保存30天左右。

3.生长结果习性 萌芽率高，成枝力强。幼树枣头生长势旺，当年萌发的二次枝即可开花结果。结果母枝小，圆柱形，最长的约1.5～2.0cm，可持续结果6～8年。5～6年生结果母枝长1.0～1.4cm、粗0.5～0.8cm，抽生结果枝3～5条，结果枝长

12～20cm，着叶8～12片。花期对温度的需求为普通型，自花结实率0.72%，自然坐果率1.01%，每个枣吊通常结枣1～3个，最多结枣7个，较一般品种高且稳定。易发根蘖苗，根蘖树根系较浅，影响树体生长结果。2年生酸枣砧嫁接苗高1.5～2.2m，地径1.5～2cm，苗木定植当年平均每667m^{2}产量7.63kg，栽后第2年平均株产0.7kg，第3年株产4.69kg，第4年株产9.82kg，第5年株产19.1kg，折合每667m^{2}产鲜枣1 586kg，早实、丰产性较强。

4.物候期　在山东省枣庄市，3月下旬根系开始活动，4月10日前后萌芽，5月20日前后始花，6月上旬盛花，果实8月上旬白熟，8月中旬脆熟，8月下旬完熟，果实发育期77～85天，一般在8月上旬即可采收上市，11月下旬落叶。

5.适应性　适应性强，抗旱，耐瘠薄，在土厚40cm以上的山岭地上能正常生长结果，丰产，稳产。病虫危害少。经浙江、重庆、江苏及山东省多个生产单位引种试栽，均表现能适应当地的环境条件。

【北京马牙枣优系】 *（见彩版14图7-2）*

选育单位：北京农业职业学院

1.选育经过　北京马牙枣是北京传统鲜食脆枣品种。选育单位于2000年开始，为抢救北京枣资源，在北京市城区、近郊区收集枣品种资源。2003年从收集到的10余个北京马牙枣样本中选出优良单株崇27号、德66号。优良单株崇27号母树发现于崇文门外南官园27号1个庭院，树龄已有70余年生，其树干下部已被封进临时房中，树干从房中倾斜伸出，树高近10m，干高1.7m，冠径7～9m，干周1.46m。2000年8月9日果实成熟，挂果累累。优良单株德66号母树2001年发现于德胜门外西后街66号，树龄也已有70余年生，树高10m有余，干高1.8m，冠径10～12m，干周1.68m，2大主枝，树冠成圆头形。鉴于这2个优良单株的性状高度一致，来源也相似，故合并为1个优良单株，这2株树所结枣果嫩脆爽口、风味甘甜、品质极佳、成熟早，在庭院中仍能年年丰产。2006年初定名为北京马牙枣优系。2007年9月通过北京市林木品种审定委员会审定。

2.果实经济性状 果实为不对称的长锥形至长卵形，纵径4.68cm，横径2.49cm，中上部有时凹缢，常使果顶部略歪。果个中大，平均单果重14.0g，最大单果重21.5g。先开花所结的果实果个大小均匀一致，后开花所接的果实果形和大小不整齐。着色期果实色泽由橙红色转呈鲜红色，完熟期呈暗红色。果面光滑，果肩宽，圆形或广圆形，胴部中部稍膨大或与果肩相近，中下部渐细，急或缓收缩。果顶端圆或近平圆，残柱呈点状突起。残留花盘形成的环洼大或中大，果梗长0.3～0.5cm，梗洼中广、中深或浅小。果皮薄而脆，果核呈细长纺锤形，略有歪斜，纵径2.71cm，横径0.64cm，果核中大，单核重0.4g左右，核蒂尖长，先端尖圆，核尖渐尖，细长，先端尖细如针，核纹较浅、较宽、长条纵形，核内不具种子或具1粒饱满种子，出仁率约60.0%。果肉脆熟期呈白绿色，完熟期为黄绿色，果肉致密、酥脆，汁液多，风味甜或略有酸味；完熟期果实风味极甜，品质极上等。可溶性固形物含量脆熟期为26.1%，完熟期31.5%，可食率96.3%。

3.生长结果特性 盛果期树生长势中庸，干性中等，树冠半开张。4年生树树高2.7m，冠幅2.4m×2.4m，干周20.25cm，干高56.2cm。发枝力较弱，一般发枝1～2条，幼树和强旺树短截后可萌发枝2～3条，全树发枝4～6条，树冠内枝条较稀疏，1年生枝总生长量269.1cm，枣头枝平均长53.80cm、粗0.72cm。枣股抽生枣吊能力强，可抽生枣吊2～9条，平均抽生枣吊5个，枣吊长度25.0cm左右，幼树自然生长，最长可达70.0cm。结果早，苗木定植或高接后第2年结果株率100%，4年生树每个枣吊平均坐果1.4个，最高可坐果10余个，产量高而稳定，一般株产5.0～8.0kg，最高株产10.7kg。

该品种花量大，花期长，花器发育良好，有自花结实能力。幼、壮龄树树势强旺，盛花初期采取喷赤霉素和环剥等技术措施可提高坐果率。花期抗旱能力强，坐果率也稳定。7月上旬在高温高湿条件下，枣头花序盛开期，不采取技术措施，可以自然坐果，且坐果率很高，形成二次结实。盛果期树自然坐果率很高，生理落果和采前落果较轻微。

4.物候期 在北京南部地区，北京马牙枣优系4月上中旬萌芽，5月上旬现蕾，5月25日左右初花，5月底至6月上中旬盛花，8月初为果实白熟期，8月中旬半红脆熟期，即可采摘应市，果实发育期80天左右，10月底落叶。

5.适应性和抗逆性 北京马牙枣优系适应性极强，抗旱，耐瘠薄，耐粗放管理。在秋季多雨年份裂果比同类马牙枣轻。适宜在北京地区和相似生态条件区域栽植。

【早丰脆】（见彩版14图7-3）

选育单位：山东省果树研究所　东营市河口区新户乡政府
聊城市林业局　邹城市林业局

1.选育经过 1999年在山东省泰安市徂徕镇徂徕村立地条件较差的坡地上发现1株枣树所结的枣果鲜食品质优良、成熟期早、极耐瘠薄，将其选为优良单株。该株枣树起源不详。2000年采集其接穗，高接在山东省果树研究所试验场五分场，进行鉴定。2003年继代嫁接在山东省泰安市上高街道办事处黄家庄枣试验园，进行复选。2002年分别在山东的泰安、聊城、德州、东营、济宁等市开展品种比较试验和区域试验，其优良性状稳定。2005年命名为早丰脆，2006年12月通过山东省林木品种审定委员会审定。

2.果实经济性状 早丰脆果实近圆形，纵径3.04cm，横径2.90cm。果个中等大，平均单果重12.0g，最大单果重16.3g，果个大小均匀整齐。果皮红色，果面平滑，光亮美观。果点中大，浅黄色，显著；果肩平圆，梗洼中深，小，环洼中广，果柄长0.20cm，果顶凹陷，柱头遗存。果核梭形，纵径1.35cm、横径0.66cm；果核小，平均单核重0.33g，核尖较长，锐尖，核纹中深，长条纵形；核蒂短小，钝尖，核内多有1粒饱满种子。果皮薄而脆，渣少，果肉白绿色，肉质致密、酥脆，汁液中多，风味浓甜，鲜食品质上等。可溶性固形物含量白熟期为19.78%、脆熟期为31.15%，可食率97.0%。

3.生长结果特性 早丰脆栽植在平原肥沃地块，生长势强健，4年生树树高4m左右，干径8.67cm，冠幅3.2m×2.9m。全树发枝12个，枝条中密，枝条年生长总量483.6cm，1年生枝长为48.61cm，直径为

0.70cm，节间长为2.0～3.46cm。永久性二次枝自然生长5～12节，直径0.4～0.6cm，有效结果节数2～8节，抽生结果枝2～5条。结吴母枝长0.3cm，结果枝长18.51cm，节间长1.25cm。苗木定植或嫁接后第2年结果株率达67.0%，产量高而稳定；3年生树每个果枝坐果0.52个，平均株产3.9kg，最高株产4.8kg；4年生树每个果枝坐果0.98个，平均株产10.3kg，最高株产19.6kg。早丰脆在瘠薄山地上也表现出生长势较强。

该品种花量中等，盛花初期采用喷赤霉素和环剥措施，可以提高坐果率，坐果率也稳定，花后每个果枝坐果可达1.05个，不易落果，采收前每个果枝有果0.98个。盛花中期以后开放的花朵，坐果率较低，每个果枝仅坐果0.53个。

4.物候期　在山东泰安，早丰脆4月上旬萌芽，4月下旬展叶，4月下旬现蕾，5月下旬始花，5月底至6月中旬盛花，8月初为白熟期，8月下旬成熟采收，果实发育期85天，10月下旬落叶。

5.适应性和抗逆性　早丰脆适应性极强，在土层厚仅15～20cm、土质为风化页岩的山地上或在沙壤、黏壤、粉沙加黏土等不同类型土壤上均能正常生长，耐旱。2005年在山东泰安调查，炭疽病、溃疡病、黑斑病病果率低于5.0%，轮纹病病果率6.0%，适宜瘠薄山地和平原栽种。

【悠悠枣】（见彩版14图7-4）

选育单位：河北省涿鹿县矾山镇林业站　涿鹿县林业局　张家口市桥西区农委

1.选育经过　悠悠枣是河北省涿鹿县栽培的传统枣品种，是一系列细长枣品种的混称。本文介绍的悠悠枣是从中选出的果形美观、皮薄肉脆枣品种，2005年12月通过河北省林木品种审定委员会审定。

2.果实经济性状　果实长椭圆形，两头稍尖，一次果纵径4.2～5.3cm、横径2.0～2.6cm，平均单果重12.3g，最大单果重20.8g，大小均匀。二次果平均纵径3.94cm、横径1.92cm，平均单果重8.8g。果皮鲜红色，果面光洁。果皮薄，核小，核纵径

2.5cm、横径0.6cm，平均核重0.4g。果肉绿白色，果肉细、脆，汁液多，具清香味，风味酸甜，品质极佳。可溶性固形物含量为35.00%~41.00%。

3.生长结果特性 悠悠枣生长势中庸，树冠中等大小，干性强，萌芽率高，成枝力强。初结果期树以中、短果枝结果为主，连续结果能力强。完全花率35.6%，拉枝处理后完全花率可提高到67.3%。自花结实能力强，在无授粉树的情况下，也能正常结果、丰产。坐果率高，完全花坐果率76.0%以上，每枣股着生1~5个枣吊，每枣吊坐果3~6个，多者可坐果10多个。一年两熟，一次果约占70.0%，二次果占30.0%。苗木栽植后第2年开花株率93.0%，平均株产3.5kg，第3年平均株产12.6kg，盛果期树最高株产20.0kg。

4.物候期 在河北省涿鹿地区，5月中下旬萌芽，6月上旬至6月下旬为一次果开花期，7月上旬至7月下旬为二次果开花期，一次果于9月中旬成熟，二次果最晚于10月中旬成熟，落叶期为10月底至11月上旬。

5.抗逆性 在河北省张家口市和北京市延庆县、门头沟区及山西省大同市等地试栽，悠悠枣对早期落叶病抗性比赞皇大枣和金丝小枣强。悠悠枣的裂果率与赞皇大枣和金丝小枣差别不大。

悠悠枣在丘陵山区及砾石地适应性较强，并有较强的抗旱、抗寒、耐瘠薄能力。

【金丝特3号】（见彩版15图7-5）

选育单位：河北省沧州市农林科学院

1.选育经过 在对河北省沧州市枣品种资源调查的基础上，从金丝小枣园选出的优良单株，表现果实个大、风味品质好、丰产、抗浆烂果病及裂果轻等优点。通过进一步观察、鉴定，将其确定为新品系，并暂定名为金丝特3号。

2.果实经济性状 金丝特3号果实圆形，纵、横径为2.61cm×2.58cm，果形与金丝小枣、金丝新1号、金丝新2号明显不同。果个大，平均单果重比金丝小枣、金丝新1号大；最大单果重比金丝小枣、金丝新1号大，与金丝新2号相当。果皮紫红色，着色也比这3个对照品种深。肉厚核小，风味甘甜微酸，品质上等。可食率、制干率及可溶性固形物含量比金丝小枣、金丝新1号、金丝新2号高。果实维生素C含量4 510.0μg/g，适于鲜食和制干。

3.生长结果特性　金丝特3号生长势中庸，树冠中等大，干性强，20年生树树高4.6m，干高0.7m，干周43cm，冠幅5.6m×4.5m，株产30kg左右，萌芽力中等，1年生枝长67.0cm左右，一次枝节间长4～8cm，二次枝自然生长5～8节，针刺发达。金丝特3号结果节位和主要结果节位比金丝小枣、金丝新1号、金丝新2号多，结果数占结果量的比率也比这3个品种高。4年生树株产鲜枣5.6kg，比金丝小枣高2.8kg，比金丝新1号高1.4kg，比金丝新2号高0.6kg。

4.物候期　在河北省沧州市，金丝特3号4月中旬萌芽，5月下旬始花，果实8月25日左右开始着色，9月中旬成熟，果实生育期100～110天左右，成熟期比金丝小枣、金丝新1号、金丝新2号早。

5.抗病性　2000～2004年连续5年调查结果表明，金丝特3号浆烂果病率和裂果病率明显低于金丝小枣、金丝新1号、金丝新2号，金丝特3号对浆烂果病和裂果病的抗病性比这3个品种强。

【金铃圆枣】（见彩版15图7-6）

选育单位：辽宁省朝阳市经济林研究所　朝阳市林业局种苗站　朝阳市农业局

1.选育经过　1993年9月，调查辽西大凌河、小凌河流域枣栽培区的品种资源，发现1株约90年生枣树表现果个大、品质佳、早熟、早果、丰产稳产、抗逆性强，选为优株。2002年9月通过辽宁省科技厅组织的科技成果鉴定，同年辽宁省林业厅林木品种审定委员会认定为优良品种。

2.果实经济性状　果实近圆形，纵径4.25cm，横径3.93cm，平均单果重26g，最大果重75g。果面鲜红色，果点小，不明显。果皮薄，果顶中深，柱头遗存；梗洼深窄，环洼小。果肉白绿色，肉质致密，多汁，品质上等。可食率96.7%，果核纵径2.15cm、横径0.89cm，重0.85g，果肉硬度7.48kg/cm²，可溶性固形物含量39.2%，总糖32.32%，总酸0.39%，维生素C含量3 293μg/g，常温常湿下贮藏3天以上。

3.生长结果习性 树势强健，树体高大，干性强，主枝开张角60°左右，枝系较密，嫁接树树冠自然圆头形或半圆形。定植第2年开始结果，大龄树改接当年即可结果并能形成较高产量，6～9年生进入盛果期。无自然落果、裂果现象。在4年干旱不浇水的情况下，2002年2年生幼树株产0.6kg，9年生树株产21.5kg，最高株产31.0kg，母树株产60kg。花期最长可达60天，有效花期45天左右，其间可形成3次坐果高峰，即6月8～15日、24～30日、7月8～12日。如果第1次坐果率偏高，第2次坐果率则偏低。一般情况下，第3次坐果对产量影响不大。可取得连续丰产。

4.物候期 在辽宁省朝阳市，金铃圆枣萌芽期5月1～5日，展叶期5月18日左右，花期5月29日～7月12日，盛花期6月15日左右，果实9月初开始着色并进入脆熟期，采收期可延迟到9月底，10月15～25日落叶。

5.抗性

（1）抗寒性 金铃圆枣母树生长在北纬41.6°努鲁尔虎山南麓的山村院落中，经历朝阳1990年1月31日的-34.4℃历史最低气温和连续2次罕见（2000年、2001年）的低温考验，后2次低温，使朝阳枣区主栽品种大平顶枣2～3年生幼树地上部全部冻死，而金铃圆枣的母树及嫁接树均未见冻害，连续2年丰收。

（2）抗旱性 辽宁省朝阳市年平均降水量472mm，降水集中在7～8月，且多以阵性降水。1999～2002年连续4年大旱，2001年3～5月降水量比常年少45%～60%；2002年6～7月降水量偏少80%～90%，农作物几乎绝收，金铃圆枣试验园在没有灌水条件下生长正常，取得丰产。

（3）抗病性 金铃圆枣母树及繁殖苗未见发生枣疯病、枣锈病等枣树病害。

（4）耐瘠薄性　金铃圆枣母树及繁殖苗均生长在辽西低山丘陵区的山坡薄地上，土壤为褐土和沙砾土，肥力很差，含有机质约0.6%，土层最薄处只有0.3～0.5m，该品种生长结果正常。

【京枣39】（见彩版15图7-7）

选育单位：北京市农林科学院林业果树研究所

1.选育经过　北京市农林科学院林业果树研究所于1988年开始对北京市城区和郊区枣资源进行调查和收集工作，建立了北京枣资源圃。1991年秋调查发现，枣资源圃中保存的编号为第39号的枣树，其果实综合性状优良，为鲜食优质大枣。该枣树接穗于1990年4月采自海淀区中关村一居民院内，母树树龄60～80年生，树姿开张，树势强，树干挺直，树高约15m，干高6m，干径50cm，冠径约12m。经过10多年的观察及在北京市房山、怀柔、顺义、通县、延庆县（区）和山西临汾、河北遵化、安徽等地进行品种适应性试验，其枣果品质优良、丰产、抗病，综合性状表现稳定。2002年9月通过北京市果树专家鉴定，并命名为京枣39。

2.果实经济性状　果实圆柱形，纵径4.7cm，横径3.8cm。平均单果重28.3g，最大单果重45.0g，大小比较整齐。果皮着色前期阳面暗红色，背面浅绿色，全面着色后呈深红色，有光泽。果面光亮，微有小块起伏。果肩宽，广圆。梗洼浅广，不明显，环洼宽大，中等深，呈浅锥形。果顶渐细，圆而稍尖，先端略凹陷。果肉绿白色，质地松脆，汁液较多，味酸甜，鲜食风味佳，品质上等。经农业部蔬菜品质监督检验测试中心（北京）2000年测定，总糖含量21.7%，可溶性固形物含量25.4%，总酸含量0.36%，维生素C含量2 530μg/g，可食率98.7%。果核比冬枣、临猗梨枣品种小，纺锤形，红褐色，平均核重0.27g；核蒂短，稍尖，核尖较长，渐尖，核纹细而深；核壳薄，核内多无种子。果实较耐贮藏，完整果常温下保存7天左右，−2～0℃可贮藏30天以上。

3.生长结果习性　结果早，丰产性好。在精细管理下，多年生枣股着生枣吊4～6条，每个枣吊平均挂果1.4个，最多可挂8个。当年生发育枝基部的枣吊平均坐果0.8个，嫁接苗定植当年即可挂果。行株距3m×2m，定植第2年每667m^{2}产量200kg左右，第3年500kg以上，盛果期每667m^{2}产量1 500kg以上。

4.物候期 在北京地区，4月中旬萌芽，5月中旬始花，6月初盛花，开花整齐，果实9月中旬成熟，果实发育期100天左右。果实采收后，叶片迅速变黄，逐渐脱落，至10月中旬开始进入休眠期，年生长期180天左右。

5.适应性和抗性

（1）适应性强，抗旱、抗寒、耐瘠薄。在年降水量300～650mm华北干旱、半干旱地区，无灌溉条件下生长良好，无需防寒即可越冬；对土质要求不严，沙壤土、黏土、盐碱地均可种植，在贫瘠的山地上也生长良好，坐果较稳定。

（2）抗虫、抗病能力强，该品种较抗枣疯病、枣瘿蚊等。原株60～80年生无枣疯病枝，而其周围有枣疯病发生。2000年4月下旬北京枣树曾普遍遭受枣瘿蚊侵袭，北京市农林科学院林业果树研究所枣资源圃除京枣39外，30多个品种受到不同程度的为害，其中，临猗梨枣受害最为严重。据资源调查结果和丰产果园10多年的栽培试验，该品种抗枣锈病和灰斑病，果实抗炭疽病和果锈病。

【宁梨巨枣】（见彩版15图7-8）

选育单位：银川市金百禾林牧有限公司　银川市生产力促进中心
宁夏林业技术推广总站　宁夏林业局

1.选育经过 1998年春季，从中国林业科学院鲜食枣课题组引进临猗梨枣混系组培苗4 000株，栽植1.2hm^2，行株距3m×1m。由于所引枣品种为混系组培苗，栽植当年苗木之间在生长势、叶片形状、针刺等性状方面表现明显的不同，第2年植株之间差异就更加明显。针对枣园的情况，从1999年开始连续4年在全园开展植株选优，2000年初选出优良单株600株，2001年从这批初选优良单株中复选出优良单株200株，2002年从复选的这200株优良单株决选出新品系9株。2003年春，建立新品系的采穗圃，并繁殖苗木，2004～2005年建立新品系示范园13.3 hm^2。2006年10月通过宁夏林业局林木品种审定委员会认定，并定名为宁梨巨枣。

2.果实经济性状 果实圆形或椭圆形，纵径5～6cm，横径4～5cm。果个极大，平均单果重40.0g，最大单果重120.0g。果皮淡红色，着色面积占果皮总面积的50%以上；果面不光滑，果顶深凹，有纵沟，果点大而明显；梗洼浅窄，果柄长0.5cm。果皮薄，果肉绿白色，酥脆，汁液多，风味甜，品质优良。可溶性固形物含量28.0%，总糖含量27.8%，总酸含量0.4%，糖酸比69.5：1，水分含量64.9%，维生素C含量2 995.0μg/g，粗纤维含量1.0%。耐贮，用聚氯乙烯薄膜小袋包装（每袋可装鲜枣5kg），在0～0.7℃、相对湿度75%条件下，贮藏2个多月好果率95.0%，贮后果实口感更好。

3.生长结果特性 生长势中庸，树冠中大，发枝力强。新梢生长旺盛，苗木定植当年树高0.8～1.2m，干径1.5～2.0cm，萌发二次枝8～12个。第2年树高1.2～1.5m，干径3.0～4.0cm，萌发二次枝12～16个，第3年平均树高1.6m以上，干径4～6cm，二次枝16个。二次枝间距7～10cm，平均节数8～12节。枣股长0.5～0.6cm，生长极其缓慢，每个枣股可发枣吊2～5个。木质化枣吊占50%，一般长30.0～45.0cm，最长可达80.0cm，粗0.6～1.0cm，3～5节开始结果，每个花序有花朵5～7朵，每个枣吊平均结果2个，木质化枣吊平均结果5个。开始结果早，苗木定植当年结果株率为50.0%，第2～5年每667m^2产量分别为500、1 000、1 500、2 100kg。

4.物候期 在宁夏银川地区，宁梨巨枣4月中旬萌芽，4月中旬至5月下旬抽枝展叶，5月下旬初花，6月中旬盛花，6月下旬至7月中旬幼果发育期，7月中旬至8月末果实膨大，8月下旬至9月中旬为果实白熟期，9月中旬至9月末为果实脆熟期，果实发育期100～105天，10月上旬至10月末落叶期。

5.抗性及适应性 通过8年观察，宁梨巨枣耐干旱、耐高温、耐盐碱。抗寒性较强，2002年12月22～24日宁夏最低气温骤降至−25℃左右，灵武长枣、中宁圆枣、梨枣、晋枣、赞皇大枣等品种均遭受不同程度冻害，而宁梨巨枣未发现受冻。尚未发现病害，有枣瘿蚊、桃小食心虫、枣飞象等害虫轻度为害。

【大老虎眼酸枣】（见彩版15图7-9）

选育单位：北京农业职业学院

1.选育经过 2000年秋季，在北京市朝阳区北花园村1个农家院中枣树所结枣果酸味极浓，略带甜味，果个大，果皮赭红色。据这株枣树主人介绍，这株枣树来源不详，树龄已有 40余年生，年年丰产，枣果成熟早，很受市场欢迎。经嫁接栽培后初步观察鉴定，确认是一个优良的酸味、大果、早熟枣品种。2007年9月通过北京市林木品种审定委员会审定，定名大老虎眼酸枣。

2.果实经济性状 果实近圆形，纵径3.08cm，横径2.83cm。果个中等大，平均单果重12.9g，最大果重21.7g。果皮赭红色，向阳面时有褐色斑，果面光滑，果肩圆，有不规则棱起。果顶微凹，广而中深，残柱呈点状突起。残留花盘形成的环洼中大，梗洼窄而深，果梗长0.4～0.5cm。果皮薄而脆，果核椭圆形，纵径1.67cm，横径0.81cm，双仁时近圆球形；果核中大，核重0.5g左右，核纹浅，核尖短，急尖，常有分叉；核蒂短小，钝尖；核内多数有1～2粒大型饱满种子，种仁椭圆形，双仁率占10%。果肉脆熟期呈浅绿色，果肉致密、酥脆，汁液中多，风味浓酸，略有甜味，甜酸适口，鲜食品质上等。可溶性固形物含量24.8%，最高可达31.2%，可食率96.2%。

3.生长结果习性 盛果期树生长势较弱，干性中等偏弱。栽植在平原肥沃地区，3年生树树高2.3m，冠幅1.2m×1.4m，干高50.0cm，干周12.8cm，全树发枝5～7条，枝条中密，枣头枝平均长91.7cm，粗1.06cm，节间长5.8～7.9cm，永久性二次枝自然生长6～12节，有效结果节数2～9节，平均每株着生永久性二次枝62条，三次枝直径0.4～0.8cm。发枝率低，幼树和强旺树可萌发1～2枝。枣股抽生枣吊能力强，可抽生枣吊2～7条，平均抽生枣吊5个左右，枣吊长度23.0cm左右，幼树自然生长枣吊可达38.5cm，每个枣吊一般着生叶片13～17片，叶腋着生花序12～16个。嫁接苗定植当年即少量结果，定植或高接换头树当年即可形成产量，4年生树平均每个枣吊坐果1.6个，最高可坐10余个果，一般株产4～5kg。

花量大，花期长，花器发育良好，有自花结实能力。幼树盛花初期采取环剥等技术措施可提高坐果率；花期遇到干旱，自然坐果率仍然高而稳定；在7月上旬高温高湿条件下，枣头花序在不采取任何技术措施下，可以自然坐果，且坐果率很高，形成二次结实。盛果期树在自然生长状态下，自然坐果率很高，年年结果，生理落果极轻微，不发生采前落果。

4. 物候期 在北京南部地区，大老虎眼酸枣4月上中旬萌芽，5月上旬现蕾，5月25日左右初花，5月底至6月上中旬盛花，枣头枝盛花期可延续至7月上旬。果实成熟早，8月初为白熟期，8月中旬半红脆熟期，应及时采摘应市，果实发育期70天左右。10月下旬落叶。

5. 适应性和抗逆性 观察认为，大老虎眼酸枣适应性强，抗逆性强，抗旱，耐粗放管理；开始结果早，果实品质优良，丰产稳产，果实成熟早；在秋季多雨年份很少裂果。适宜在北京地区和相似生态条件区域栽植。

【脆酸枣】 （见彩版15图7-10）

选育单位：山东省济南市林业局

1. 选育经过 2001年，对济南市南部山区酸枣变异类型进行了调查，从中选出果实成熟期早、品质优良、丰产性状突出的2个酸枣类型1号和2号。经过对比观察，1号生长势和果实经济性状均比2号好，2005年开始扩大复选品系1号的栽培面积。2006年8月通过专家组验收，12月通过济南市科技局组织的专家鉴定，并暂定名为脆酸枣。

2. 果实经济性状 果实椭圆形，平均纵径2.52cm、横径2.33cm；平均单果重6.1g，大小均匀。果实完全成熟后呈深玫瑰红色，果面光滑，不裂果。果皮薄，核小，椭圆形，核面平滑，沟纹浅，两端钝，种仁饱满。果肉中厚、白色，肉质致密、脆，汁液多，酸甜适口，品质好。可溶性固形物含量27.0%，硬度12.4kg/cm^2，可食率87%。

3.生长结果特性 生长势强，5年生树树高3.27m，冠幅3.60m×3.60m，干径4.27cm。萌芽率高，成枝力强，幼树枣头生长势旺，二次枝一般有4～8节，节间比对照品种酸枣长2～3cm，为5～7cm；枣吊与对照品种酸枣相近，较短，一般为10～18cm；枝条平均生长量66.0cm，是酸枣枣头生长量的2倍。当年萌发的二次枝即可开花结果，每个枣吊通常坐果1～4个，最多可坐果9个，5年生树每株结果1 678个，丰产。春季枝接当年结果株率48.0%，苗木定植后第2～5年平均株产1.71、2.79、3.30、10.73kg。

4.物候期 在济南市南部山区，脆酸枣物候期与酸枣基本相同。4月上旬萌芽，5月中旬始花，6月上旬盛花，6月中旬终花。果实8月上旬白熟，8月中旬脆熟，果实发育期60天左右，10月下旬落叶。

5.抗逆性 脆酸枣抗逆性强。抗旱、耐瘠薄，在济南市南部山区降水量低于常年的情况下（平均年降水量为614mm），生长结果正常，在土层厚度30～40cm的荒山丘陵生长结果良好。经与产地传统栽培品种调查比较，只要选择生长健壮、地径1～2cm酸枣作为砧木，一般不易发生枣疯病。2～5年生结果树未发现有病害发生现象。脆酸枣不耐涝，扦插育苗进入丰产期比其他品种晚。

6.适宜栽培的自然条件 脆酸枣适宜发展的地区是：年平均气温8.7～13.6℃，1月平均气温不低于−5.1℃，生长季≥10℃活动积温大于4 000℃，年日照时数超过1 600小时，年降水量400～614mm，年无霜期150天以上，海拔500m以下，土壤pH值7.0～8.2，坡度35°以下的浅山丘陵区。

【高维C甜酸枣】 （见彩版15图7-11）

选育单位：山东省济南市林业局　济南市历城区林业局　济南市长清区林业局

1.选育经过 高维C甜酸枣代号96–2。在1988年酸枣资源调查的基础上，1996年对酸枣资源集中分布区内的仲宫镇、十六里河镇进行了重点调查，筛选出性状表现较好的鲜食酸枣单株12株。同年8月果实成熟季节，经现场观察比较，从这12株中复选出果实个大、风味品质好、丰产、树体紧凑、结果枝无刺等综合性状表现突出优良单株4株。将优良单株于1997年分别进行高接，又经过连续3年的观察记载和综合评比，将代号为96–2优良单株选为优系2。2000年开始高接在济南市市中区、历城区、长清区等不同立地枣树上，并开展品种比较试验和区域试验，经过连续4年的对比观察，证实优系2果实较大、品质优良、成熟早、丰产、适应性强、结果枝无刺、枝条节间短、树冠紧凑，选为新品种。2007年12月通过山东省林业局组织的品种鉴定，定名为高维C甜酸枣。

2.果实经济性状　果实圆形或长圆形，纵径2.42cm，横径2.25cm。平均单果重5.0g，最大单果重8.3g，大小较整齐。白熟期果皮绿黄色，成熟时果皮绿白色，阳面为赭红色，着色面积占果皮表面积的30%～50%，完全成熟时全面赭红色。果面平滑光亮，果肩部圆斜，有10条左右深浅不等的棱沟，顶部渐尖。果柄长4.0mm，梗洼中广，中深。环洼小，中深。果皮较薄，果核小，为椭圆形，果核纵径1.21cm、横径0.82cm，平均核重0.43g，核纹细密，核壳厚约1.0mm，核内种仁饱满。果肉乳白色，肉质细、脆，汁液较多，风味酸甜，鲜食品质上等。鲜果可溶性固形物含量25.3%，总糖含量21.48%，总酸含量0.56%；维生素C含量4 450.0μg/g；硬度8.7kg/cm^2，可食率91.56%。适于鲜食、加工。

3.生长结果特性　生长势中庸，树冠中大、紧凑，主干明显。5年生树树高2.78m，干径4.06cm，冠幅3.12m×3.12m，1年生枝长30～50cm，二次枝长20～28cm，枣吊长15.6cm。萌芽率高，成枝力强，树冠内枝条较密。幼树枣头生长势旺，结果后生长势趋缓，1年生枝长30.0～50.0cm，节间长6.0～8.0cm，二次枝自然生长4～6节，节间长3.0～5.0cm。发育枝有一次生长的特性，盛花末期（6月上旬）即停止生长，长30.0cm左右，短枝性状明显。针刺细弱，且随着当年枝条的发育自然脱落，2年生以上结果枝无刺。结果早，当年萌发的二次枝即可开花结果，花量多，自花结实率为1.14%，自然授粉坐果率1.31%。盛果期（5年以上）每个枣吊通常结枣3～5个，最多可坐果9个，结果率比当地生产上栽培其他枣品种高，丰产稳产。用野生酸枣作砧木嫁接成活后当年结果株率70%以上，第2年平均株产

1.16kg，第3年平均株产2.35kg，5～8年生树平均株产6.65kg，9～11年生树平均株产24.93kg。适合利用荒山野生酸枣高密度嫁接及山丘梯田密植栽培。

4.物候期　在山东济南南部山区，4月上旬萌芽，5月中旬始花，5月下旬至6月上旬盛花，6月中旬终花。果实8月上旬白熟、中旬脆熟，果实发育期60～65天，8月中旬为集中采收期，10月下旬落叶。

5.适宜栽培的自然条件　高维C甜酸枣在年平均气温8.7～13.6℃、生长季有效积温大于4 000℃、日照时数超过1 600小时、年降水量400～614mm、年无霜期150天以上，海拔500m以下，土壤pH值7.0～8.2，坡度35°以下的浅山丘陵区均可栽培。

八、葡萄

【90−1】（见彩版16图8-1）

选育单位：河南科技大学园艺研究所

1.选育经过 1990年，在河南科技大学果树教学实习基地葡萄园中发现1株乍娜品种的1个枝蔓上所结的葡萄在6月中旬已部分开始着色，几天以后，该枝蔓上果穗全部完全着色，色泽为玫瑰红色，果粒具有明显成熟现象，成熟期是6月27～29日，而在该株其他枝蔓上的果粒此时仍呈绿色，成熟期是7月20～23日，即发生变异枝蔓所结葡萄成熟期比其他枝蔓上所结葡萄提早了20～25天。于是将该变异枝蔓初选为优良早熟变异，编号为90−1。经多年多点试栽观察，90−1葡萄成熟期均比原品种乍娜提早25～30天，表明90−1早熟变异性状稳定。2001年通过河南省科学技术厅组织的品种鉴定。

2.果实经济性状 果实经济性状与原品种乍娜相似，果穗圆锥形，带有副穗，穗长21.5cm、宽19.4cm，平均穗重500.0g，平均穗重比原品种乍娜略小，最大穗重1 100.0g。果粒近圆形，果粒比原品种乍娜稍大，单粒重8.0～9.0g，着生密度中等，果粒粉红色，充分成熟时紫红色，未成熟果粒具有3～4道纵向浅沟纹。每果粒含种子2～4粒，种子与果肉、果皮与果肉较易分离。果皮中厚，肉质脆，汁液多，有清淡香味，风味品质好，可溶性固形物含量13.0%～14.0%。

90−1用国光牌葡萄膨大剂100倍液，于盛花后7～10天蘸果穗，果粒变小，大小粒现象严重，而京亚、巨峰、藤稔3个对照品种处理效果较好，也没有出现大小粒现象，由此可见，90−1不宜使用该葡萄膨大剂100倍液处理。

3.生长结果特性 90−1与原品种乍娜生长结果特性无区别，90−1生长势较旺盛，芽眼萌发率较高，枝条成熟度中等。夏芽萌发力中强，隐芽萌发力中等。果穗一般着生在新梢的第3～5节，平均每个果枝着生果穗1.84穗，副梢结实力强，不易落粒。90−1早果性和丰产能力接近于原品种乍娜，适宜负载量比乍娜、京亚、巨峰、藤稔低，每667m^2产量控制在1 500～2 000kg，才能表现出早熟、优质的特性。

90−1以巨峰、京亚、红富士作砧木进行绿枝嫁接，成活率以巨峰作砧木的最高，其次为红富士作砧木，京亚作砧木最低，但其成活率差异不大。以巨峰、红富士作砧木嫁接苗生长势强，京亚作砧木生长势较弱。多数接穗在嫁接当年生长到30～50cm时摘心，在第2年可以抽生粗1.0～1.5cm的新梢1～2个。果实成熟期，90−1嫁接在红富士砧木上比其扦插苗提早3天，嫁接在巨峰、京亚砧木上与90−1扦插苗同期成熟。90−1硬枝扦插成活率较高，可采用硬枝扦插繁殖。

4.物候期 在河南省洛阳市，露地栽培90−1于4月上中旬萌芽，5月中旬开花，其萌芽期和始花期比原品种乍娜早1～2天，比京亚、巨峰等品种晚5～6天。浆果6月下旬成熟，浆果发育期仅35天。保护地栽培，2月上旬萌芽，4月上旬开花，5月中下旬成熟。

5.抗性 据调查，90−1对葡萄炭疽病、葡萄白腐病、葡萄黑痘病的抗性较原品种乍娜及京亚、巨峰、大粒六月紫强。调查中发现90−1叶片对葡萄霜霉病抗性较弱，生产中应注意防治。

6.适宜栽培地区 90−1果实发育期短，对水、肥条件要求较集中，适合在有灌水条件的地区栽培。可露地栽培，特别适合保护地栽培。在我国北纬38°以北地区露地栽植要采取防寒措施，适宜发展区域与乍娜相同。

【洛浦早生】（见彩版16图8-2）

选育单位：河南科技大学园艺研究所

1.选育经过 1996年6月，在河南科技大学果树教学实习基地葡萄园中（该园于1992年建园，1993年结果，1995年受冰雹侵袭）发现葡萄品种京亚1株树的部分枝干上所结的葡萄开始着色早，开始着色几天后就完全着紫红色，果粒也明显变软，果实成熟期为6月28日～7月3日，而该葡萄园京亚其他植株葡萄成熟期为7月15～18日，芽变枝干上的葡萄成熟期比京亚葡萄的成熟期提早了15～20天，将该植株的变异枝干初选为优良早熟芽变，并进一步进行试验观察。2004年7月通过河南省科技厅组织的专家鉴定，并命名为洛浦早生。

2.果实经济性状 洛浦早生果穗圆锥形，紧凑，有的带有副穗，穗长20.5cm，穗宽18.4cm。果穗中大，平均穗重456.0g，最大穗重1 060.0g，果粒着生紧密。果粒短椭圆形，纵径2.6cm左右，横径2.5cm左右，果粒较大，单粒重11.0～12.0g，最大粒重可达16.0g，果粒紫红色，充分成熟果粒紫黑色。每果粒有种子2～3粒，种子与果肉、果皮与果肉易分离，果皮厚，肉质软，汁液多，稍有草莓香味，风味酸甜。可溶性固形物含量13.8%～16.3%。

在河南科技大学园艺研究所果树教学实习基地，用中国农业科学院郑州果树研究所生产的三高素（葡萄膨大剂）处理，处理浓度为600倍液，于花后10～15天喷布或蘸果穗，结果表明洛浦早生处理果粒重14.2g，果粒大小整齐，未处理果粒重11.7g。

3.生长结果特性 洛浦早生生长结果特性与京亚无区别，生长势较强，芽眼萌发率较高，枝条成熟较早。副芽萌发力中强，隐芽萌发力中等。果穗一般着生在枝蔓的第3～5节。结果枝率66.8%，每果枝平均着生果穗1.65穗，副梢结实力中等。不易落粒，历年统计表明，洛浦早生早产性、丰产性均好，每667m^{2}产量控制在1 500～2 000kg。

4.物候期 在河南省洛阳地区，洛浦早生4月上中旬萌芽，5月中旬开花，6月下旬至7月初浆果成熟，浆果发育期仅45天，11月中旬落叶。保护地栽培2月上旬萌芽，4月上旬开花，5月下旬浆果成熟。

5.适应性 洛浦早生在我国凡是适宜京亚露地和保护地栽培的地区均可发展。因洛浦早生果实发育期短，对水肥条件要求较严，栽植区要有较好的水肥条件。在我国干旱地区栽植应注意增加灌溉次数。

【6-12】（见彩版16图8-3）

选育单位：山东省莒县林业局　山东省志昌葡萄研究所

1.选育经过 1998年在莒县葡萄研究所长岭镇葡萄试验场中发现葡萄品种绯红1株树的2个枝蔓上所结的葡萄6月就开始着色，几天后果穗就完全着紫红色，果粒也明显变软，具有明显成熟特征，6月28日至7月3日葡萄成熟采收。此时该树其他枝蔓上所结的葡萄果粒仍呈绿色，其果实成熟期为7月16～19日。前2个枝蔓所接葡萄的成熟期比绯红提早了18 天，于是将该葡萄成熟期提早枝蔓初选为优良早熟芽变（代号6-12）。经进一步嫁接、扦插育苗试栽表明：6-12在试栽地所结葡萄的成熟期均比原品种绯红提早15～20天，6-12葡萄早熟变异性状稳定，选为新品系。因最早发现该新品系葡萄于6月12日开始着色，故命名为6-12。2006年7月通过山东省日照市科技局组织的成果鉴定。

2.果实经济性状 果穗圆锥形，紧凑，穗长18.4cm、宽16.8cm。果穗中大，在露地栽培条件下，6-12穗重比原品种绯红稍轻，其平均穗重为426.0g，最大穗重为760.0g。6-12葡萄果粒形状与原品种绯红相似，果粒着生紧密，果粒近圆形，而原品种绯红果粒椭圆形。果粒比原品种绯红小，其单粒重为6.5g，最大粒重为9.8g。6-12果粒鲜红色，色泽与原品种相同，充分成熟果粒为紫黑色。6-12每果粒有种子2～3粒，种子与果肉易分离，果皮与果肉不易分离，果皮厚，果肉硬脆，用刀可削成片，有淡玫瑰香味，鲜食品质上等。极耐贮运，总糖含量13.2%，可滴定酸含量0.4%。

3.生长结果特性 6-12生长势中庸，盛果期树萌芽率68.3%，结果枝率80.2%。6-12副芽萌发力中强，隐芽萌发力中等，适宜中短梢修剪。结果母枝数和抽生的新梢数比原品种绯红少，结果新梢数和每个果枝所接果穗数比原品种绯红多，果穗一般着生在枝蔓的第3～4节，副梢结实力中等，不易落粒。株产和每667m^{2}产量均低于原品种绯红。

6–12葡萄以巨峰、京亚、红富士、SO4作砧木绿枝嫁接成活率高，以巨峰作砧木的最高，其次为SO4、红富士，京亚最低，以SO4作砧木嫁接苗生长势强。

4.物候期 在山东莒县露地栽培，4月上旬萌芽，5月中旬开花，6月下旬至7月初浆果成熟，浆果发育期仅46天，比原品种绯红早熟18天，11月中旬落叶。保护地栽培，6–12于2月上旬萌芽，4月上旬开花，5月下旬浆果成熟。

5.抗病性 2004～2006年调查（每年6～8月，于发病盛期调查100片叶）葡萄新品种6–12和原品种绯红的葡萄霜霉病、葡萄白腐病，结果表明，葡萄霜霉病病叶率6–12为10.3%，原品种绯红13.4%；葡萄白腐病病叶率6–12为9.0%，原品种绯红15.4%；葡萄新品种6–12于2005年在葡萄试验园葡萄黑痘病、霜霉病、白腐病3种病害的葡萄病果率9.5%，而绯红病果率均为18.2%。

6.适应性 6–12在山东、甘肃、辽宁等省试栽，生长结果正常，但在南方地区试栽裂果较重。6–12葡萄果实发育期短，对水肥要求较严，栽植区要有较好的水肥条件。成熟期鸟虫危害较重，可通过加强栽培管理和及时采收加以解决。

【夏至红】（见彩版16图8-4）

选育单位：中国农业科学院郑州果树研究所

1.选育经过 夏至红代号01–4–3，别名中葡萄2号。1998年，以绯红（Cardinal）作母本、玫瑰香（Muscat Hamberg）作父本。2002年杂交苗开始结果，经过筛选和鉴定，代号为01–4–3杂交单株所结的葡萄因其成熟早、品质优良被初选为优良单株。2004年在品种对照观察圃内进行扩繁和对比试验，同时，在河南省郑州、商丘、洛阳市以及江苏省张家港市和甘肃省敦煌市进行区域试验，并在不同区域进行了试栽。结果表明，该优良单株品种具有良好的丰产性，葡萄外观与内在品质优良，果实耐贮运性好，抗病性中等偏强；在保护地栽培中，连续丰产性能良好，栽培的适应性好。因其葡萄成熟期极早（在河南省郑州地区6月底葡萄成熟），初步定名为夏至红。

2.果实经济性状 果穗圆锥形，无副穗，果穗大，穗长15～25cm、宽10～13cm，平均单穗重750g，最大穗重1 300g以上，果穗上果粒着生紧密，果穗大小整齐。果粒椭圆形，果粒大，纵径1.5～2.3cm，横径1.3～1.5cm，平均单粒重8.5g，最大粒重可达15.0g，果粒大小整齐。果实充分成熟时为紫红色到紫黑色，着色一致，成熟一致，果粉多。果梗短，抗拉力强，不脱粒，不裂果。果皮中等厚，果皮无涩味，每果粒平均有种子1.4粒。果肉绿色，肉质脆，硬度中，无肉囊，果汁绿色，汁液中等多，风味清甜可口，具轻微玫瑰香味，品质极上等。可溶性固形物含量为16.0%～17.4%，总糖含量14.5%，总酸含量0.25%～0.28%，糖酸比56：1，维生素C含量15.0μg/g，氨基酸含量384.6μg/g，单宁含量为604.0μg/g。

3.生长结果习性 生长势中庸偏强，新梢生长势中庸，副梢萌发力和生长势中等偏强。节间长度中等，一般为10～14cm，枝条粗0.5～0.8cm。芽眼萌发率高，在80%以上。硬枝扦插极易生根。结果性好，每个结果母枝着1.8穗果，平均结果系数为1.6。坐果率高，在40%以上。副芽结实率较强，隐芽结实率中等，副梢结实率低。果实成熟后，不脱粒。夏至红具有结果早、丰产特性，2年生树每667m^2产量可达1 200kg，3年生树产量1 750～2 000kg。

4.物候期 在河南省郑州地区，夏至红4月2～5日萌芽，5月18～23日开花，花后浆果开始生长膨大迅速，浆果6月24日开始着色，果实6月28～30日开始成熟，7月5日充分成熟，果实成熟度一致，果实发育期为50天，是极早熟品种。新梢开始成熟为7月15日，11月上旬落叶。

5.适应性及抗病性 夏至红在沙壤土、黏土、黄河冲积土均表现结果良好，对葡萄霜霉病、葡萄炭疽病、葡萄黑痘病均有良好抗性，成熟期遇雨没有裂果现象。保护地栽培中，生长势中庸偏强，连续丰产性能优良，具有良好栽培适应性和抗病性。

【京蜜、京翠和京香玉】（见彩版16图8-5、图8-6、图8-7）

选育单位：中国科学院植物研究所

1.选育经过　葡萄新品种京蜜、京翠和京香玉育种代号分别为97–3–43、97–3–2和97–3–25。1997年以京秀[潘诺尼亚×60–33（玫瑰香×红无籽露）]作母本、以香妃[73–7–6（玫瑰香×莎巴珍珠）×绯红]作父本进行杂交。杂交苗2001年开始结果，2003年从中选出综合性状突出的优良单株97–3–43、97–3–2、97–3–25。2004年开始进行品种对比试验和区域适应性试验，经过试栽，确认3个优良单株设施促成栽培和露地栽培的性状优良，选为新品系，2006年分别命名为京蜜、京翠、京香玉，2007年12月通过北京市林木品种审定委员会审定。

2.果实经济性状

（1）京蜜　果穗圆锥形，果穗长、宽为19.6cm×11.0cm，果穗大小整齐；平均穗重373.7g，最大穗重617.0g，果粒着生紧密。果粒扁圆形或近圆形，果粒比对照品种香妃重，平均粒重7.0g，最大粒重11.0g。黄绿色，果粉薄。果皮薄，每粒葡萄有种子2～4粒，多为3粒。果肉脆，汁液中多，有玫瑰香葡萄的香味，风味甜。可溶性固形物含量为17.0%～20.2%，可滴定酸含量为0.31%。葡萄成熟后不易裂果，可在树上久挂不变软、不落粒。

（2）京翠　果穗圆锥形，果穗长、宽为21.4cm×13.3cm，果穗大小整齐；平均穗重447.4g，最大穗重800.0g，果粒着生中等紧密。果粒椭圆形，平均粒重7.0g，最大粒重12.0g，黄绿色，果粉薄。果皮薄，每粒葡萄有种子1～2粒。果肉脆，汁液中多，风味甜，风味比京玉好。可溶性固形物含量为16.0%～18.2%，可滴定酸含量为0.34%。京翠葡萄成熟期不易裂果。

（3）京香玉　果穗圆锥形或长圆锥形，有双歧肩，果穗长、宽为18.4cm×13.6cm，果穗大小整齐；平均穗重463.2g，最大穗重1 000.0g，果粒着生中等紧密。果粒椭圆形，平均粒重8.2g，最大粒重13.0g，黄绿色，果粉薄。果皮中等厚，每粒葡萄有种子1～3粒，多为2粒。果肉脆，汁液中多，有玫瑰香葡萄的香味，风味甜酸。可溶性固形物含量为14.5%～15.8%，可滴定酸含量为0.51%。京香玉葡萄成熟期不易裂果。

据近几年的观测，这3个葡萄新品种在延迟采收期间，果肉不变软，风味更加浓郁。葡萄中可溶性糖含量增加，京蜜延迟3周采收，可溶性固形物含量由成熟期的17.0%～18.0%增加到21.0%～25.0%；京翠、京香玉延迟1个月采收，可溶性固形物含量提高2～3百分点。

3.生长结果特性

（1）京蜜　生长势较强。芽眼萌发率66.6%，结果枝百分率67.6%，结果系数0.90，每果枝的果穗数为1.35。副梢结实力中等。早果性好，极丰产。果穗、果粒成熟一致。

（2）京翠　生长势中等。芽眼萌发率56.7%，结果枝百分率53.4%，结果系数0.90，每果枝的果穗数为1.48。副梢结实力中等。早果性好，丰产。果穗、果粒成熟一致。

（3）京香玉　生长势较强。芽眼萌发率为68.9%，结果枝百分率59.2%，结果系数0.80，每果枝的果穗数为1.33。副梢结实力中等。早果性好，果穗、果粒成熟一致，丰产。

4.物候期　2005～2007年田间观察，在北京地区露地栽培，京蜜萌芽期4月上旬，开花期5月下旬，果实成熟期7月下旬，萌芽至浆果成熟需95～110天，为极早熟品种。京翠萌芽期4月中旬，开花期5月下旬，果实成熟期7月底，萌芽至浆果成熟需95～115天，为早熟品种。京香玉萌芽期4月中旬，开花期5月下旬，果实成熟期8月上旬，萌芽至浆果成熟需110～120天，为早熟品种。

【瑞都香玉】（见彩版17图8-8）

选育单位：北京市农林科学院林业果树研究所

1.选育经过　瑞都香玉原代号26-11-4。1998年以红色、早熟品种京秀作母本，以脆肉、具有玫瑰香味、早熟品种香妃作父本杂交。杂交苗结果后，经过连续2年观察鉴定，代号为26−11−4杂交单株所结的葡萄果粒大（5.0～8.0g）、肉质硬脆、玫瑰香味浓，于2003年选为优良单株。同年高接17株，进行对比试验，同时繁育苗木进行区域试栽。2004年高接树开始结果，经连续3年观察鉴定，优良性状表现稳定，与父本对照品种香妃相比最突出的优点是不裂果，在树上可以挂果到9月，选为新品系。2005年开始在北京市顺义区、门头沟区和海淀区区域试验。2007年12月通过北京市林木品种审定委员会审定。

2.果实经济性状　果穗长圆锥形，有副穗或岐肩，穗长21.5cm、宽11.0cm；平均单穗重为432.0g，穗梗长7.2cm，果粒着生紧密度为中等至松。果粒椭圆形或卵圆形，长2.3cm、宽2.0cm，平均单粒重6.3g，最大单粒重8.0g。果皮黄绿色，果粉薄。果梗拉力中等，果梗长0.92cm。果皮厚度为薄至中厚，较脆，稍有涩味。每粒葡萄有种子2～4粒，种子外表无横沟，长度中等，种脐稍可见。果肉脆，硬度中至硬，汁液多，有玫瑰香味，香味中等，风味酸甜。可溶性固形物含量16.2%。

3.生长结果特性　瑞都香玉生长势中庸或稍旺，适于采用篱架或棚架栽培，副梢生长力中等，萌芽率71.17%，结果枝率87.47%，结果系数1.71，花序着生在第2～7节。瑞都香玉丰产性强，枝条成熟较早，花芽分化开始早，萌芽较整齐，自花授粉结实率高。在合理肥水条件下，应适当控制产量，每667m^{2}产量不宜高于2 000kg，以免影响果实风味和香味。

2005年春季分别在北京市门头沟区永定镇（莱波特农庄）、海淀区上庄镇（三元集团农业公司）和顺义区孙各庄镇（新特新葡萄公司）进行区试，区试面积共约1 300m^2。2006年开始结果，单粒重6.0～7.0g，黄绿色，果肉较脆，玫瑰香味较浓，口味甜，8月上旬成熟，不裂果。株产2.0～4.0kg，2007年株产5.0～7.5kg。

4.物候期　在北京地区，瑞都香玉4月中旬萌芽，5月下旬开花，8月中旬果实成熟，新梢8月中旬开始成熟，11月中旬落叶。

5.抗逆性　瑞都香玉与香妃突出的区别是，瑞都香玉葡萄成熟期不裂果，香妃裂果严重。瑞都香玉母树、高接树和幼树，8年内未见严重冻害和抽条：常规埋土栽培条件下，在北京可安全越冬。多年来无特殊的敏感性病虫害和逆境伤害。

6.适栽地区和存在的缺点　瑞都香玉可在我国华北、西北和东北地区试栽。重视疏花疏果，注意控制产量，使得新品种表现出固有的风味品质。

【状元红】（见彩版17图8-9）

选育单位：辽宁省农业科学院栽培研究所

1.选育经过　辽宁省农业科学院葡萄研究室以巨峰作母本、瑰香怡（沈阳玫瑰×巨峰）作父本，于1991年6月上旬杂交。1992年春在温室内播种杂交种子，当年5月末，采用绿枝嫁接法将杂交实生苗的茎段转接到葡萄杂种圃2年生贝达苗上。1993年嫁接的杂交苗开始结果，选出优良单株，优良单株于1998年开始在辽宁等省试栽，2001～2005年进行了区域适应性试验和生产试栽，其优良性状稳定。2006年9月通过辽宁省农作物品种审定委员会审定。

2.果实经济性状　果穗长圆锥形，紧凑，穗长19.6cm、宽12.3cm。平均穗重为1 060.0g，最大穗重2 460.0g。果粒长圆形，平均粒重10.7g；果粒大小整齐。果皮紫红色，果粒着生紧密，果皮中厚，果粉少。每果粒含种子1～3粒，种子浅褐色，短卵圆形，喙长，合点不明显，呈褐色，种子与果肉易分离。果肉细，无肉囊，软硬适中，汁液多，有玫瑰香味。可溶性固形物含量16.0%～18.0%，维生素C含量33.5μg/g，无脱粒、裂果现象，耐运输，无小青粒。

3.生长结果特性　状元红植株生长势旺，状元红盛果期树萌芽率为66.39%，结果枝率53.66%。每结果枝平均着生花序1.55个，平均每个新梢上着生花序0.83个，副梢结实力强，苗木定植后第2年平均株产2.2kg，每667m^{2}产量611.5kg，第3年每667m^{2}产量1 300kg，第4年每667m^{2}产量可达1 800kg。

4.物候期　在辽宁省沈阳市，萌芽期为5月初，初花期为6月上旬，浆果开始成熟期为8月中旬，果实充分成熟期9月中旬，从萌芽至果粒充分成熟需要136天左右，属中熟品种，果实成熟一致。落叶期为10月中下旬。

5.抗病性和适应性 通过2003～2005年连续3年调查，葡萄新品种状元红葡萄霜霉病病叶率、葡萄白腐病病叶率均低于对照品种巨峰。状元红在辽宁省不同地区试栽，其生长结果正常，该品种能够在环境条件比较寒冷的地区正常生长。

6.适栽地区 从1999年开始，先后将该品种在辽宁省沈阳市、丹东市、桓仁县及北京市、济南市、湖南省怀化市、江苏省武进市、吉林省吉林市等地进行试栽，试栽结果表明，状元红在试栽地果穗大、果粒大、果粒着色好、品质佳、丰产稳产。适宜在辽宁、山东、北京、湖南、湖北、江苏、贵州等年无霜期145天以上的省（直辖市）发展。

【巨玫瑰】（见彩版17图8-10）

选育单位：辽宁省大连市农业科学研究所

1.选育经过 大连市农业科学院育成。以沈阳大粒玫瑰香为母本、巨峰为父本，1993年杂交。杂交种子1994年播种，1995年杂交实生苗定植到葡萄育种圃内，杂交实生苗于定植后的第2年开始结果。经鉴定，选出优良单株95－12－6－2，该优良单株果粒大、甜酸适口、具有浓郁的玫瑰香风味、品质极佳、丰产性好，综合性状明显好于亲本品种巨峰和玫瑰香，确定为优良新品系，并开始在大连市农业科学院葡萄试验园的优良品种圃中进行品种比较试验。同时在大连市甘井子、旅顺、金州、普兰店市及沈阳等市（区）设立了区域试验点。经连续多年多点调查记载，证明该品系优良性状稳定，2002年8月通过大连市科技局组织的专家鉴定。

2.果实经济性状 果穗圆锥形，穗长19.7cm，宽14.2cm，有比较大的副穗，穗重675g，最大穗重1 150g。果粒大，平均粒重9～10g，最大粒重15g，纵径2.77cm，横径2.37cm，果粒着生中等紧密。果皮紫红色，中等厚，着色好，果粉中多。果肉与种子易分离，肉较脆，汁液多，无肉囊，具有浓郁的玫瑰香风味，品质极佳。每果粒有种子

1～3粒，种子中等大，粉褐色，喙中等长。果实成熟后不裂果，不脱粒，耐贮运。可溶性固形物含量19.0%～23.0%，总糖、维生素C、干物质含量均高于亲本品种巨峰和玫瑰香，而可滴定总酸低于巨峰和玫瑰香，总糖含量比巨峰和玫瑰香分别提高22.5%和12.5%；维生素C含量比巨峰提高6.9%，比玫瑰香提高30.3%；干物质含量比巨峰和玫瑰香分别提高29.4%和18.1%。单宁含量与巨峰接近，略高于玫瑰香。

3.生长结果特性　巨玫瑰树势生长健壮，萌芽率为82.7%，结果枝率为69.6%，结果枝平均花序数为1.89，具有2个花序的结果枝占58.3%，个别结果枝有4个花序，花序多着生在第4节上。坐果率高，平均坐果率为42.5%，比巨峰高74.9%。巨玫瑰进入结果期早，丰产，稳产。

4.物候期　在大连市，巨玫瑰4月中旬萌芽，6月初始花，7月下旬果实开始着色，9月上旬浆果充分成熟，从萌芽至果实充分成熟需约142天，需有效积温3 200℃左右，熟期比巨峰晚3～4天，属中晚熟葡萄品种，果实成熟一致。枝条开始成熟期为7月下旬。11月中下旬落叶。

5.抗病性　巨玫瑰属于欧美杂种，对葡萄黑痘病、葡萄炭疽病这2种病害的抗性与巨峰相近；对葡萄白腐病的抗性比巨峰和玫瑰香强；对葡萄霜霉病抗性与玫瑰香相同。

巨玫瑰抗寒力与其亲本巨峰相似，在大连市冬季防寒培土厚度15～20cm。

【香悦】 （见彩版17图8-11）

选育单位：辽宁省农业科学院园艺研究所

1.选育经过　香悦是以玫瑰香优良芽变系“7601”为母本（该系为染色体自然加倍形成的4-4-4型周缘嵌合体），紫香水（染色体自然加倍形成的四倍体）优良芽变系“8001”为父本，1981年春杂交。1982年获得杂种实生苗，并于同年6月中旬转接于露地生长的2年生贝达苗上，1983年结果，经筛选确定为优系。1984年开始比较试验，1998年开始布点试栽，2000～2002年开始观察记载，并逐年安排一定试栽面积。

2.果实经济性状 果穗为圆锥形，无副穗，果穗中大，穗长15.4cm，穗宽12.6cm，平均穗重568.8g，最大穗重1 080.5g，平均粒重10.2g，最大粒重18.6g，纵径2.84cm，横径2.48cm。果粒着生紧密，果穗大小整齐，果粒圆形，黑紫色，着色一致，果粒特大。果皮厚、韧，无涩味，果粉厚。果肉软，无肉囊，果汁无色，汁多；味甜，独特的桂花香风味，回味浓香，鲜食品质佳。有种子，每果粒含种子1～3粒，多粒，种子大，浅褐色。种脐不明显，喙长。种子与果肉易分离，无小青粒。可溶性固形物含量为16.2%。

3.生长结果特性 植株生长势强，隐芽萌发力中等，副芽萌发力强，芽眼萌发率为85.3%，结果枝率为64.85%，平均每果枝着生果穗1.83个，平均每年新梢果穗数为1.18个。花序多着生在第4节上，穗柄极短。坐果率极高，隐芽萌发的新梢结实力强。早果性强，正常结果树一般每667m^{2}产量2 000kg（667m^{2}栽167株，双蔓，行株距4m×1m，小棚架），稳产性好。香悦扦插繁殖难。

4.物候期 在沈阳地区，香悦5月初萌芽，6月上旬开花，9月上旬果实充分成熟，较巨峰早7天左右，为中晚熟品种。从萌芽至浆果充分成熟需有效积温为2 800℃左右。

5.抗病性 据调查，香悦较抗葡萄黑痘病，对葡萄霜霉病和葡萄白腐病抗性明显强于巨峰。对葡萄炭疽病抗性稍差。

【瑞锋无核】（见彩版17图8-12）

选育单位：北京市农林科学院林业果树研究所

1.选育经过 1993年，发现栽植在北京市农林科学院林业果树研究所葡萄园中的先锋（3年生）有1个枝条发生变异，变异枝条的嫩梢和叶片背部茸毛极密，花蕾开放前其子房比一般品种的花蕾还大，开花时花帽不能自然脱落，所结的果实无核。1994年扦插繁殖3株，1995～1997年调查。1999年开始进行品种对比试验，对其植物学特征、生物学特性进行了鉴定评价。2003年9月17日，经北京市农作物品种审定委员会果树专业组审定后，命名为瑞锋无核，2004年4月通过北京市农作物品种审定委员会的品种审定。

2.果实经济性状　在自然条件下，瑞锋无核果穗圆锥形，果穗松，穗重200～300g；果粒近圆形，平均果粒重5.57g。果皮蓝黑色，果粉厚，果肉软，汁液多，风味酸甜，略有草莓香味。可溶性固形物含量17.93%，可滴定酸含量为0.615%。用赤霉素处理后，瑞锋无核果穗紧，平均穗重845g，最大穗重1 065g；平均果粒重14.19g，最大粒重23.00g。果皮紫红色至红紫色，果粉厚，果皮韧，果皮中等厚，易剥离，果肉硬度中等，较脆，汁液多，无涩味，风味酸甜，略有草莓香味，所有果粒均无核。可溶性固形物含量平均为16.97%，可滴定酸含量为0.516%。果实不裂果，瑞锋无核经赤霉素处理的最大特点是果粒大、无核、品质优。

自然生长条件下，瑞锋无核与原品种先锋的最大区别是：瑞锋无核平均无核果率98.08%，个别果粒有1个种子，而原品种先锋无核果率仅1.25%；瑞锋无核可溶性固形物含量高于先锋；瑞锋无核穗重和果粒重小于原品种先锋。经赤霉素处理后，瑞锋无核全部果粒无核，而原品种先锋无核果率85.0%；瑞锋无核可溶性固形物含量仍高于先锋；瑞锋无核穗重和果粒重大于原品种先锋。

3.生长结果特性　瑞锋无核生长势较强，萌芽率较高，副梢结实力弱，1999～2002年平均萌芽率70.11%，平均果枝率58.33%，平均结果系数为1.26，第1花序多着生在结果枝的第3～5节，丰产性强，抗病力强，抗旱、抗寒性中等，栽培容易。

4.物候期　在北京市，瑞锋无核4月中旬萌芽，5月下旬开花，7月下旬果实开始着色，9月中旬成熟，属中晚熟品种，熟期与原品种先锋几乎是同期，新梢8月上中旬开始成熟，11月中旬落叶。

5.适宜栽培地区　葡萄无核新品种瑞锋无核主要用于鲜食，适宜栽培地区与葡萄品种巨峰基本相同，可在我国适宜栽培巨峰葡萄的地区推广。

【金田0608】（见彩版17图8-13）

选育单位：河北科技师范学院　昌黎县十里铺乡张各庄一村　昌黎县林业局　河北省林业科学院　昌黎县金田苗木有限公司　秦皇岛市葡萄协会

1.选育经过　2000年用葡萄品种秋黑（美人指与黑玫瑰杂交育成）作母本、以牛奶作父本，在河北省昌黎县十里铺乡张各庄一村李绍兴葡萄实验园进行杂交。2003年杂交实生苗开花结果，编号为00-15杂交单株所结的葡萄果穗、果粒大，品质优、抗病、产量高。2004年初选为优良单株，2005年性状表现稳定，完成复选。2007年通过鉴定。是果肉脆甜且含糖量高的晚熟葡萄品种。

2.果实经济性状　金田0608果穗圆锥形，有歧肩，有副穗；单穗重1 029.6g，果穗大小21.8cm×16.4cm，穗梗长4.2cm。果粒着生中等，果粒卵圆形，单粒重为9.3g，平均大小41.7mm×21.1mm，果皮蓝黑色，着色整齐。果粉中多，果梗短，果梗抗拉力中等。果皮中厚、韧，无涩味。果肉紫红色，果肉较脆，汁液多，有清香味，香味中等，风味酸甜。可溶性固形物含量21.3%。

3.生长结果特性　2006年和2007年，选育单位对金田0608生长结果特性进行了调查，金田0608生长势中庸。萌芽率86.5%，副芽萌发力与结实力中等。结果枝率在60.0%以上，2006年每个果枝坐果1～2穗，2007年每个果枝坐果3～4穗。果穗及果粒成熟期一致，浆果成熟时不落粒。

4.物候期　在河北省昌黎，4月13日开始萌芽，6月2日始花，于9月28日果实成熟。从萌芽到浆果成熟需165天，属晚熟品种。11月上中旬落叶。

【酿酒新品种左优红】（见彩版17图8-14）

选育单位：中国农业科学院特产研究所

1.选育经过　左优红（原代号87-8-96）是1987年用79-26-18（山葡萄左山二×欧亚种酿酒葡萄品种小红玫瑰）作母本、74-1-326（山葡萄 73134×山葡萄双庆）作父本杂交，杂交种子于1988年4月播种。

1990年实生苗开花结果，1992年发现编号为87–8–96实生单株所结的葡萄果穗和果粒大、抗病、产量高，1994年初选为优良单株，并繁殖苗木进行复选。1995年复选为优良新品系，同时进行生物学特性观察和小型酿酒试验。试验结果表明其优良性状稳定，用其酿造的干红葡萄酒酒质好。2003年命名为左优红，2005年1月通过吉林省农作物品种审定委员会品种审定。

2.果实经济性状 左优红果穗长圆锥形，部分果穗有歧肩，果穗长、宽平均为18.5cm×10.4cm，果穗紧密度中等，偶有小青粒（未受精的果粒）。平均穗重144.8g，最大穗重892.2g。果粒圆形，平均粒重1.36g。果皮蓝黑色，果粉厚。果皮与果肉易分离，果肉绿色，无肉囊；每果粒含种子2～4粒，种子小，平均长5.2mm，暗褐色，可见种脐。在吉林市左家地区，左优红果实可溶性固形物含量平均为18.5%，出汁率平均为66.4%，单宁含量0.030 7%。

左优红葡萄采收发酵原酒总酸含量11.2g/L，陈酿3年的干红原酒酒度11.7（度），总酸含量80.2g/L，残糖50.3g/L。左优红酿制的葡萄酒深宝石红色，色泽艳，有光泽，具典型品种香气，果香浓郁，酒香怡人，酒体醇厚、圆润。由国家级品酒员品评鉴定酒质（100分制），左优红平均为92.3分。

3.生长结果特性 左优红生长势强，萌芽率92.2%，结果枝占芽眼总数的86.7%，每1个结果枝平均有果穗1.92个，自花授粉坐果率27.8%，自然授粉坐果率平均为33.1%。早期丰产，在吉林市左家地区，2年生树开花株率25.9%，3年生树平均株产1.41kg，6年生树每667m^{2}产量1 129.41kg，3～6年生树平均株产3.12kg，每667m^{2}产量833.04kg。

左优红的充分成熟1年生枝蔓，硬枝扦插电热温床加温催根52天，其生根率84.5%，移栽苗圃地成活率93.8%，晚秋出圃成苗率77.96%（剔除等外苗木）。

4.物候期 在吉林市左家地区，左优红5月中旬萌芽，6月中旬盛花，9月中旬果实充分成熟，从萌芽到葡萄充分成熟天数为125天，在吉林省集安市（岭南）果树场乡和内蒙古喀喇沁旗宫家营子乡从萌芽到葡萄充分成熟天数为119、122天，在黑龙江省农垦853农场（宝清县）从萌芽到葡萄充分成熟天数为128天。

5.区域适应性试验

（1）抗病性　在吉林省集安市、黑龙江省农垦853农场（宝清县）和内蒙古喀喇沁旗区域试验和生产试验期间，左优红未发生葡萄黑痘病、葡萄房枯病、葡萄灰霉病和葡萄穗轴褐枯病等病害，也未发生裂果等生理病害。在吉林省的松原、白城和内蒙古喀喇沁旗等干旱地区，生长季节降水量小（年降水量400mm左右），葡萄霜霉病较轻，不喷布农药植株生长、开花结果正常。

（2）抗寒性　在吉林省集安市岭南果树场乡、麻线乡和内蒙古喀喇沁旗宫家营子乡，左优红连续7年越冬未下架埋土防寒，植株生长、开花结果正常，但在内蒙古喀喇沁旗冬季降雪少、干燥而发生少量抽条，萌芽率略低。在吉林市左家地区和黑龙江省农垦853农场（宝清县）露地越冬，个别年份出现植株地上部枝蔓冻害，表现萌芽率降低，其萌芽率仅为41.2%和45.5%，造成减产。在公酿一号和贝达越冬需下架防寒的地区，左优红也需下架并简易防寒。

（3）新品种区域试验的产量　左优红在吉林省集安市果树场乡、黑龙江省农垦853农场（宝清县）、内蒙古喀喇沁旗试栽，表现丰产稳产。在生长季节降水少、果实成熟期昼夜温差大的内蒙古喀喇沁旗（是山葡萄最佳生态区）试栽，2002～2004年左优红果实可溶性固形物含量平均为24.4%，总酸平均含量1.262%，单宁平均含量0.029 2%，出汁率平均70.2%，可溶性固形物含量、出汁率比在吉林市左家试栽高，总酸、单宁含量分别比在吉林市左家试栽低；在吉林省集安市果树场乡试栽结果与在吉林市左家试栽结果差异不大。

6.适宜发展区域　左优红适宜在年无霜期125天以上、≥10℃年有效积温2 700℃以上、冬季极端最低气温不低于-37℃的地区生产栽培。在吉林省集安市（岭南）、辽宁省沈阳市和沈阳市以南的地区或类似气候区，左优红越冬不需下架埋土防寒。在辽宁省沈阳市以北、吉林省集安市的岭北、吉林、延边、长春、通化和黑龙江省生产栽培，越冬需下架简易防寒。在吉林省松源和白城、辽宁省阜新和朝阳市、内蒙古喀喇沁旗和敖汉旗、黑龙江省齐齐哈尔等地区，选择山地或平地（有灌溉条件）大面积发展左优红，在上述地区生长季节降水少，左优红极少发生葡萄霜霉病，果粒含糖量高，总酸含量和单宁含量低，可生产优质干红葡萄酒。

【酿酒新品种北冰红】（见彩版17图8-15）

选育单位：中国农业科学院特产研究所　吉林省集安市特产技术总站

1.选育经过　葡萄新品种北冰红原代号95-2-482，母本为左优红[左山二（山葡萄品种）×小红玫瑰（欧亚种酿酒品种）的F_1×74-1-326（山葡萄品系）]，父本为葡萄品系86-24-53［73040（山葡萄品系）×白玉霓（欧亚种酿酒品种）的F1×山葡萄品种双丰］，1995年杂交。1997年杂交实生苗开始结果，1998年鉴定发现编号为95-2-482杂交单株所结的葡萄穗大、粒大、抗病、产量高，1999年初选为优良单株，并繁殖苗木进行复选。2000年经过鉴定复选为优良新品系。2002年在中国农业科学院特产研究所建立新品种对比试验园，同年在吉林省集安市（岭南）榆林乡、内蒙古喀喇沁旗锦山镇、辽宁省本溪县东营房子乡和黑龙江省国营853农场（宝清县）建立区域试验基点，试验结果表明其优良性状稳定，酿造冰红酒酒质好。2008年通过吉林省农作物品种审定委员会审定，定名为北冰红。

2.果实经济性状　果穗长圆锥形，大部分果穗有副穗，果穗平均长宽为19.9cm×10.5cm。果穗内果粒紧密度中等，偶有小青粒（未受精果粒），平均穗重159.5g，最大单穗重1 328.2g。果粒圆形，平均单粒重1.30g，蓝黑色，果粉厚。果皮较厚，韧性强，果刷附着果肉牢固。每果粒含种子2~4粒，种子小，暗褐色。果肉绿色，无肉囊，可见种脐。可溶性固形物含量21.3%、总酸含量1.43%、单宁含量0.034 4%、出汁率67.88%。

12月上旬采收中国农业科学院特产研究所（吉林市左家镇）、黑龙江省集安市榆林乡、内蒙古喀喇沁旗锦山镇、黑龙江省853农场、辽宁省本溪东营房子乡5个试栽地树上冰冻的北冰红葡萄，其平均穗重为91.02g，比成熟期减轻68.48g；其平均粒重为0.88g，比成熟期减少

0.42g；可溶性固形物含量平均36.2%，比成熟期提高41.16%；总酸含量平均1.48%，比成熟期增加3.38%；单宁含量平均0.065 4%，比成熟期提高0.47%；出汁率平均21.64%，比成熟期降低21.36%。

北冰红冰冻葡萄酿造的冰红干葡萄酒，经过陈酿3年，其酒度11.78度，总酸含量11.40g/L，总糖含量16.13%、干浸出物含量55.80g/L。国家级品酒员品评鉴定酒质（暗评100分制），北冰红酿造的葡萄酒平均得分为94.7分。品酒专家对北冰红葡萄酒的评语是：深宝石红色，具浓郁悦人的蜂蜜和杏仁复合香气，果香酒香突出，悠雅回味余长，酒体平衡醇厚丰满，具冰葡萄酒独特风格，可酿制单品种冰红葡萄酒。

3.生长结果特性　北冰红生长势强，萌芽率95.6%，枝蔓节间长10.6～15.4cm。结果枝率100%、结果系数1.87个。开花前套袋自花授粉坐果率28.3%，生产园自然授粉坐果率34.6%。2年生树开花株率14.3%，3年生树平均株产鲜葡萄1.06kg，折合每667m^{2}产鲜葡萄283.0kg；5年生树平均每667m^{2}产鲜葡萄1 626.7kg、冰冻葡萄813.4kg。

北冰红葡萄在12月上旬采收，充分成熟的葡萄经过了69～75天的日照脱水浓缩和冰冻，期间会发生落粒，在吉林省吉林市左家镇、辽宁本溪县东营房子乡、黑龙江省853农场和集安市榆林乡试栽，落粒率为9.01%～11.10%；在内蒙古喀喇沁旗锦山镇试栽落粒率39.20%。

北冰红充分成熟1年生枝蔓，可以硬枝嫁接（贝达砧）繁殖，也可以采用和硬枝扦插繁殖，硬枝扦插前在半地下式回龙火炕加温催根52～56天，其生根率为78.2%～85.5%，当年出圃成苗占69.2%～77.6%。

4.物候期　在吉林省吉林市，北冰红5月上旬萌芽，6月上旬开花，葡萄9月中下旬成熟，10月下旬大量落叶，11月上旬落叶终止，生育期为138～140天。

5.抗病和抗虫力　北冰红基本未发生葡萄黑痘病、房枯病、葡萄灰霉病和穗轴褐枯病等葡萄病害，也未发生裂果等生理病害。在吉林省吉林市左家试验园，葡萄霜霉病感病率均为100%，病情指数平均为

7.93%。生长季节发生少量葡萄介壳虫和二星叶蝉，危害较轻，未喷农药防治基本不影响产量。

6.抗寒力 在内蒙古喀喇沁旗锦山镇、辽宁省本溪县和吉林省集安市岭南榆林乡试验6年，在未下架埋土防寒情况下，北冰红植株生长开花结果正常。在吉林省吉林市露地不采取埋土等防寒措施情况下，植株地上部枝蔓有冻害发生，其萌芽率为21.3%，造成减产。北冰红的抗寒性比公酿一号强，与贝达相似。

7.综合评价 北冰红抗寒、抗病，产量高，果实含糖高．总酸含量低，所酿造的葡萄酒酒质好，冰冻果实落粒少，但果穗偶有“小青粒”。

北冰红适宜在年无霜期125天以上，≥10℃活动积温2 800℃以上，冬季极端最低气温不低于−37℃的山区或半山区生产栽培。在沈阳市以北（吉林省集安市岭南除外）栽培，越冬需下架简易防寒。

九、猕猴桃

【金早】（见彩版18图9-1）

选育单位：中国科学院武汉植物园

1.选育经过 金早（原代号武植80-2）属中华猕猴桃，母株是在江西省武宁县群众报优的基础上，于1980年在江西省武宁县罗溪乡海拔约800m发现的野生单株。在试栽期间优良性状稳定，果形美观，整齐，风味好，丰产。2004年6月通过湖北省农作物品种审定委员会品种审定，并于2005年12月通过国家林业局林木品种审定委员会品种审定。

2.果实经济性状 果实长卵圆形，平均单果重102.0g，最大单果重159.0g，纵横侧径为5.3cm×4.9cm×4.5cm。果皮黄褐色，果面茸毛少，光滑，果顶突出，果底平，果点小，果柄长2.7~3.8cm，萼片脱落。果实横切面近圆形或椭圆形，中轴胎座小，直径为0.85cm×0.52cm，心室约为36个。每个果实有种子360粒左右，种子黄棕色，卵圆形，千粒重2.1g。果肉黄色，肉质细，汁液多，有清香味，香甜爽口，风味好，品质上等。金早果实可溶性固形物含量13.3%，总糖含量8.5%，有机酸含量1.7%，维生素C含量1 070.0~1 240.0μg/g，氨基酸含量0.696%，硬度14.8kg/cm^2。金早综合性状优于海沃德。

3.生长结果特性 生长势中庸，株型紧凑，宜密植。萌芽率、果枝率均高于庐山香和海沃德，雌花着生节位低，以短果枝结果为主，果枝多从结果母枝的第2～4节抽生，结果能力强，多年生的潜伏芽也能抽生结果枝。嫁接苗第2年开花结果植株占76.0%，最高株产4.5kg，5年生每667m²产量1 031kg。

4.物候期　在武汉地区，金早伤流期2月底至3月初，萌芽期3月上中旬，展叶期3月下旬，现蕾期3月底至4月初，初开花期4月底至5月初，果实成熟期8月中下旬，果实发育期仅110 天左右，落叶期11月底至12月中旬。

5.适应性　适于在丘陵山区种植，在平原地区要有良好的灌溉条件才能结果良好。

【鄂猕猴桃2号】（见彩版18图9-2）

选育单位：湖北省农业科学院果树茶叶研究所

1.选育经过　1980年9月，湖北省农业科学院果树茶叶研究所猕猴桃课题组在湖北省房县进行猕猴桃野生资源调查时，从房县酒厂贮果仓里获得属于中华猕猴桃的无毛大果果实的种子，播种后培育成实生苗。编号为金水1-2-53（又称金农1号和金农）的实生单株1985年开始结果，被当时的“湖北省猕猴桃协作组”评定为优系，当年高接在4年生实生猕猴桃树上，高接树次年开花结果。20世纪90年代中后期，金水1-2-53在上海、江苏、福建和西安市等省、市生产试栽，金水1-2-53是上海表现最好的早熟猕猴桃新品种。2003年8月，湖北省农作物品种审定委员会组织果树专家对金水1-2-53进行了现场考察，2004年3月金水1-2-53通过了湖北省农作物品种审定委员会品种审定，并定名为鄂猕猴桃2号。

2.果实经济性状　果实广椭圆形，纵径6.10cm，横径4.78cm，侧径4.48cm，平均单果重80g，最大单果重135g。果面绿褐色，无毛，果顶微凸，果底平，较光滑，果点很小，较密，分布均匀。果梗平均长3.5cm，梗洼极浅，萼片脱落。果皮薄，果实横断面近圆形，中轴胎座1.25cm×0.75cm，多呈三角形或棱形，心室约为36个，每果平均有种子450粒，种子棕褐色，卵圆形，千粒重1.33g。果肉金黄色，肉质细腻，汁液多，具芳香味，酸甜适度，品质上等。可溶性固形物含量14.3%～15.2%，总糖含量6.93%～8.90%，总酸含量1.25%～1.68%，维生素C含量6 548.0～9 390.0μg/g。常温下可贮藏10～15天，冷藏条件下可贮藏30多天。

3.生长结果特性 鄂猕猴桃2号生长势较强，枝条粗壮充实。萌芽率为63.6%。该品种以中、短枝结果为主，结果枝率为81.8%。平均每个结果枝着生花序的节数4节以上，成花4.33朵，坐果2.67个，坐果率达61.6%，多坐单果。结果枝多从结果母枝的第4～8节抽生，结果部位在结果枝的第2～5节，为主要坐果节位，占总坐果节位的95%以上。1996年上海阳泾园艺场3年生鄂猕猴桃2号每667m^2产量1 074kg。

4.物候期 在湖北省武汉地区，鄂猕猴桃2号芽萌动期2月28日～3月5日，展叶期3月5～20日，现蕾期3月10～20日，开花期4月5～14日，果实成熟期8月中下旬，在9月下旬采收，落叶期为12月中旬。

5.抗逆性 鄂猕猴桃2号抗病虫能力较强，且具有较强的抗旱、抗热、抗风能力，在武汉地区栽培，在高温干旱、干热风等恶劣环境下，只要管理正常，仍能正常生长结果。果实、叶片抗高温日灼能力较强，1984年和1985年连续严重干旱仍能正常生长结果而无不良反应。

【楚红】（见彩版18图9-3）

选育单位：湖南省农业科学院园艺研究所

1.选育经过 1994年，湖南省农业科学院园艺所科研人员在对湖南省野生猕猴桃（属于中华猕猴桃）种质资源主要分布区进行资源调查收集时，收集了多个果肉近中央部呈红色的野生优良单株。1996～1998年高接这些优良单株并进行初步鉴定，发现其中一个优良单株所结的猕猴桃果实的果心为红色，且红心性状稳定，果实风味品质好，可溶性固形物含量16%以上。1999年繁育该优良单株嫁接苗，并分别在湖南省溆浦县龙庄湾乡（海拔1 200m）和湖南省农业科学院园艺研究所（海拔50m左右）建立了试验园。从1999年起，对长沙和溆浦2个不同的生态环境下生长的该优良单株果实品质、果实贮藏性、生长结果特性进行了鉴定，确认该优良单株综合性状优良。2004年9月通过湖南省农作物品种审定委员会的现场鉴定，并定名为楚红。

2.果实经济性状 楚红猕猴桃果实长椭圆形或扁椭圆形，果实中等大小，平均单果重80g，最大单果重121g。果皮呈深绿色，果面无毛。果实近中央部分中轴周围呈艳丽的红色，果实横切面从外到内的色泽是绿色－红色－浅黄色，极为美观诱人，这是猕猴桃红心新品种楚红的最大特色；果肉细嫩，汁液多，风味浓甜可口。可溶性固形物含量16.5%，最高可达21%。楚红猕猴桃果实贮藏性一般，常温下贮藏7～10天即开始软熟，15天左右开始衰败变质。生产上宜采用冷藏，在冷藏条件下可贮藏3个月以上。

3.生长结果特性 楚红萌芽率为36.3%～73.7%，成枝力极强，楚红猕猴桃结果能力强，丰产稳产。楚红成花能力强，结果枝率为85%左右，果实着生在结果枝的第2～10节，以长果枝结果为主，长果枝占总果枝的77%，每个结果枝坐果3～8个，平均坐果6个，坐果率在95%以上。开始结果早，嫁接苗定植后第2年结果，第3年平均株产18kg以上，第4年平均株产32kg左右。

4.物候期 在湖南省长沙地区，楚红2月上中旬进入伤流期，3月中旬萌芽，4月初现蕾，4月下旬开花，9月上旬果实成熟。12月上旬落叶休眠。

5.抗逆性和抗病性 楚红抗高温干旱能力强，在长沙6～9月高温干旱季节，楚红仍能正常生长，树势强旺。抗病性中等，遇上高湿气候，如栽植在海拔1 000m以上的地区，果面容易感染黑色斑点，应注意加强防治。

楚红猕猴桃生态适应性良好，在高、低海拔地区均能正常生长与结果，栽培在高海拔地区，果肉红色鲜艳；而栽培在低海拔地区，果肉红色变淡。根据初步研究，楚红栽培在低海拔地区，夏季高温季节采取适度遮荫（50%）有利于果肉红色的形成，关于楚红果肉红色形成的机制仍在深入研究之中。

根据其生态适应性，楚红适宜于长江中下游各省（直辖市）栽培，在海拔600～1 000m地区表现最优，适宜在这一地区大面积推广。

【鄂猕猴桃3号】（见彩版18图9-4）

选育单位：湖北省农业科学院果树茶叶研究所

1.选育经过　鄂猕猴桃3号是湖北省农业科学院果树茶叶研究所猕猴桃课题组在湖北省崇阳县进行野生猕猴桃资源考察时从中华猕猴桃中发现的优良单株。通过连续多年的观察记载以及系统全面的比较试验分析，认为该优良单株遗传性状稳定、果个大、均匀美观、品质优良、适应性强。2004年6月通过湖北省农作物品种审定委员会的新品种审定，命名为鄂猕猴桃3号。

2.果实经济性状　鄂猕猴桃3号果实长圆柱形，整齐美观，果实没有明显的缢痕，纵径×横径×侧径为6.54cm×4.56cm×4.25cm，扁平果率仅为1.06%。平均单果重85.0g，最大单果重为155.0g。果皮暗褐色，光滑，果皮有小而少、不明显的果点，果底平，果柄细长。果肉黄色，汁液多，有清香味，风味酸甜。可溶性固形物含量14.5%～15.5%；维生素C含量934.0μg/g，总酸含量1.2%。

3.生长结果特性　鄂猕猴桃3号生长势强，枝条粗壮充实，节间中长。在人工栽培条件下，萌芽率低，为42.0%，抽生的长枝所占的比率60.0%。第2～5节是其主要坐果节位，结果枝多从结果母枝的第4～11节处抽生。4年生树（栽植行株距4m×3m，架式为倒十字形，雌雄株比为8∶1，常规管理）平均每株树可抽生结果枝70个，多的可抽生结果枝200个。长、中、短果枝均能结果，以中、长果枝结果为主，平均每个果枝坐果3～6个，多的可坐果8个以上，以坐单果、双果、三果较多，但在栽培管理得法、气候条件适合的情况下，坐双果、三果的花序可占到总花序的50.9%。平均株产11.9kg，每667m^{2}产量可达1 000kg。

4.物候期　在武汉地区，鄂猕猴桃3号3月中旬萌芽，3月下旬展叶，3月下旬现蕾，4月中下旬始花，4月下旬盛花，果实成熟期9月上中旬，12月上中旬落叶。

【华优】（见彩版18图9-5）

选育单位：陕西省农村科技开发中心　周至县猕猴桃试验站　周至县华优猕猴桃产业协会

1.选育经过　陕西省周至县马召镇群兴九组居民贺炳荣1996年从猕猴桃酒厂购回猕猴桃种子，繁育出1.2万株猕猴桃实生苗木。通过对这批实生苗鉴定，从中筛选出优良单株，随后即与陕西省农村科技开发中心、周至猕猴桃试验站、西北农林科技大学园艺学院育种与生物技术实验室等单位共同进行选育研究，并筛选培育其配套雄株。经人工驯化、观察、试验、测试，发现优良单株优良性状遗传稳定，特异性状表现明显，丰产性、猕猴桃风味品质、抗逆性、货架期等方面优势突出，是当前猕猴桃产业急需的中熟品种，选为优良品系。经西北农林科技大学园艺学院RAPD分析华优多数性状属于中华猕猴桃种群，少数性状属于美味猕猴桃种群。2007年1月通过陕西省农作物品种审定委员会审定。

2.果实主要性状　果实椭圆形，纵径6.5～7.0cm，横径5.5～6.0cm。单果重80.0～110.0g，果实棕褐色，茸毛稀少、细小易脱落。果皮较厚，也较难剥离，果心细柱状乳白色可食。成熟果果肉黄色或黄绿色，肉质细，汁液多，香气浓郁，风味甜，品质好。可溶性固形物含量7.36%，总糖含量3.24%，总酸含量1.06%，维生素C含量1 618.0μg/g，硬度13.7kg/cm^2。果实在室温下，后熟期15～20天，货架期30天左右；在0℃条件下，可贮藏5个月左右。

3.生长结果特性　华优在陕西秦岭北麓及关中平原猕猴桃产区，生长较旺盛，树势强健，抗性强，高产稳产。越冬健壮芽萌芽率85.7%，结果枝率80.0%，以中、长果枝结果为主，仅长果枝、中果枝就分别占30.0%、60.0%。结果枝从基部第2～3节开始开花坐果，每个果枝结果3～5个。在授粉良好的情况下，坐果率高达95.0%。成苗栽植后，第3年开始结果，第5年进入盛果期，每667m^{2}产量2 000kg以上。大树高接换头后每667m^{2}产量，第2年500kg左右，第3年1 200kg左右，第4年2 000kg以上。

4.物候期　在陕西周至，华优2月中旬树液开始流动，3月中旬芽萌动，3月下旬展叶现蕾，4月下旬至5月上旬开花，开花期5～7天。果实9月中旬成熟，果实发育期120～130天，11月中下旬落叶，年营养生长期260天左右。

5.适应性与抗逆性 2005年3月26日和2007年4月3日当地发生倒春寒，气温下降到-1～-2℃左右，华优芽未发现受冻现象，秦美萌芽率降低23.5%。经西北农林科技大学植物保护学院抗病田间鉴定，华优对溃疡病具有较强的抗病性，发病率2.38%，秦美发病率15.56%。田间观察表明，华优对细菌性溃疡病的抗性高于秦美，明显高于猕猴桃品种红阳。与秦美比较，华优叶片较小，革质化程度高，抗高温、干旱能力及抗黄化病能力也比秦美、西选2号强，果实基本无日灼果。

【鄂猕猴桃4号】（见彩版18图9-6）

选育单位：湖北省农业科学院果树茶叶研究所 湖北省兴山县职业教育中心

1.选育经过 鄂猕猴桃4号系湖北省农业科学院果树茶叶研究所、湖北省兴山县职业教育中心和兴山县谭园园艺场共同从美味猕猴桃中选育的猕猴桃早熟品种。1982年在湖北省兴山县猕猴桃资源中选出，代号31-58。1984年嫁接繁育无性系后代，1989年被湖北省品种会评为猕猴桃优良品系，初步定名为三峡一号。1995、2002年进行区域试验，2007年通过湖北省农作物品种审定委员会审定，定名为鄂猕猴桃4号。

2.果实经济形状 果实圆柱形，扁平率为1.19，平均单果重91.0g，最大单果重140.0g。果皮颜色灰褐色，密被暗灰色茸毛，茸毛中长、硬度中等，成熟时易脱落。果实有缢痕，果点明显，中大，平；果顶平，平均果梗长4.49cm、粗3.50mm，萼片脱落。果心小，白色，横截面长椭圆形；平均心室数35个，种子少，果实赤道部横切面两边露出的种子37个；果肉暗绿色，肉质细，汁液多，酸甜适度，香气浓，风味佳，可溶性固形物含量13.0%～16.0%，总糖含量7.84%，总酸含量1.55%，维生素C含量581.6μg/g。果实后熟较易，货架期10天左右。

3.生长结果习性 鄂猕猴桃4号生长势极强，萌芽率为54.8%，成枝力强，当年定植的嫁接苗，其枝梢总长11.7m，第2年总长可达38.5m。结果枝多着生于结果母枝的第1～5节，在结果枝中，长、中、短果枝的比例分别为33.3%、24.4%和42.3%。短果枝结果后易枯死，生长旺盛的徒长枝也可开花结果，果实多着生于结果枝的第2～8节上，一般每果枝着生1～8个果实，有时在1个芽眼可着生2～3个果实。开始结果早，嫁接苗定植后第3年全部开花结果，平均株产7.1kg，最高株产达17.2kg，每667m^{2}产量第4年1 700kg、第5年2 100kg。

4.物候期 在武汉地区，该品种3月上旬萌动，4月上旬展叶，5月中旬盛花，9月中下旬果实成熟，属中熟品种，11月上旬落叶。

5.适应性和抗逆性 鄂猕猴桃4号较耐瘠薄，抗寒，对高温干旱有较强的抗性，对根线虫病、叶蝉、叶斑病等抗性较强，适应性较强，在高山平川地区均可栽植。但如在高海拔地区，4月上中旬萌芽后如遇零度以下低温，鄂猕猴桃4号同其他猕猴桃品种一样会发生幼芽冻害，影响当年产量。

【金霞】（见彩版18图9-7）

选育单位：中国科学院武汉植物园

1.选育经过 1981年，从江西省武宁县罗溪乡生长于海拔770m的野生中华猕猴桃群体中选育出优良单株武植5号，选种代号为武植81-9。当年冬季对初选优良单株进行无性繁殖，在武汉植物园（低丘红壤，海拔35m）建立优系子代观察园，复选后建立决选系中试园，其苗木所结的猕猴桃既具有中华猕猴桃的早实、丰产、品质优等优点，又兼有美味猕猴桃耐贮藏的特性。2004年6月通过湖北省农作物品种审定委员会品种审定，2005年12月通过国家林业局林木品种审定委员会品种审定，命名为金霞。

2.果实经济性状 果实长卵形，纵、横、侧径为6.5cm×5.6cm×5.3cm，果实大而均匀，平均单果重78.0g，最大单果重134.0g。果面灰褐色，果顶部密被灰色短茸毛，果顶微凸，果蒂部平，果梗长4.2cm。果心小，含有种子520粒左右。果肉淡黄色，汁液多，风味香甜，品质上等。可溶性固形物含量15.0%，可滴定酸含量0.95%，维生素C含量930.0μg/g。

3.生长结果特性 生长势健壮，萌芽率48.0%，成枝力较强。结果枝占枝条的83.0%，以长果枝结果为主，长果枝、中果枝分别占果枝的50.0%、27.0%，结果枝多从结果母枝的第2～10节抽生。果枝上雌花着生在第1～8节，每个果枝可坐果4～6个。3年生嫁接树平均株产15.2kg，连续结果能力强，丰产、稳产。在武汉市青菱乡红霞村，金霞4年生树平均每667m^{2}产量在1 800kg以上。

4.物候期 在武汉地区，金霞2月下旬树液开始流动，3月2～6日萌芽，3月11～13日展叶，3月30日至4月10日现蕾，4月17日始花，4月22～24日盛花，4月27～28日终花，花期持续9～10天。3月20日新梢开始生长，6月中旬第1次新梢停止生长。5月上旬至6月上中旬为果实迅速膨大期，9月中下旬果实成熟，11月下旬至12月初落叶。

5.适应性和抗逆性 根据多年观察和在其他引种试栽点的调查，该品种抗逆性强，适应性广，在中华猕猴桃品种中属比较耐贮藏的1个品种，常温下可贮藏2周左右。尤其对高温、干旱、短时间的渍水的抗性较强。新梢抗风害能力比其他中华猕猴桃品种强，抗叶蝉危害能力中等。

【红华】 （见彩版18图9-8）

选育单位：四川省自然资源研究所　四川省苍溪县农业局经济作物站

1.选育经过 1987年春，用栽植在四川省北部山区海拔1 070m的红肉猕猴桃雌株作母本，用栽植在同一地区海拔450m的美味猕猴桃雄株作父本，人工杂交授粉。1988年在海拔600m培育出实生苗518株，1989年定植实生苗。1993年开花结果，从具有中华猕猴桃特征植株中，选出2株红肉猕猴桃优良单株。1995年把果实较大、果形如枣、果皮黄褐色、果皮略有短茸毛、果脐平坦或微凸、果肉红色、细嫩味佳、有香气、较耐贮藏的优良单株作为选育对象。1996年春将优株高接在栽植于海拔760m处的猕猴桃品种红阳树上，1998年高接树开始结果，经连续3年观察，其性状稳定，遂选为优良品系。从2000年开始，进行品种比较试验、生产试验和不同海拔生态区适应性试验。2004年10月通过四川省农作物品种审定委员会品种审定，并定名为红华（编号：川审果树2004003）。

2.果实经济性状 果实长椭圆形，平均纵径6.39cm、横径5.14cm、侧径4.80cm。平均单果重97.12g，最大单果重137.00g，单果重在80g以上的商品果率占93.8%。果皮黄褐色，果面光滑，有极短的细茸毛，果脐平坦或微凸。果肉沿中轴红色，横切面红色素呈放射状分布。每个果实平均有种子804粒，种子黑褐色，千粒重1.254g。肉质细嫩，有香气，蜂蜜味，口感好。果肉可溶性固形物含量18.9%，总糖含量11.94%，总酸含量1.35%，维生素C含量697.6μg/g。果实在常温下后熟期20天左右，在冷藏（1℃）条件下后熟期100～120天。

3.生长结果特性 生长势旺盛，春梢长100～130cm，春梢节间长4.14cm；夏梢长250～300cm，夏梢节间长5.31cm；秋梢长200～290cm，秋梢节间长4.89cm，1年生枝平均粗1.4cm。萌芽率70%，萌芽后均能抽生成枝。以中、长果枝结果为主，花着生在第2～7节，形成5～6个花序，花量大，多有2朵侧花，但因发育不全而在开花时脱落成单花。坐果率90%以上，无生理落果现象，无大小年。嫁接苗定植后第2年有少量树开花，第3年80%植株结果，第5年可进入盛果期，株产20kg以上，折合667m^2产量1 500～2 000kg。

4.物候期 在四川省北部海拔760m左右的山区，红华2月中旬伤流，3月上旬萌芽，3月中旬抽春梢，3月下旬展叶，4月上旬末至4月中旬初开花，花期5～7天。5月下旬抽夏梢，6月上旬果皮着色，7月上旬果肉开始变红，8月下旬种子变黑，9月下旬果实成熟，9月下旬至10月上旬采收，果实发育期140天左右，11月下旬开始落叶，年生长期270天左右。

5.抗逆性 该品种夏季无卷叶和枯焦现象，栽培中尚未发现成灾的病虫害，但若连续强日照5天以上，应注意灌溉保湿。若连续阴雨，应及时排涝。花期怕低温阴雨，尤其怕倒春寒。大风对花期和幼果期的影响特别大，易折断枝条和碰伤果实而影响产量和质量，因此栽培中应采取相应的技术保护措施。

【金桃】（见彩版19图9-9）

选育单位：中国科学院武汉植物园

1.选育经过 1981年在江西省武宁县发现野生中华猕猴桃优良单株（原编号81－1）。当年12月剪取该优良单株枝条，并采用嫁接和硬枝扦插法繁殖苗木，进行多点区域适应性试验，1985年该优良单株被选为湖北省重点发展优良单株，定名为武植6号。通过多年的观察、鉴定，发现在武植6号中，不同单系的产量、果实大小、裂果率、果实硬度、耐贮性及主要营养成分均有较大的差异，于1997年对武植6号不同单系进行了初步评价。1998年根据欧共体国际合作项目协议，将中国科学院武汉植物园栽植的武植6号编号为C6的10个单株（编号5～15）在意大利、希腊和法国进行比较试验，C6在意大利和希腊优良性状表现突出，2001年申请国际专利，并将其品种繁殖权和经营权拍卖给意大利，商品名Golden Kiwifruit（金桃）。截至到2005年累计拍卖收入93.32万欧元，2006～2028年意大利每开发1hm^{2}支付给武汉植物园品种保护费500～600欧元。金桃于2005年12月通过国家林业局林木品种审定委员会审定。

2.果实经济性状 果实长圆柱形，纵径6.3～7.5cm、横径3.7～4.2cm，果个大小均匀，平均单果重82.0g，最大单果重120.0g，果皮黄褐色，果面光洁，果顶稍凸，外观漂亮。果柄长2.9～3.2cm，果熟后萼片脱落，果心小而软；中轴胎座直径约为0.62cm×0.41cm，多为椭圆形或圆形；种子少，每个果实有种子350粒左右，千粒重2.27g。果肉金黄色，肉质细嫩、脆，汁液多，有清香味，风味酸甜适中。金桃果实可溶性固形物含量18.0%～21.5%，维生素C含量1 210.0～1 970.0μg/g。常温下可贮藏到春节前后。

3.生长结果特性 金桃生长势中庸，萌芽率高，成枝力强，多年生潜伏芽也能抽生强壮枝条，形成结果母枝。金桃几乎所有枝条均能发育成结果枝，多年生的潜伏芽也能抽生结果枝，金桃以长果枝结果为主，长果枝占63.7%，中果枝占21.0%，短果枝占15.3%，也有腋花芽。多为单花结果，单花占81.9%，二花占14.4%，三花仅占3.7%，坐果率高达95%。金桃嫁接苗第2年开始结果，高产稳产，一般正常管理条件下每667m^{2}产量为2 500kg，产量高的可在3 500kg以上。

4.物候期 在武汉地区，金桃1月底树液开始流动，并出现伤流，2月下旬芽萌动，3月上旬展叶，3月中旬抽梢、现蕾，蕾期约1个月，始花期4月15～19日，盛花期4月18～22日，终花期4月23～27日，果实成熟期9月下旬，成熟比金早、庐山香晚，比海沃德早，果实发育期150天左右，11月底落叶。

5.适应性及抗逆性 金桃除表现了中华猕猴桃的优良性状外，还具有果皮着色深、果肉致密、果实含有机酸高、耐贮性强、不易遭受机械损伤的特点。湖北省建始县红岩镇徐武品家（海拔850m）1992年9月18日采收，贮藏1个月后好果率为100%，而在山区种植，果实着色更深，果皮加厚，果面斑点变密，耐贮性更强，在常温下可贮存到春节前后，在试栽地，病虫害少。经试栽，猕猴桃新品种金桃可在猕猴桃产区大面积推广。

【红美】（见彩版19图9-10）

选育单位：四川省自然资源研究所　苍溪猕猴桃研究所

1.选育经过 1997年9月，在四川省北部山区（海拔1 100m）从1993年播种的野生美味猕猴桃实生苗中，发现1株猕猴桃树结有5个果，该单株所结的果实有毛，果肉沿中轴部分呈现放射状红色条纹，口味较好，整个植株的形态特征与美味猕猴桃基本一致，选为优良单株。经连续3年观察，其综合性状表现稳定。经分类学鉴定，该植株属于美味猕猴桃变种彩色猕猴桃，选为优良品系。1999年春，无性繁殖苗木，进行品种比较试验，2001年开展生产试验和多点试验，同年该项研究列入“十五”四川省农作物育种攻关项目。经多年试验、观察，该优良品系性状稳定，是独具特色的彩色猕猴桃新品种，2004年10月通过四川省农作物品种审定委员会审定，并正式定名为红美。

2.果实经济性状 果实圆柱形，纵径6.09cm，横径4.65cm，侧径

4.04cm；平均单果重73g ，最大单果重100g，果皮黄褐色，密生黄棕色硬毛，果顶微凸，少数有纵向缢痕，整齐。果肉7月初开始变红，种子外侧果肉红色，横切面红色素呈放射状分布，可直达果实两端；肉质细嫩，微香，口感好，易剥皮。平均每个猕猴桃果实有种子668粒，种子千粒重1.245g，可溶性固形物含量19.4%，总糖含量12.91%，总酸含量1.37%，维生素C含量1 152.0μg/g。

3.生长结果特性　树势强健，1年生枝长可达6m，成枝力强。以中、短果枝结果为主，花芽起始节位1～2节，多为第2节，花量大，坐果率高，无生理落果现象。嫁接苗定植后第2年有少量植株结果，第3年可全部结果，第4～5年可进入盛果期，每株结果200个左右，株产约15kg，每667m^{2}产量1 500kg左右。

4.物候期　在四川省北部海拔1 000m山区，红美伤流期2月中旬至2月下旬，芽萌动期3月上旬，抽生春梢4月上旬，展叶期4月中旬，现蕾期4月上旬至中旬，开花期5月上旬至中旬，花期7～10天。6月中旬果皮着色，6月下旬至7月上旬果肉变红，9月中旬种子变黑，10月上旬果实开始成熟，10月中旬采收，果实发育期约150天。12月开始落叶，年生育期约270天。

5.抗逆性　红美抗病虫害能力较强，栽培中尚未发现较严重的病虫害。但对旱、涝、风的抵抗力较弱，花期怕阴雨和大风，倒春寒对花期的影响大，栽培中应注意。

【实美】（见彩版19图9-11）

选育单位：中国科学院广西植物研究所

1.选育经过　1992年从20株开花结果的美味猕猴桃实生后代中发现2株果实较大的单株，1994年将其中1个单株选为优良单株，1995年进行鉴定，定为新品系，命名为实美。鉴定植株1996年开花结果，1997年有一定产量，遗传性状稳定。1998年进行嫁接扩大繁殖，并引进区外品种在同等条件下进行品种比较试验。2000年通过广西自治区科技厅组织的产量验收。

2.果实经济性状　果实较大，短圆柱形，较整齐，平均单果重100g，最大单果重170g，果皮绿褐色，易剥离，果肉绿色、细腻、汁多、香味浓郁，果心小而质软，风味佳；可溶性固形物含量15.0%，总糖含量9.47%，总酸含量0.73%，维生素C含量1 380.0μg/g，矿质元素含量丰富。

3.生长结果习性　实美植株生长健壮，生长势旺盛，枝条粗壮，较硬。春季萌芽率53.8%，成枝力极强，结果枝率占88%，花果枝着生于结果母枝的第2～8节位，花序着生于花果枝的第1～7节，自然坐果率90%以上。以长果枝结果为主，占81.3%，中果枝占12.5%，短果枝占6.2%，生理落果稍轻。苗木定植后第2年有30%植株开花结果，第3年全部结果，株产量达13.8kg，结果早，丰产稳产。

4.物候期　在广西桂林，实美猕猴桃在正常年份于2月中下旬至3月上旬出现伤流，3月下旬至4月上旬芽萌动，4月上旬抽梢展叶，在抽梢的同时现蕾，4月下旬至5月上旬开花，花期5～9天；5月中旬坐果，果实迅速膨大，持续至10月上旬；10月上中旬为果实成熟期，12月下旬至1月上旬落叶休眠，年生长期260天左右。

【金硕】（见彩版19图9-12）

选育单位：湖北省农业科学院果树茶叶研究所

1.选育经过　2003年6月4日，湖北省农业科学院果树茶叶研究所猕猴桃课题组在对本课题组试验园栽植的猕猴桃育种材料进行观察记载时，发现了栽植于第5区第13行第2个水泥柱旁第2株美味猕猴桃实生树所结的果实果个比猕猴桃品种金魁和海沃德大、大小整齐一致，果实外观漂亮、茸毛短稀细、果实外观不显棱、生长势旺盛、枝条粗壮、叶片大，遂将其选为优良单株，编号为金水13-2-2。通过连续5年观察结果母树、高接树和中间试验试栽树，确认该优良单株遗传性状稳定，属美味猕猴桃优质大果丰产新品系，暂定名为金硕。

2.果实经济性状　果实长椭圆形，纵横侧径为8.27cm×5.00cm×4.70cm，扁平率1.06。平均单果重120g，最大单果重159g，果个大小整齐。果皮黄褐色，果肩圆，果顶凸；果面茸毛黄褐色，柔软，较密，茸毛柔软较密，果点小，果柄短粗，平均长2.97cm，粗0.36cm。果实后熟后果皮易剥离，果心长椭圆形，直径1.03cm，浅黄色。种子成熟风干后呈咖啡色，椭圆形，千粒重1.51g。果肉绿色，肉质细腻，风味浓郁。可溶性固形物含量13.2%～17.4%，总糖含量为9.22%，可滴定酸含量为1.8%，维生素C含量为1 040.0μg/g。果实耐贮性较强，常温条件下可贮藏20～30天。

3.生长结果特性 金硕生长势强，枝条粗壮充实。萌芽率较低，其萌芽率为37.8%，成枝力强，94.9%的萌芽均能抽生成长枝。结果枝所占的比例高，结果枝占抽生枝条的63.9%。以短果枝结果为主，长、中果枝也能结果，长、中、短果枝分别占32.5%、18.3%和49.2%。金硕高接树在高接后的第2年结果，结果母枝平均粗度1.2cm，结果母枝在第2～16节均能抽生结果枝，但以第5～14节抽生的结果枝最多，约占总果枝数的85.2%。果枝平均粗度0.76cm，结果枝第1～7节均可开花坐果，但以第2～5节坐果最多，坐果数占总果数的84.7%；可坐单果、双果和三果，其中单果占88.8%，双果占4.11%，三果占7.05%。每个果枝约有3.1个坐果节位，每个果枝坐果约8个。金硕粗度在0.4cm以下的枝条难以形成结果枝。

4.物候期 在湖北武汉，金硕2月下旬至3月上旬萌芽，3月上旬至3月下旬展叶，3月中旬至3月下旬现蕾，4月中下旬始花，4月下旬至5月上旬盛花，4月下旬至5月上旬末花，5月上旬至6月上旬果实迅速膨大，果实10月上中旬成熟，果实成熟期比金魁早。每年可抽2～3次梢，3月中旬第一次新梢开始生长，5月下旬停止生长，第二次梢生长始于6月上旬，7月中旬停止生长，第三次梢生长始于7月下旬，8月上旬停止生长，11月下旬至12月上旬落叶。

5.适宜种植地区和主要缺点 金硕生长势旺盛，其坐双果比例4.11%，三果比例7.05%，在生产栽培中需要注意控制其营养生长和疏除多余的果实。不耐高温干旱，在低海拔地区发展要求有较好的排灌条件，才可保持该品系的优质高效生产。果实成熟后，在后熟过程中及时检查防止腐烂变质，大面积发展须建冷藏库。

适宜在海拔1 000m以下、土壤疏松肥沃、有机质含量丰富、排灌方便、土壤pH值5.5~6.5的地区种植。

【雄性新品种磨山4号】（见彩版19图9-13）

选育单位：中国科学院武汉植物园

1.选育经过 磨山4号是1984年在江西省武宁县罗溪乡海拔870m山坡上发现的1株正值花期的中华猕猴桃猕猴桃雄株，该雄株不仅开花多、花期长，而且花粉量大。在多年系统观察的基础上，在湖北省宜昌市和十堰市、江西省进贤县、云南省会泽县、河南省西峡县、福建省建宁县等地进行区域试验，磨山4号雄性综合性状表现很好，也是迄今为止湖北省选定的唯一的雄性品种。2006年12月通过国家林业局林木品种审定委员会审定，定名为磨山4号。

2.开花习性 磨山4号萌芽率82.7%，成枝率27.4%，开花枝率72.6%。大多为聚伞花序，单花和2朵花的花序仅占14.0%，5朵花的花序占总花序的34.0%，1个花序可有8朵花。几乎所有枝条均可发育成花枝，且多年生枝也能形成花枝，每个花枝着生花朵数多，平均着生花朵34朵。花序一般着生在1年生枝的第1~9节，多数着生在第3~6节，以短花枝为主，花量大。重短截的5年生树，冠幅2.0m×2.0m，全树约有5 000朵花。磨山4号花冠较大，顶花花冠直径为4.0~4.3cm，侧花花冠直径为3.5~3.8cm，花瓣6~10瓣，花萼6片，花药黄色，花丝平均顶花为59.5个、侧花为47.9个。

3.花粉主要性状 磨山4号每朵花的花药数59.5粒、每粒花药的正常花粉粒数为40 100个，每朵花的正常花粉量大。花粉萌发率75.0%。磨山4号花粉粒较大，为24.85μm，花粉管长293.18μm。

4.物候期 在武汉，1998年磨山4号3月14~15日芽萌动，3月18~19日展叶，3月27日至4月5日新梢开始生长，3月18~20日现蕾，现蕾至开花约25~30天，始花期4月24~27日，终花期5月15~17日，落叶期12月上中旬。花期不仅能与中华猕猴桃品种武植3号、通山5号、庐山香相遇，而且也能与主栽的美味猕猴桃品种金魁、海沃德、秦美、米良1

号、三峡1号相遇。

5.磨山4号授粉雌株品种果实性状　用磨山4号花粉给猕猴桃品种金魁授粉，金魁坐果率、平均单果重、最大单果重、种子千粒重分别是94.4%、85.0g、118.0g、0.86g，金魁自然授粉坐果率、平均单果重、最大单果重、种子千粒重分别是82.2%、63.0g、82.0g、0.74g。

用磨山4号、磨山5号、武植80－4、武植82－12、自然授粉分别给武植3号授粉，结果是用磨山4号授粉，武植3号的坐果率、果实维生素C含量、可滴定酸含量最高，分别为：95.4%、2132.2μg/g、1.29%，平均单果重、种子千粒重最大，分别为57.0g、1.83g，单果种子数最少，为434粒，可溶性固形物含量也较高为14.1%。

6.适应性及抗逆性　磨山4号是四倍体品种，叶片质地粗糙，茸毛多，抗病虫及干旱能力均强。多年生枝条的潜伏芽也能抽出枝条，适应性广，抗逆性强，通过多年来在不同区域种植，反应良好。

十、草莓

【红实美】（见彩版19图10-1）

选育单位：辽宁省东港市草莓研究所

1.选育经过　东港市草莓研究所于1998年以从日本引进的优质、果形好、较丰产，但果实较软、抗病性稍差的章姬作母本，以从西班牙引进的果实硬度好、丰产、抗病，但风味较差的杜克拉作父本，进行杂交，选出杂交组合“ZA-8”，历经6年初选、复选、多点小区试验和示范生产，具有果实优质、果实硬度好、丰产、抗病、休眠浅等几个突出特点，符合育种目标。2005年1月通过辽宁省农作物品种审定委员会审定，命名为红实美，同时通过辽宁省科技厅组织的科技成果鉴定。

2.果实经济性状　红实美果实一级序果近楔形，次花序果长圆锥形，畸形果少，果个整齐度好，一级序果平均单果重45.7g左右，最大果重100g以上，果面红色，色泽鲜艳，种子黄色，略陷于果面，果面平整；果肉浅红色，果心粉白色，硬度好，果汁较浓，肉质细腻，味芳香，品质上乘，属“甜果”类草莓。可溶性固形物含量10.5%，可滴定酸含量0.72%，糖酸比14.6，硬度0.55kg/cm^2，耐贮运。

3.生长结果习性　经3年保护地多点试验和示范生产，红实美平均株产500g以上，高产单株1年内产量1 500g，每667m^2产量5 170.2kg。

4.物候期 红实美在辽宁省丹东地区露地栽植，3月下旬萌芽，5月上旬抽生匍匐茎，4月上旬现蕾，4月中旬盛花，5月末至6月初开始采收，6月中旬采收结束，果实供应期20～25天。红实美休眠浅，需冷量100～150小时，适宜温室反季节促成栽培。在辽宁、河北省日光温室栽培，9月初定植，10月中旬覆盖棚膜保温，12月中下旬采收上市。

5.抗性 红实美耐低温冷害和高热能力强，植株在2℃不受冷害，在32℃不受热害；对草莓炭疽病、草莓叶斑病抗性较强，尤抗草莓白粉病，即使与丰香、幸香、佐贺清香、静香等高感白粉病品种混植一起，也不易感染发病；由于花瓣在授粉坐果后彻底脱落（其他品种大都脱落晚或不彻底），草莓灰霉病侵染程度也较轻。

【星都1号】（见彩版19图10-2）

选育单位：北京市农林科学院林业果树研究所

1.选育经过 星都1号原代号90–6–2，是用草莓品种全明星作母本、丰香作父本杂交育成。1990年杂交并获得杂交种子，杂交种子放在冰箱中低温冷藏，当年12月上旬在温室播种杂交种子。1991年春将杂交苗木移栽到营养钵中，杂交苗木于当年秋季定植于露地草莓杂交圃中，1992年杂交苗木开花结果。经初选，将代号为90–6–2的杂交单株选为优良单株，1993年经过进一步鉴定，将该优良单株复选为新品系，1994年进行了品种对比试验，1995年暂定名为星都1号，同时开始区域适应性试验，试验结果表明其优良性状稳定，2000年通过北京市农作物品种审定委员会审定。

2.果实经济性状 果实圆锥形，纵横径3.95cm×3.75cm，一、二级序果平均单果重25.0g，最大单果重42.0g。果皮红色，有光泽；种子黄绿红色兼有，平于果面，分布均匀；果实外观评价上等。果肉红色，肉质评价上等；香味浓，风味甜酸适中。可溶性固形物含量8.85%，总糖含量4.99%，总酸含量1.42%，糖酸比3.5∶1，维生素C含量为544.9μg/g。

3.生长结果特性 生长势比对照品种全明星强，与丰香相近。丰产性比对照品种丰香强，但不及对照品种全明星，株产介于这2个对照品种之间，为129.7g。在北京市农林科学院林业果树研究所露地栽培平均每667m²产量1 500kg。在北京市顺义区三利果树研究所采用地膜覆盖栽培每667m²产量1 500～1 750kg。北京、河北邯郸、山东烟台均进行了温室试栽，植株生长势强，果实性状优良，元旦后成熟上市。

4.物候期 北京地区露地栽培，星都1号初花期4月7日左右，盛花期4月9日左右，匍匐茎始发期5月1日左右，果实初熟期为5月6日左右，果实发育期25～30天。

5.抗性 星都1号对草莓炭疽病、叶斑病抗性较强，对草莓白粉病的抗性比对照品种丰香、宝交早生强。特殊年份露地栽培雌蕊易受早春低温伤害。

草莓新品种星都1号适合温室保护地种植，适合在全国草莓产区栽培。

【枥乙女】（见彩版19图10-3）

引种单位：辽宁省东港市草莓研究所

1.果实经济性状 果实圆锥形或扁圆锥形，果实大，一级序果平均单果重34.0g，最大单果重42.0g。果面鲜红色，富光泽，美观漂亮，畸形果和沟棱果很少，外观品质极优。温室栽培连续结果能力较强。第一级序果和第二级序果果形及大小相差较小，整齐度好。种子平于果面，分布均匀。果实甜酸适口，香味较浓，鲜食品质优。可溶性固形物含量10.2%，可滴定酸含量0.91%，果实硬度617g/cm²，耐贮运性强，货架期长。

2.生长结果习性 枥乙女植株直立，新茎分枝较少，株高约25cm。叶片大而厚，叶色浓绿。匍匐茎抽生能力较弱，平均每母株繁殖匍匐茎苗10～20株，且匍匐茎抽生时间较晚。8月底进入花芽分化期。休眠期短，需5℃以下低温约150小时。在辽宁省丹东地区日光温室栽培中，一般12月下旬开始采收，采收可持续到翌年4～5月。日光温室栽培2001年每667m²产量2 490.0kg，2002年每667m²产量2 660.0kg，2003年每667m²产量为2 540.0kg。

枥乙女抗草莓白粉病强于章姬，但不抗草莓黄萎病。

【447–3】（见彩版19图10-4）

选育单位：河北省农林科学院石家庄果树研究所

1.选育经过 2001年，用从以色列引进的草莓优良种质Y95作母本、以河北省农林科学院石家庄果树研究所选育草莓品种新明星作父本杂交，当年8月中旬播种。实生苗经2年培育，2003年结果，随即进行初选，共入选优良单株5株，其中代号为447–3的优良单株果实品质优良、硬度大、丰产性好，符合育种目标。后经连续3年复选、扩繁、区试试验，该优良单株表现良好且性状稳定，被选为新品系。

2.果实经济性状 果实圆锥形，纵横径4.98cm×5.03cm，一级序果平均单果重38.3g，二级序果平均单果重25.3g，最大单果重53.0g，整株果实平均单果重14.2g。鲜红色，着色均匀，果面较平整，有光泽，有果颈，无裂果，畸形果少。果肉红色，质地密，硬度大，肉质细腻，纤维少，髓心中大、红色、外有白圈，空洞小或无，汁液中多、红色，香气浓，风味酸甜。可溶性固形物含量8.00%～8.83%；果实总阻力（测头圆锥形）为0.525kg/cm^2；果实弹力（测头半圆形）为0.906kg/cm^2；果实耐贮运性好。果实既适宜鲜食，又适宜加工。

3.生长结果特性 露地栽培，447–3植株生长势强，株高比对照品种丰香、全明星、达赛莱克特高，为27.7cm；冠幅58.2cm×60.4cm。每株抽生匍匐茎为10～17条，且能二次抽生，每株可繁育标准秧苗40株左右，定植苗易成活。植株容易形成侧分枝，形成花芽容易，每株形成花序数为5～8个；每个花序着生果实数为7～13个。保护地栽培连续形成花芽能力强，丰产稳产。

4.物候期 在河北石家庄，露地（地膜覆盖）栽培，447–3新品系3月上旬萌芽，3月下旬现蕾，4月上旬开花，5月初成熟，成熟期在5月中旬，果实发育期28天左右，匍匐茎4月上中旬发生。

5.适应性及抗性 经多点试栽，草莓新品系447–3适宜于我国华北、东北及长江中下游平原草莓适生区栽培。经连续多年观察及调查，447-3很少发生草莓叶斑病、草莓灰霉病及草莓白粉病。但若肥水过大，一级序果畸形果较多。

【奉冠1号】（见彩版20图10-5）

选育单位：浙江省奉化市草莓研究所　宁波市农业技术服务总站

1.选育经过　1998年用丰香作母本、枥木少女作父本进行杂交，获得F_1代材料。1999～2000年，按照早熟、优质、高产、抗逆目标选择，从杂交苗中选出性状表现较好的优良单株F1-18。2001年再用F1-18作母本、以从日本新引进的草莓品种红颊作父本进行杂交，2002年从杂交苗中选育出优良单株F1-36。2003～2004年F1-36以18-36作为代号，在浙江省宁波市草莓繁育良种中心基地进行对比试验，采用大棚促成栽培，对照品种为当地栽培的丰香、章姬、红颊。2年品种比较试验结果表明，18-36综合性状优良、遗传性状稳定，选为草莓新品系并命名为奉冠1号。

2.果实经济性状　果实圆锥形，果个大，一级序果平均单果重17.2g，鲜红色，果面平整，种子小，果肉淡红色，较软，香气较浓，风味酸甜适口，适宜鲜食，也适宜加工。可溶性固形物含量11.3%。果表面不易破损。

3.生长结果特性　奉冠1号属浅休眠略偏深品种，5℃以下打破休眠需80～100小时。植株生长旺盛，匍匐茎发生量多，中苗时开始植株转入旺盛生长，根系发达。单株着生花序2～3个，每个花序有花蕾10～12个。丰产性好，每667m^2一级序果平均产量1 241kg，平均总产量为2 345kg。

4.抗病性　2004年调查奉冠1号抗病性，奉冠1号抗草莓灰霉病，较抗草莓白粉病和草莓炭疽病，对红茎根腐病抗性比对照品种章姬、红颊强，比丰香弱。

十一、石榴

【孟里矮红】（见彩版20图11-1）

选育单位：山东省邹城市林业局

1.选育经过　1999年，在调查山东省邹城市果树品种资源时，发现1株石榴树树体矮化，树冠紧凑，于2000年进行了高接和扦插繁殖。通过观察，高接树和繁殖的苗木性状稳定，被选为优良单株，并建立复选圃，对照品种为当地主栽品种蒙阳红。经过连续6年的观察与鉴定，认为其短枝型优良性状稳定。2004年12月通过山东省济宁市科技局组织的新品种鉴定。

2.果实经济性状　果实扁圆形，纵径8.03cm，横径9.37cm，果形指数0.86。果个较大，平均单果重341.8g，最大单果重750.0g。果皮鲜红色，富有光泽，有棱，果皮厚0.66cm，花萼开启，多数为6裂，萼筒长2.68cm，不裂果。籽粒淡红色，棱形，百粒重45.8g，种子半软。果肉淡红色，汁液特多，风味甜，品质上等，可溶性固形物含量15.8%。

3.生长结果特性　生长势中庸，树冠矮化紧凑，萌芽率高，成枝力弱。新梢停止生长早，1年生枝平均长44.03cm、粗0.69cm，节间较短，平均节间长2.27cm。2～3年生枝极易形成短果枝，结果母枝连续结果能力强。完全花比例高，盛果期树完全花率在60%以上，自花结实率达58.5%。结果早，丰产性好，但结果初期由于枝叶量少，果个偏小，3年后果个逐渐增大。孟里矮红1年生壮苗栽后第2年开花结果株率达76.8%，最多单株结果26个，株产12.9kg。在山坡地密植条件下（行株距2m×2m），苗木栽后第2年结果，第3年丰产，第5年即可进入盛果期。据测定，6年生树平均株产12.9kg，每667m^{2}产量2 141.4kg。

4.物候期 在山东省邹城市，孟里矮红4月上旬萌芽，4月中旬展叶，5月下旬至6月上旬盛花，花期长达2个月左右，果实7月上旬开始着色，果实开始着色比蒙阳红早15天左右，果实9月上旬成熟，果实发育期100天左右，11月上旬落叶。

5.抗逆性与适应性 在山东省邹城市东部山区丘陵、西部平原以及河滩沙地栽培，孟里矮红树体生长发育良好，结果正常，早实丰产，品质优良。在邹城市栽培近10年来，未发现明显冻害。经在山东各地试栽均表现出较强的适应性，抗旱，耐瘠薄，可在石榴适栽地区推广试栽。

【枣选-018和枣选-027】（见彩版20图11-2）

选育单位：山东省枣庄市薛城区林业局

1.选育经过 1998年2月，通过实地调查、鉴定，从山东省枣庄市栽培的石榴品种中选出优良单株48个。1999年对初选的48个优良单株继续进行更细致深入的观察、调查、对比评价，从中复选出6个优良单株。2000年扦插繁育这6个优良单株的苗木，并进行多头高接，进一步鉴定果实经济性状、丰产能力、抗性等，最终从大红袍甜中决选出石榴新品种枣选-018，从大青皮甜中决选出石榴新品种枣选-027。2001年建立面积6.7hm^2（每667m^{2}栽植111株）的试验示范园，同时在山东省部分地区进行品种适应性试栽。试栽结果表明，2个石榴新品种优良性状稳定，深受栽培者和消费者的欢迎，2005年7月通过山东省枣庄市科学技术局组织的成果鉴定。

2.果实经济性状

(1)枣选-018　果实扁圆形，单果重520.0～680.0g，最大单果重

1 360.0g，果皮鲜红色，光滑，果面有明显的五棱，外观极好，梗洼稍突，萼洼较平，萼筒处颜色较深。心室8～10个，每个果实有籽粒500～900粒，百粒重80.7g，籽粒呈透明状、粉红色，汁液多，风味浓甜，品质极上等。可溶性固形物含量20.1%，可食率56.4%。

(2) 枣选-027　果实圆球形，单果重600.0～740.0g，最大单果重1 580.0g，果实向阳面红褐色，果肩较平，梗洼平或突起，萼洼稍凸。心室8～12个，百粒重78.8g，籽粒鲜红色，似玛瑙晶莹剔透，汁液多，风味浓甜，品质极上等。可溶性固形物含量21.5%，可食率66.8%。

3.生长结果特性　枣选-018树冠中等大小，生长势较强，干性强，萌芽率高，成枝力强。枣选-027树冠较大，萌芽率中等，成枝力强，生长健壮。枣选-018和枣选-027初结果树的中、短枝极易成花，结果母枝连续结果能力强，完全花率分别达28.9%、36.2%，经拉枝处理后完全花率可分别提高到52.3%、60.7%，自花结实能力极强，无授粉树亦可丰产，完全花坐果率在68.0%以上，栽植第2年开花株率90%以上，平均株产分别为1.2、1.8kg，但初结果树所结的果实偏小，密植园第3年即可进入丰产期，枣选-018和枣选-027第4年折合每667m^{2}产量枣选-018为1 454kg，枣选-027为2 086kg。

4.物候期

(1) 枣选-018　在山东省枣庄市，3月21日萌芽，4月初展叶，5月12日左右始花，5月底至6月初盛花，6月24日末花，8月底果实进入成熟期，10月底开始落叶。

(2) 枣选-027　在山东省枣庄市，3月25日左右萌芽，4月6日展叶，5月9～14日始花，5月25日～6月19日盛花，6月20～26日末花，9月中旬前后进入成熟期，果实生长发育期约113天，10月下旬开始落叶。

5.适应性及抗性　在山东省枣庄、淄博、济宁等地试栽表明，枣选-018和枣选-027早期落叶病病情较（原）品种大红袍甜和大青皮甜轻；枣选-018和枣选-027裂果率也较（原）品种大红袍甜和大青皮甜低。

【短枝红】（见彩版20图11-3）

选育单位：山东省枣庄市林业局

1.选育经过 1996年，在石榴短枝型种质资源调查中选出5个具有短枝性状的优良单株。第2年春天在同一单株石榴树上同时多头高接这5个优良单株。通过观察鉴定，从中选出1个优系。1998年扦插该优系母树接穗，1999年又从高接树上采集接穗扦插，对照品种为当地主栽品种大青皮、大红袍。经连续5年对高接树、连续4年对扦插树进行鉴定，该优系具有结果早、品质优、丰产、早熟特性，树姿开张，枝条自然下垂，节间短，短枝性状突出且稳定。2002年8月通过山东省林业局组织的技术鉴定，并命名为短枝红。

2.果实经济性状 果实扁圆形，果形指数0.95，平均单果重340g，最大单果重760g。果皮鲜红色，向阳面浓红色，果肩齐，表面光亮，梗洼稍凸，萼筒直立，萼片6枚。每个果实有8～9个心室，籽粒800～960粒，百粒重51g，果粒粉红色、透明，汁多味甜，核半软，口感好。可溶性固形物含量16.0%。

3.生长结果习性 树势健壮，干性弱，萌芽率高，成枝力低，枝条角度开张，新梢停长早，节间短。初结果树以中、长果枝结果为主，随树龄增大，转为以短果枝结果为主，果个也逐渐增大。在正常管理条件下，易形成花芽，苗木栽植当年就可见果，结果株率76%，第2年结果株率100%，坐果率高，平均每株结果16.2个。能连年丰产，没有大小年结果现象。

4.物候期 在山东省枣庄地区，3月25日前后萌芽，4月1日前后展叶，5月10日始花，5月底6月初进入盛花期，6月20日为末花期，8月26日果实进入成熟期，完全成熟期为9月5日前后，11月中下旬落叶。

5.适应性和抗逆性 该品种适应性强，经在安徽、江苏、河南及山东省试栽，在石榴适栽地均表现有较强的适应性，抗旱，耐瘠薄。该品种较其他品种抗冻，抗晚霜危害。2001年3月8日山东省枣庄市试验园气温下降到−4℃，大青皮、大红袍、岗榴、软仁石榴受冻株率均在26%以上，而该品种幼树受冻株率17%。

【太行红】（见彩版20图11-4）

选育单位：河北省元氏县林业局

1.选育经过 1996年，在河北省元氏县北正乡时家庄村一河滩地农家栽培的满天红石榴园中发现2个性状相同的优良单株，这2个优良单株叶片大、枝量少、开始结果早、果个大、石榴成熟早。连续观察3年，其性状稳定。因为母株石榴园所栽的石榴树由当地主栽石榴品种满天红插条，推断是主栽石榴品种满天红的大果型早熟枝变。2002年11月通过河北省果树专家鉴定，2004年11月通过河北省林木品种审定委员会审定，并命名为太行红。

2.果实经济性状 果实近圆球形，果个越大，果形越扁，平均单果重625.0g，最大单果重1 000.0g，平均单果重是原品种满天红（平均单果重为250.0g）的2.5倍，果皮底色乳黄色，着鲜红色，果面光洁，美观，萼片闭合，籽粒水红色，百籽重39.5g，风味甜，品质优，出汁率81.9%，可溶性固形物含量15.9%。适期采收，室温下可贮藏3个月，在地窖可贮藏5个月以上。

3.生长结果特性 幼树生长势强健，新梢生长量大，成形快，土肥条件好时4～5年生即可成形，枝条萌芽率低，成枝力强。扦插生根能力较弱，大田扦插的1年生苗木高为20～30cm，但第2年生长旺盛。坐果率极高（80.0%以上），自花授粉结果，不必配置授粉树。开始结果早，沙滩地大树高接太行红后（行株距3m×2m），第2、3、4年平均株产分别为3、5、15kg，每667m^{2}产量分别为330、550、1 665kg。栽植2年生苗木建园，第3年见果，第4年形成一定产量，第5年进入盛果期，每667m^{2}产量1 250～2 000kg。

4.物候期 在河北省石家庄地区，太行红4月5～10日萌芽，5月上旬始花，5月下旬至6月下旬盛花，果实9月中旬成熟，果实成熟期比原品种满天红（成熟期在9月下旬至10月上旬）早7～10天，属早熟品种，落叶期10月下旬至11月上旬。

【豫石榴4号】（见彩版20图11-5）

选育单位：河南省开封市农林科学研究所

1.选育经过　豫石榴4号（原编号9604）母本是豫石榴1号，父本是豫石榴3号，1986年5月杂交，1987年培育出杂交实生苗。1990～1995年连续6年对杂交单株进行鉴定，初选出22个优良单株。1996年从这22个优良单株上采集1年生萌条繁殖苗木，并为其重新编号。1997年在河南省的东部、西部、南部建立优良单株区域试验园，进行优良单株比较试验，编号为9604的优良单株果实外观性状好、品质优、树冠紧凑、结果早、丰产稳产性好、抗寒性强、遗传性状稳定，选为优良品系。2004年9月通过河南省林木品种审定委员会专家考察组的现场测定，并于2005年6月通过河南省林木品种审定委员会审定，命名为豫石榴4号。

2.果实经济性状　果实近圆形，果形指数0.92，平均单果重366.7g，最大单果重757.0g。果皮浓红色，果实着色早，光滑洁亮；萼片5～7片、闭合，子房9～12室；籽粒玛瑙色，籽核较硬，风味甜酸纯正，鲜食品质上等。出籽率56.4%，百粒重36.4g，出汁率91.6%，籽粒可溶性固形物含量15.3%，含糖量为12.12%，含酸量0.56%。

3.生长结果特性　豫石榴4号树体生长势较强，但树冠紧凑、较矮小，5年生树树高2.0m，冠幅3.5m×3.5m。枝条节间短，1年生枝（包括萌条）节间平均长4.1cm，多年生枝节间平均长3.2cm，枝条粗壮。易成花，易坐果，完全花率46.5%，完全花自然坐果率为66.5%。除当年生徒长枝外，其余枝上均可抽生结果枝，结果枝长1～20cm，着生叶片0～20片，顶端形成花蕾1～9个，多花簇生现象较多，也极易多果簇生。在河南省东部、西部、南部的区域试验中，豫石榴4号1年生扦插苗定植第2年全部开花，70%的植株结果，第3、4、5年平均株产分别为2.80、13.77、18.70kg。

4.物候期　在河南省，豫石榴4号生长起始气温11.4℃左右，自南向北芽萌动期为3月31日～4月5日，展叶期4月5日～4月15日，花蕾期4月20日～5月5日，始花期5月5日，盛花期出现在5月15日～6月15日，7月10日左右幼果开始着色，果实9月底成熟，10月15日叶片开始枯黄，落叶时间自北向南为10月30日～11月15日。

5.适应性和抗逆性 豫石榴4号对土壤要求不严，在河南省东部沙地、西部黄土丘陵地及南部低山丘陵地等土肥水条件较差的地方，其结果早、丰产稳产性和果实品质优良特性都能够充分表现，在肥水充足地区，表现更突出。豫石榴4号抗寒性较强，在河南省开封市试栽点2000年1月下旬旬平均气温-8.3℃，极端最低气温-11.2℃，虽然极端最低气温不低于石榴冻害临界温度，但由于低温持续时间较长，其他石榴品种遭受不同程度的冻害，豫石榴4号没有受冻，说明其在河南省各地正常年份都可以安全越冬，在河南省及其以南区域均可种植。

十二、核桃

【云新云林】（见彩版21图12-1）

选育单位：云南省林业科学院经济林研究所

1.选育经过 云新云林（原代号为：云新8034号）是云南省林业科学院经济林研究所选用我国南方核桃品种漾濞泡核桃（*Juglans sigillata*）作母本、新疆核桃（*Juglans regia*）优良单株云林A7作父本，1980年杂交。从杂交单株中选出优良单株云新8034号，结果早、核桃成熟早。优良单株经试栽和区域适应性试验，1996年选为新品系，2004年12月通过云南省林木良种审定委员会审定，并命名为云新云林。

2.坚果经济性状 云新云林果实扁圆球形，纵、横、侧径平均值3.18cm。坚果大小中等，平均单果重9.6g；果面光滑、平。种壳刻纹大、浅，种壳薄，厚度为0.85mm。单个果仁重5.32g。果仁浅黄色；容易取果仁，果仁饱满，风味香纯，品质优良。云新云林出仁率54.79%，蛋白质含量分别21.90%，脂肪含量为70.26%。

3.生长结果特性 生长势较旺，树冠紧凑。成枝力较强，且新梢生长量大，12年生树树高5.1m，干径13.81cm，冠幅面积8.69m^2，母枝平均长59.39cm、粗2.14cm，新梢平均长20.93cm、粗1.04cm。自花授粉坐果率高，不需要配置授粉树。1年生嫁接苗栽植后第1～2年开花结果，为中、短果枝类型，每个母枝平均抽梢3.55枝。雄先型，雌花多双生，少数单生或三生，花枝率占86.68%，顶花芽占总花芽数的45.2%，侧花芽占总花芽数的55.8%，平均每个结果枝着花2.18朵。果枝数占总枝数的58.22%，顶果枝占总果枝数的48.82%，侧果枝占总果枝数的51.18%，坐果率68.56%，平均每个果枝坐果1.95个，5年生树进入初盛果期，株产4.1kg，12年生树株产17.0kg。

4.物候期　在云南省昆明市，云新云林3月上旬雄花芽膨大，3月中旬展叶，3月下旬抽梢，雌花成熟后，雄花进入盛花期，4月上旬坐果，5～7月为新梢、叶片、果实速生期，果实8月10日开始成熟，12月初落叶。

5.适应性　云新云林在云南省昆明、红河、曲靖、临沧、思茅等地土层深厚、肥沃的地块栽培，生长发育良好，坚果大，核仁饱满，产量高。但在土、肥、水条件较差的地方栽培，生长缓慢，树体提前衰老，果实品质较差。

6.适宜发展环境条件　云新云林适宜栽培的环境条件是：年平均气温13～16℃、最低气温－15℃、≥10℃年有效积温4 500℃、年降水量900mm以上。在云南省，海拔1 500～2 400m的温凉地区，土壤微酸或微碱或中性均可栽培。依据其生态习性以及喜光的生物学特性，山坡地栽培最好选择栽植在阳坡或半阳坡，土层要深厚，土壤为壤土或沙壤土。云新云林对排水条件要求较高，但不宜栽植在干旱、瘠薄的地块上。

【云新高原】（见彩版21图12-2）

选育单位：云南省林业科学院经济林研究所

1.选育经过　1979年以铁核桃（*Juglans sigillata*）主栽优良品种漾濞大泡作母本、以新疆早实核桃（*Juglans regia*）优良单株云林A7作父本，进行种间杂交。1997年通过了云南省科技厅成果鉴定，命名为云新高原，2004年通过云南省林木品种审定委员会品种审定。

2.坚果经济性状　云新高原坚果呈扁椭圆形，单果重12.74g，果个比漾濞大泡和大姚三台大。果面较光滑，果壳刻纹大、浅。果壳比漾濞大泡和大姚三台薄。单仁重量比漾濞大泡和大姚三台重，易取整仁，出仁率比漾濞大泡和大姚三台高，果仁含油率与漾濞大泡和大姚三台相当，果仁色泽好，食味佳，总体风味品质与云南主栽晚实核桃良种漾濞大泡、大姚三台核桃相似。

3.生长结果特性　云新高原树体生长量比漾濞大泡和大姚三台小。5年生云新高原树体分枝力2.6，果枝长5～20cm，平均长12.8cm，果枝粗0.6～1.4cm，平均粗0.94cm，为中果枝类型，果枝率66.2%，侧果枝率49.3%。始果期比漾濞大泡和大姚三台早4～5年，嫁接苗定植后第2～3年开始结果，第5～6年进入盛果期。每果枝平均着果1.74个，着果率78.8%，每平方米冠影面积产果仁0.19kg。幼树期（3～8年生）所产坚果，有10%～18%会出现坚果种壳发育不完全或晒干后缩仁现象，随着树龄的增长，比率逐年减少，10年生树此类果实的比率不足8%。

4.物候期　在昆明地区，云新高原2月下旬萌芽，3月上旬展叶，3月下旬雄花盛开，4月上旬雌花盛开，4月下旬幼果形成，8月上中旬果实成熟，果实成熟期比漾濞大泡和大姚三台早20～35天，10月上中旬落叶。

5.适应性和抗性　1991～2003年，云新高原已在云南省的66个县（市、区）推广种植，证明可在云南省海拔1 500～2 100m、年平均气温13～16℃、年降水量900mm、年日照时数2 000小时以上、土壤湿润（厚度≥1m，pH值6.0～7.8）的地区栽培。云新高原还被引种到湖北、湖南、四川、贵州和重庆等省（直辖市），在海拔700～1 200m表现良好。

云新高原与在南方高感叶斑病、膏药病的新疆核桃混栽在一起，也不易感染发病，对炭疽病、叶斑病、白粉病和膏药病等有一定的抗性。在云南地区，4～5月严重干旱的年份，如不灌溉，云新高原的坚果会出现干果缩仁现象。

【陇南15号】（见彩版21图12-3）

选育单位：甘肃省成县农技中心　甘肃省成县林业局

1.选育经过　1987年对甘肃省成县核桃种质资源调查和选优，按照国家颁布的经济林优良母树选择技术标准进行综合评定，经过现场测试、室内考种，发现在康县长坝镇段家庄有1株50年生核桃树性状表现优良，选为优良单株，编号为陇南15号。从1988年开始，经过无性系繁殖、对比试验、区域试栽，证实该优良单株坚果个大美观、品质优、树势旺、丰产性强、抗寒、抗旱、耐瘠薄等优良性状稳定，2008年8月甘肃省陇南市科技局组织专家进行了田间测试，并通过鉴定。

2.坚果经济性状　青果圆形，果个较大，青果单重64.8g，果点大、稀，茸毛密；坚果圆形，纵径4.1cm，横径4.2cm，侧径4cm。坚果重为16.8g，果基圆平，果顶平，果肩略高，果壳光滑；缝合线平、紧密，中宽平滑；壳厚为1.3mm，内褶壁退化，横隔膜膜质，可取整仁或半仁，核仁浅黄色，种仁充实饱满，味香甜。出仁率为54.3%。

3.生长结果特性　生长势强壮，生长速度快，6年生树树高4.7m，冠幅3.1m×3.1m，干周长42cm。陇南15号新梢平均长42.1cm，节间长3.8cm，分枝力较强，平均分枝24.7个，枝条粗壮，节间长。顶花芽结果，混合芽抽生的结果枝着生3～7朵雌花，陇南15号嫁接苗定植后第3～4年结果，坐果率80%，坐3个果的比例高，多果特性明显。单株结果196个，株产3.29kg。

4.物候期　在甘肃省成县，陇南15号3月下旬萌芽，4月上旬雌花盛花期，4月中、下旬雄花盛花期，属雌先型品种，5月上旬抽生二次枝及开二次花，6月下旬至7月上旬种仁充实，果实8月下旬成熟，属早熟品种，10月下旬落叶。

5.抗逆性　陇南15号对土壤等立地条件要求不高，在肥水条件差的条件下生长势及丰产性比对照品种香玲、中林1号更为突出。但在土层深厚、土质肥沃的立地条件下栽培表现更好。在甘肃陇南、天水、兰州等地栽培均可安全越冬。

经鉴定，陇南15号果实及叶片对细菌性黑斑病和炭疽病的抗性比对照中林1号、香玲都强，但花序着生的多果紧密，果柄短，易被桃蛀螟为害。

【鲁果2号】（见彩版21图12-4）

选育单位：山东省果树研究所

1.选育经过 鲁果2号（原编号是实生46号）系山东省果树研究所从早实核桃品种实生后代中选出。1992年播种香玲、丰辉、上宋6号、阿克苏9号等早实核桃品种的种核，1994年有60%实生苗结果，其中有1株实生苗所结的果实，果个大、壳薄、颜色浅、核仁饱满、色浅味香、出仁率高、双果和三果多，且抗炭疽病和细菌性黑斑病（连续3年炭疽病和细菌性黑斑病病果率低于5%），1996年将其选为优良单株，此后选为优系。2007年12月通过山东省林木良种审定委员会审定，并命名。

2.坚果经济性状 青果果实长圆形，皮厚0.38cm，纵径5.38cm，横径4.64cm，侧径4.58cm，浅绿色，果基圆，果顶平，茸毛密而短，皮孔小而密，果柄短，约2.5cm。坚果柱形，纵径4.62cm，横径3.88cm，侧径3.82cm。单果重14.5g。果皮淡黄色，顶部圆形，果基微隆，壳面较光滑，有浅纵向纹，缝合线紧、平。壳厚1.0mm，易取整仁。单仁重7.96g；核仁饱满，浅黄色，味香。出仁率59.6%，高于对照品种辽核2号、香玲；脂肪含量71.36%；蛋白质含量22.3%。鲁果2号核桃仁磷、钾、钙、镁、锰、锌含量分别为4.87、2.72、2.93、1.63、0.05、0.03mg/g。

3.生长结果特性 生长势强，树冠形成快，5年生树树高4.5m，主干直径1.1cm。结果枝平均长13.8cm，果枝率66.7%，母枝分枝力强。坐果率68.7%，侧花芽占花芽的73.6%；多坐双果和三果，以中、长果枝结果为主，丰产潜力大，稳产。嫁接苗定植后第2年开花，第3年结果，高接树第2年结果。5年高接树结果348个，平均每平方米树冠投影面积结果53.5个，平均每平方米树冠投影面积产果仁462.3g。

4.物候期 在山东省泰安地区，鲁果2号3月下旬发芽，4月初展叶，

4月上旬雄花开放，4月10日为雄花盛花期，4月16日雌花开放，属于雄先型品种。果实8月下旬成熟，果实发育期125天左右。11月上旬落叶，年营养生长期210天。

5.适应性 鲁果2号适应性广，在山东省的泰安、临沂、烟台及北京栽培，品质优、结果早、丰产，在山东省的费县、临朐及河北省的邢台等青石山区微碱性土壤，生长旺盛，果个比鲁光大，外观优于中林3号、中林6号等品种，核仁含脂肪更高，风味浓香而不涩，产量比鲁核1号、香玲稳定，比辽核2号、丰辉、西林2号等抗病性更强。

但在土、肥、水条件较差的地块栽培，生长缓慢，雄花较多，大小年结果明显，坚果品质较差。

【云新90306】（见彩版21图12-5）

选育单位：云南省林业科学院经济林研究所

1.选育经过 1989～1990年选用我国南方栽培的铁核桃晚实主栽品种三台核桃作母本、以北方栽培的新疆早实核桃优株新早13号作父本进行杂交，1991～1996年完成了杂交种子播种、培育杂种苗、筛选早实杂种优良单株等工作。1997～2002年进行优良单株无性系区域性栽培试验（复选）。1999～2002年进行决选，选育出优良早实核桃新品种云新90306，该品种于2004年10月通过云南省科技厅鉴定。

2.坚果品质 云新90306果实扁圆形，缝合线稍突出，种壳光滑，容易取仁。果实种壳光滑、薄，种壳厚度0.84mm，坚果重10.6g。果仁白色、饱满，食味好，核仁重6.3g，出仁率59.69%，含油率68.4%。

3.生长结果特性 云新90306生长势中等，其5～6年生树树高、干径、冠幅与同龄父本新早13号相差不大，明显小于同龄母本三台核桃。5～6年生云新90306，分枝在4个以上，花枝率90%以上，果枝率70%以上。以侧枝结果为主，每果枝坐果在2个以上，坐果率70%以上；5、6年生树平均株产3.5、4.7kg，分别是早实类型核桃国家标准（GB7907−87：5年生1.5kg，6年生2.0kg）的2.33、2.35倍，表明其丰产性较好。

云新90306继承了母本三台核桃果枝平均坐果多（2.31个）的优良性状，同时继承了父本新早13号分枝力强、侧枝结果率高，且以短果枝结果为主的丰产性状，故每平方米树冠投影核桃仁产量明显高于双亲，在丰产性上呈现出明显的杂种优势。

4.物候期　在云南省昆明地区，云新90306 2月下旬萌芽，3月上旬展叶，3月下旬雄花盛开，4月上旬雌花盛开，4月下旬幼果形成，8月下旬果实成熟，果实成熟期比母本三台核桃早20天，11月中旬落叶。云新90306雌花盛花期与母本三台核桃雄花盛长期基本相遇，可选用三台核桃作为云新90306的授粉品种。

5.适应性　多点栽培试验表明，云新90306在年平均气温12.6~16.5℃的区域均能正常生长结果，在年平均气温12.6℃的丽江市，因积温偏低存在少量果实种壳发育不全，产生少量露仁；在年平均气温16.5℃的云县，虫害较多一点，但树体未出现类似亲本新早13号因高温多湿而早衰的问题；在年平均气温12.6、14.0℃的丽江市和昆明市，霜冻天气较多，但新品种云新90306未出现亲本三台核桃部分年份遭霜冻危害情况。综合各区试点表现，提出新品种适栽环境选择条件是：年平均气温13~16℃，年降水量900mm以上，年日照时数1 900小时以上，酸性土壤，土层厚度1m以上。

云新90306早实、早熟、丰产、优质，树体矮化，适应性广。

【硕丰】（见彩版21图12-6）

选育单位：山东省林业局

1.选育经过　硕丰（原名硕核1号）是从山东省泰安市北王庄村1993年播种的早实核桃品种香玲实生苗中选出，父本不详。1996年定为优系，该优良品系生长势强健，枝条粗壮，早实、丰产、优质，适应性广。2001年硕丰纳入山东省农业良种产业化开发项目“板栗、核桃优良品种选育”课题，2004年该课题通过山东省科技厅组织的成果鉴定，2005年获得山东省科技进步三等奖。

2.坚果经济性状　硕丰坚果圆形，单果重比对照品种香玲大，为

12.6g，绿色，茸毛短而密，皮孔小而密，果柄中长，青果皮厚0.87cm。三径平均4.8cm，壳面光滑，缝合线紧而平，壳厚与香玲相同。可取整仁，果仁比香玲重，内种皮淡黄色，核仁饱满，无涩味，有香味，品质优良。出仁率、脂肪含量、蛋白质含量均高于香玲，坚果综合品质超过香玲。

3.生长结果特性　硕丰生长势强健，树冠较密集。幼树期生长旺盛，新梢粗壮。随着树龄增加生长势逐渐趋于缓和，枝条粗壮，萌芽率高，成枝力强，抽生成枝能力超过香玲，且多抽生强壮枝；新梢长度和粗度都超过香玲。混合芽大而多，侧花芽所占的比例高于香玲，连续结果能力强，稳产性状突出。

硕丰嫁接苗定植后，第1年开花，第2年开始结果，每个果枝的坐果数和坐果率高于香玲，多坐双果和三果，每平方米冠幅投影面积结果39.9个，折合投影面积核桃仁产量高于香玲，丰产性比香玲强。雌花花期与鲁丰等雌先型品种的雄花花期基本一致，可互为授粉品种。

4.物候期　在山东省中部地区，硕丰3月下旬发芽，4月初枝条开始生长，4月中旬雄花开放，4月下旬雌花开放，9月上旬果实成熟，与香玲同期成熟，果实发育期123天左右，11月上旬落叶，年营养生长期210天。

5.适应性与抗逆性　硕丰适应性广，在山东省费县青石山区、肥城砂石山区栽培，病果率分别为3.0%、2.0%,香玲病果率分别为5.0%、3.0%；小叶展开时，如遇到−4～−2℃低温，新梢有受冻现象；硕丰生长发育良好，结果早，品质优，丰产。在泰安土层深厚的平原地栽培，树体生长快，产量高，坚果大，核仁饱满，香味浓。

【岱辉】（见彩版21图12-7）

选育单位：山东省果树研究所

1.选育经过　1993年山东省果树研究所从早实核桃品种香玲实生后代中选出优株（原编号为SL93−1），此后确定为优系。1998～2002年进行复选、决选，并在肥城、泰安、费县等地进行区域适应性试验和品种对比试验，确认优系SL93-1树冠矮化紧凑，枝条粗壮，节间短；坚果光滑，核仁饱满、色浅，味香不涩，品质优良；雄花少，结果早，丰产；适宜土层肥沃地区密植栽培，是一个优良的矮化紧凑型核桃新品种。2003年11月通过山东省科技厅组织的专家验收、鉴定，2003年12月通过山东省林木品种审定委员会审定，并命名为岱辉。

2.坚果经济性状 坚果圆形，纵径4.1cm，横径3.5cm，侧径3.8cm，壳厚0.9mm。单果重13.5g，略大于香玲。仁重8.0g，浅黄色，果基圆，果顶微尖；壳面光滑，缝合线紧，稍凸，不易开裂；内褶壁膜质，纵隔不发达。易取整仁，内种皮浅黄色，无涩味；核仁饱满，香味浓，不涩。出仁率59.3%，略低于香玲。脂肪含量和蛋白质含量接近于香玲。坚果综合品质优良。

3.生长结果特性 岱辉树势中庸，树冠紧凑，枝条粗壮，新梢长和新梢节间长明显短于香玲，新梢上部比香玲粗。萌芽率高，分枝力为1：3，抽生的新梢中大多为强壮枝，多年生枝不光秃；结果枝组紧凑，分布均匀。混合芽大而多，连续结果能力强，雄花芽少，是保证该品种丰产、稳产的突出优良性状。

嫁接苗定植后，第1年开花，第2年开始结果，腋花芽约占95%以上，坐果率85%，多坐双果和三果。结果母枝抽生的果枝短且多，果枝率高达92.8%，雄先型。

4.物候期 在山东省泰安地区，岱辉3月下旬萌芽，4月中旬雄花开放，4月下旬为雌花期，雄先型。9月上旬果实成熟，果实发育期120天左右。11月上旬落叶，树体营养生长期210天。雌花期与鲁丰等雌先型品种的雄花期基本一致，可互为授粉品种。

5.适应性 岱辉适应性广。在山东省泰安、临沂、济南、烟台等地土层深厚的砂石山区、青石山区栽培，树体生长发育良好，结果早、丰产、优质。但在东平的丘陵山区，土、肥、水条件较差，生长过于缓慢，影响早期单位面积产量。在土层深厚的平原地，树体生长快，盛果期早而产量高，坚果大，核仁饱满，香味浓，好果率95%以上。

【金薄香2号】（见彩版21图12-8）

选育单位：山西省农业科学院果树研究所

1.选育经过　1985年，山西省农业科学院果树研究所从新疆引入核桃优良品种的种子500粒（品种不详），当年冬季进行层积处理，第2年春天在温室培育实生苗，1987年实生苗移栽到大田。同时，剪取实生苗顶端饱满芽，嫁接在山核桃树上，成苗后再定植。1991年首批嫁接苗进入结果期，初选出早实、薄壳型核桃新品系，金薄香2号是其中之一。经过近20年的栽培观察和区域试验证明，金薄香2号具有结果早、丰产、出仁率高、品质优、抗逆性强等优良特性。2004年9月通过山西省林木品种审定委员会组织的专家鉴评。

2.果实经济性状　金薄香2号核桃果实圆形，纵径3.78cm，横径3.95cm，侧径3.61cm，果形指数1.09，平均单果重12.3g，缝合线浅平，壳厚1.0mm，仁重7.6g，出仁率61.7%，易取出整仁及半仁，果仁颜色较深，果肉乳白色，肉质酥脆，余味香，品质上等。经山西省农业科学院中心化验室分析，金薄香2号核桃中蛋白质、磷的含量明显高于普通核桃。

3.生长结果特性　金薄香2号核桃母树生长势较强，中央领导干干性强，骨干枝分枝角度80°，6年生侧枝长2.4m；下垂枝长势较弱，萌芽率高，成枝力弱，1年生枝平均长19.4cm，副梢长20cm，枝条长势中等，根蘖发生较多。

幼树生长较旺，芽具早熟性，中、下部强旺枝条能抽生二次枝及少量徒长枝。该品种嫁接在山核桃上，嫁接苗在苗圃就能开花结果，第2年部分植株可结果，第4年进入初盛果期，盛果期树平均每667m^{2}产量200kg，丰产，连续结果能力强。

4.物候期　在山西省晋中地区，金薄香2号在3月下旬开始萌芽，4月上旬雄花开花、展叶，4月中旬新梢开始生长，6月中下旬为果实硬核期，9月上旬果实成熟，10月下旬开始落叶，11月上中旬叶片全部脱落。

5.抗逆性　经过区试，该品种在平地、丘陵、山区均能种植，在核桃产区都可以发展，已在山西省的忻州、晋城、晋中、汾阳、临汾、运城等市推广。金薄香2号抗寒性较强，冬季地面最低气温−25℃时仍能安全越冬，耐旱，抗病虫。

金薄香2号对肥水要求较高，肥水不足时，容易出现大小年结果现象。

【鲁果4号】（见彩版22图12-9）

选育单位：山东省果树研究所

1.选育经过　1992年山东省泰安市肥城潮泉镇孙楼播种新疆早实核桃品种种子2kg，获得实生苗木153株，1993年有94株实生苗结果，经过调查发现其中1株实生苗所结的果实个大、叶片肥厚、生长旺盛，选为优良单株，1996年选定为优良品系。1997年开始在山东省肥城、泰安、费县等地进行区域试验，同时进行高接试验，2000年区域试验扩至山东省烟台、济南、菏泽及北京、四川、陕西等省市。结果表明，该优良品系在各地试栽均表现为枝条粗壮、树体生长旺盛、雄花较少、早实、果实硕大、丰产、优质，适宜土壤肥沃地区栽培。2007年12月通过山东省林木良种审定委员会审定并命名。

2.坚果经济性状　果实长圆形，纵径6.50cm，横径5.08cm，侧径4.67cm；绿色，果顶圆，果基平圆，茸毛短而细，皮孔小而密，果柄长1.6cm，青皮厚0.45cm。坚果柱形，纵径4.8cm，横径4.0cm，侧径3.8cm。坚果平均单果重为17.5g ，最大单果重为26.2g；果顶圆，果基平，果肩凸起明显，壳面较光滑，缝合线紧，平，不易开裂。壳厚1.1mm。内褶壁膜质，纵隔不发达，内种皮颜色浅，仁重9.65g；核仁饱满，黄色，香味浓。可取整仁，出仁率55.21%。脂肪和蛋白质含量分别为63.91%、22.00%；其矿质营养含量分别为磷5 435.0mg/kg，钾2 680.0mg/kg，钙2 542.8mg/kg，镁755.8mg/kg，锰45.0mg/kg，锌23.0mg/kg。坚果综合品质上等。

3.生长结果特性　鲁果4号树势强健，幼树生长旺盛，随着树龄增加，生长势缓和，枝条粗壮，新梢粗壮。4年生树新梢长63cm，节间长2.52cm，新梢基部粗度1.77cm，先端粗度1.00cm，尖削度0.56，髓心直径0.5cm，髓心占木质部的41.9%，枝皮率87.3%。

鲁果4号嫁接苗定植后，第1年开花，第2年开始结果，结果母枝抽生的果枝多为中、长果枝，果枝率高达81.2%。侧花芽占花芽的85.0%，多坐双果和三果，正常管理条件下坐果率为70.0%。高接试验园堰边栽植，5年生高接树结果287个，平均每平方米冠幅投影面积结果33.2个，冠幅投影面积产仁量320.8g/cm^2。高接于平原核桃树上，其核仁更加饱满。丘陵山地栽培好果率95.0%以上，表现抗逆性强。

4.物候期 在山东省泰安，鲁果4号3月上中旬萌芽，3月下旬日平均气温9℃左右时开始发芽，4月初日平均气温13～15℃枝条开始生长，小叶自下而上逐渐展开。4月中旬雄花开放，4月中旬为雌花期，雌雄花期相近，为雄先型品种。9月上旬果实成熟，果实发育期123天左右，11月上旬落叶，年营养生长期210天。

5.抗逆性和适应性 鲁果4号病害轻，相同栽培条件下，果实细菌性黑斑病和炭疽病烂果率3%左右。抗逆性强，适应性广，在山东省泰安、临沂、济南、烟台等地砂石山区和青石山区栽培，树体生长发育良好，早实、丰产、优质。在土层深厚的平原地，树体生长快，产量高，坚果大，核仁饱满，香味浓，好果率在95.0%以上。

【云新90301】（见彩版22图12-10）

选育单位：云南省林业科学院

1.选育经过 云新90301是云南省林业科学院于1990年以三台核桃（*Juglans sigillata*）作母本、以新早13号（*Juglans regia*）作父本进行杂交，1991年1月育苗，1992年2月杂交苗木定植于云南省林业科学院昆明选择圃内，1993年3月代号为90301杂交单株开始结果，1996年选为优良单株，定名为云新90301，1997～2003年进行区域适应性试验。经过6年试验，证明该优良单株结果早、丰产、种壳光滑、品质优、抗寒、树体矮化，性状稳定，于2004年12月通过云南省林木良种审定委员会认定。

2.坚果经济性状 云新90301果实扁圆球形，三径均值3.30cm。果个大，单果重为10.0g。种壳光滑，壳厚0.80mm。单仁重5.9g，可取出整仁，果仁色白，种仁饱满，有纯香味。出仁率为58.8%，含油率为70.1%。

3.生长结果特性 生长势中等，5年生树树高2.9m，干径5.9cm，冠幅面积9.01m^2，与父本新早13号相差不大。开始结果早，嫁接苗定植后第1～2年开花结果，果枝率89.3%，其中顶果枝率35.7%，侧果枝率64.3%，以侧枝结果，坐果率80%以上，每个果枝坐果2个以上。丰产性较好，5年生树平均株产3.8kg。自花授粉能力强，不需配置授粉树。

4.物候期 在云南省昆明地区，云新90301于2月20～25日萌芽，3月24～29日展叶抽捎，4月3～6日雄花盛花期，4月8～12日雌花盛花期，5月10～15日幼果形成，9月6～10日果实成熟，11月20～25日落叶。

5.适应性 云新90301在云南省昆明、丽江、云县、漾濞县、鲁甸县等地土层深厚肥沃潮湿的地区栽培，植株表现生长健壮，结果正常，产量高，坚果大，核仁饱满。经历了1999年和2000年冬季的2次低温（最低气温-15℃），试验树均未受冻害，而鲁甸县引种的1～2年生漾濞泡核桃冻死植株占定植植株的80%以上，云新90301抗寒性很强。

【寒丰】（见彩版22图12-11）

选育单位：辽宁省经济林研究所

1.选育经过 寒丰（代号50606）母本为新疆纸皮核桃品种新纸皮（原为11005，*Juglans regia*）、父本为心形核桃（*Juglans cordiformis*），1971年杂交，1972年培育杂种苗，1973年入选为优良单株。经过多年对坚果品质、物候期、丰产性状等特性综合观察分析，以及区域栽培适应性试验，证明该优良单株具有结实早、品质优良、丰产性状稳定，花期晚、孤雌生殖能力强等特性。1982年定名为寒丰，2006年7月辽宁省林业厅组织专家对该品种进行了田间产量验收，2006年11月通过了辽宁省林木品种审定委员会品种审定。

2.坚果性状与品质 坚果长阔圆形，纵径4.0cm，横径3.6cm，侧径3.7cm，坚果重13.4g，属中大果型。果基圆，顶部略尖；壳面光滑，色浅；缝合线窄而平或微隆起，内褶壁膜质或退化，横隔窄。壳厚1.2mm左右，可取整仁或半仁，核仁重7.3g，出仁率54.5%。核仁较充实饱满，黄白色，味略涩。

3.生长结果特性 树姿直立或半开张；生长势强，本砧4年生树高1.6m，平均母枝15.1个，平均分枝24.1个，平均干径4.91cm，冠幅面积1.44m^2。分枝力强，母枝平均发枝数3.6个。1年生枝条绿褐色，枝条较密集，节间较短，属于中短枝类型。嫁接苗定植后第2～3年开花结果，以中、短果枝为多，每雌花序着生2～3朵雌花，侧花芽占花芽总数的92.5%。在人工授粉的条件下自然坐果率61.8%，多坐双果。丰产性较强，6年生树株产2.11kg，每平方米树冠投影产核仁348.0g。

4.物候期 在辽宁省大连地区，寒丰4月中下旬发芽，5月中旬雄花散粉，5月下旬雌花盛花期，属于雄先型。雌花盛花期最晚可延迟到5月末，雌花比一般雌先型品种晚20～25天；9月中旬坚果成熟，10月下旬或11月上旬落叶。

5.抗逆性 该品种抗寒性强，在辽宁省南部和辽宁省西部的绥中、建昌等地栽培均可以安全越冬。因花期晚而可以避开春季晚霜危害。经过鉴定，寒丰对核桃黑斑病和核桃炭疽病的抗性比辽宁7号强；对土壤等立地条件要求不高，但在土层深厚、土质肥沃的立地条件下栽培表现会更好。

6.主要缺点和适宜发展地区 核桃新品种寒丰的主要缺点是坚果的出仁率略低，坚果的外形美观度稍差。可在我国的华北地区、华中地区、西北地区东南部、东北地区南部栽培。

【辽宁10号】（见彩版22图12-12）

选育单位：辽宁省经济林研究所　建昌县雷家店乡林业站　绥中县水口林场

1.选育经过 辽宁10号（代号10414）母本为核桃品种优系60502[薄壳5号×10506（新疆核桃实生后代优良单株）]为母本、父本为11004（纸皮核桃实生后代优良单株），1978年杂交。1984年将编号为10414

的杂交单株入选为优良单株。经过多年对该优良单株的坚果品质、物候期、丰产性状等进行综合评价分析及区域试栽，证实该优良单株具有结实早、坚果个大、品质优良、丰产性状稳定等特性，复选为新品系，2006年7月辽宁省林业厅组织专家对该新品系进行了田间产量验收，同年11月通过辽宁省林木品种审定委员会审定。

2.坚果性状　坚果长圆形，纵径4.6cm，横径4.0cm，侧径4.0cm。坚果重16.5g，属大果型。壳面光滑，色浅，果基微凹，顶部微尖，缝合线窄而平或微隆起。壳厚1.0mm左右，内褶壁膜质或退化，横隔窄，可取整仁或半仁。单仁重10.3g，核仁较充实饱满，黄白色，味香，出仁率62.4%。

3.生长结果特性　生长势强，辽宁10号本砧4年生树高1.7m，平均干径5.3cm，冠幅面积1.5m^2，平均母枝数12.0个，新梢平均长25.6cm，节间长2.6cm，平均分枝数29.3个，分枝力强，母枝平均发枝数3.8个。成枝力强，枝条较密集，节间较短，属于中短枝类型。嫁接苗定植后第2～3年开花结果，以中、短果枝结果为主，每雌花序着生2～3朵雌花，侧花芽占92.5%。在自然授粉条件下，坐果率为62.4%，多坐双果。丰产性较强，6年生树株产2.27kg，每平方米树冠投影核仁产量为376.0g。

4.物候期　在辽宁大连，辽宁10号4月中旬发芽，5月上旬雌花盛期，5月中旬雄花盛期，属于雌先型，6月上旬抽生二次枝，9月中旬坚果成熟，10月下旬或11月上旬落叶。对照品种辽宁7号5月上中旬雄花散粉，5月中旬雌花盛期。

5.抗逆性　该品种抗寒性强，在辽宁南部和辽西葫芦岛的绥中、建昌等地栽培均可以安全越冬。经过鉴定，辽宁10号果实对细菌性黑斑病和炭疽病的抗性比对照品种辽宁7号强，但叶片对这2种病害的抗性不及对照品种辽宁7号。辽宁10号对土壤等立地条件要求不高，但在土层深厚、土质肥沃的立地条件下栽培表现会更好。

6.主要缺点和适宜发展地区　核桃新品种辽宁10号品和的主要缺点是坚果在土壤肥力不足时表现核仁充实度稍差。可在我国的华北地区、华中地区、西北地区东南部、东北地区南部栽培。

十三、板栗

【节节红】（见彩版22图13-1）

选育单位：安徽省东至县林业局　安徽省林业科学研究所

1.选育经过　1993年，在安徽省东至县官港镇发现1株百年生实生栗树所结的板栗刺苞大，坚果大，丰产性好，抗逆性强。经多年系统观察，其高接树早实性、丰产性稳定，并具有单粒大、抗逆性强等优良性状。2002年7月通过安徽省林木品种审定委员会审定并命名为节节红。

2.果实经济性状　总苞椭圆形至尖顶椭圆形，苞顶明显凸起。总苞特大，长11.2cm，宽9.6cm，高8.1cm，平均单苞重162.3g，最大苞重182.8g。苞壳厚0.41cm，苞刺长1.67cm，排列紧密，坚硬直立。平均每苞含3个坚果，出实率43.5%。坚果椭圆形，硕大，长4.44cm，宽2.74cm，高3.19cm。平均单粒重25.0g，最大粒重32.9g。果面具油脂光泽。果肉淡黄色，质地粳性，味香甜，品质中上。

3.生长结果习性　节节红板栗树势强，树冠紧凑，生长旺盛，1年生枝萌芽率高，成枝力强，早期丰产性强。幼树花期具明显时段性，成花力强。以中、长果枝结果为主。耐修剪，重截后枝条下部隐芽能多次抽枝结果，且能正常成熟，未发现空蓬，无生理落果现象。春季实生砧室内嫁接后（芽片苗）定植，当年即能开花结果，2年生树结果株率100%，平均株产0.2kg，3年生株产1.7kg，平均每667m²产量95.2kg。大砧（4年生）嫁接节节红板栗，当年结果株率90%以上，第2年株产1.5kg，第3年株产3.5kg，平均每667m²产量196.0kg。

4.物候期 节节红板栗在当地3月中旬萌芽，3月下旬展叶，雄花序出现期4月上旬，盛花期5月中下旬，雌花盛花期5月下旬，果实成熟期8月下旬至9月初，落叶期11月中旬。

5.适应性和抗逆性 节节红适应性广，耐旱，抗病虫能力强，耐瘠薄能力良好。自花结实率高，花期遇连阴雨坐果率仍很高。适宜长江流域及以南地区栽培。

【紫珀】（见彩版22图13-2）

选育单位：河北省遵化市林业局

1.选育经过 1988年在河北省遵化市北部栗产区开展群众性报种、评选新品种工作，栽植在西三里乡北峪村的1株39年生实生板栗树因其树姿开张、树冠紧凑、结果母枝连续结果能力强、丰产稳产性好、栗果品质优而入选。经过3年鉴定确定为优良单株，经5年综合比较鉴定后，复选为优良品系。在决选圃，经5年综合比较，证实该优良品系结果早、丰产稳产、品质优、适合矮化密植栽培，决选为新品种，命名为紫珀。2003年12月通过河北省科学技术厅组织的专家鉴定，2004年11月通过河北省林木品种审定委员会审定。

2.果实经济性状 紫珀栗苞为扁圆形，刺束密且硬度中等，刺长1.31cm；皮厚0.23cm，成熟时呈一字或十字开裂。坚果扁圆形，单粒重8.8～10.1g。果皮深褐色，有光泽，茸毛少。据北京林业大学分析，紫珀果实含水量49.73%，淀粉含量38.26%，维生素C含量308.7μg/g，脂肪含量0.92%。

3.生长结果特性

（1）生长特性 紫珀母树生长在遵化市西三里乡北峪村山脚坎坡地上，为39年生树，其冠幅5m×6m，连续3年结果母枝与总枝数的

82.8%，年平均株产36.0kg，且稳产。幼树生长势强，树冠扩大快，结果后树势由强转壮。

（2）结果特性　在野瓠山调查11年生紫珀嫁接树，紫珀平均每个结果母枝抽生果枝3.0条，果枝率71.3%，每个果枝所结栗苞数2.31个，每个栗苞所结果粒数2.48粒，结果系数170.1［结果系数=（果枝数/结果母枝）×（苞数/果枝）×（果粒数/栗苞）×（单粒重/果数）］。

（3）丰产能力　1997～2002年，板栗新品种紫珀栽植在大屯决选圃。该圃为山地，土壤瘠薄，砧木4年生，定植行株距4.5m×2.5m，经调查紫珀5年生平均株产2.62kg。1993年秋在冯庄子定植实生苗建立密植试验园，1995年嫁接紫珀，1996～1998年3年平均每667m^{2}产量为106.1kg。

4.物候期　在河北省遵化市，紫珀4月下旬萌芽，5月初展叶，6月上中旬雄花初花期，6月中旬盛花期，6月19日雌花出现，8月上旬栗苞膨大期，8月中旬果实膨大期，9月中旬果实成熟，10月下旬落叶。

5.抗虫性　由于紫珀适宜短截修剪，可避开栗瘿蜂危害。对蛀果害虫有抗性，2002年在遵化市冯庄子试验园，调查5个品种对蛀果害虫的抗性，结果表明，紫珀虫果率最低，紫珀对蛀果害虫抗性最强。

【莲花栗】（见彩版23图13-3）

选育单位：山东农业大学科技学院

1.选育经过　1994年，在山东省泗水县张庄乡山地栗园发现了1株实生板栗树为短枝型、大果粒，选为优良单株（代号SZ–1）。通过对其主要性状系统研究，于1997年复选为优良品系。随后定植苗木建园，并高接在2～4年生实生板栗树上，试验结果表明该优良品系果粒大、品质优、树冠矮化等性状稳定。2001年4月通过山东省科学技术厅鉴定并定名为莲花栗，2002年7月获山东省林业局科技进步一等奖。

2.果实经济性状　总苞椭圆形，长11.1cm、宽9.9cm、高9.2cm，皮厚2.6mm，刺束中密，长度为1.5cm，出实率43%。果粒椭圆形，平均单粒重19.5g，果粒重在现有板栗短枝型品种中最大；果皮紫褐色，果面光滑美观；底座中大，坚果接线月牙形，边果底座宽1.49cm，外侧面弧长5.14cm。内种皮易剥离，果肉黄色，质地细糯，风味香甜，坚果品质上等。果肉含水量52.1%，可溶性糖含量15.1%，淀粉含量68.9%，蛋白质含量10.2%，脂肪含量2.0%，较耐贮。

3.生长结果特性　树冠矮小、紧凑，是短枝型品种，6年生树树高2.43m，冠幅2.98m×2.98m，干径11.4cm，节间长1.6cm，结果母枝长19.1cm，结果母枝粗0.84cm，枝皮率44.16。母树平均每结果母枝抽生果枝1.6个，每果枝结苞1.5个，每栗苞结果2.6个，结果系数121.7。

幼树开始结果早，丰产，4年生实生砧多头改接树，第2年开花结果株率58.3%，平均株产0.6kg；第3年全部结果，平均株产2.1kg；第6年平均株产7.9kg，每667m^{2}产量440.3kg，每平方米树冠投影面积产坚果1.13kg。出实率43%，空苞率4.7%，未发现大小年结果现象。

4.物候期　在山东省泗水县，莲花栗3月下旬萌芽，4月上旬展叶，盛花期5月下旬，且雌雄花期基本一致，果实9月中下旬成熟，9月18～22日总苞开裂。11月中旬落叶。

5.适应性和抗性

（1）适应性　在山东省泗水、曲阜、泰安、长清等地试栽结果表明，不论山地、丘陵均表现出该新品种的优良特性，而且耐旱性强。在山东省日照市的沿海和临沂市临沭县的河滩地均生长结果良好。但莲花栗栽培在贫瘠土地或遇到干旱年份，果实显著变小，应切实加强肥水管理，修剪上严格控制结果母枝，目前看适宜在山东主要栗产区推广。

（2）抗性　2000年6月，山东省泰安试验区板栗红蜘蛛发生严重，对照品种石丰和蒙山魁栗的虫害指数分别是45.6和42.2，而莲花栗虫害指数只有25.6。在长清试验区，近年来实生栗和金丰栗有栗疫病发生，而莲花栗未发生过栗疫病。

【遵玉】（见彩版23图13-4）

选育单位：河北省遵化市林业局

1.选育经过 板栗新品种遵玉是以燕山魁栗作母本、垂栗2号作父本杂交育成。1994年进行杂交，1995年播种杂交种子。1997年初选出优良单株（代号为：良繁5），并嫁接观察，1998年进行品种对比试验（复选），1999～2000年进行多点嫁接中间试验观察（决选），2001～2003年开始在河北省北部、东北部的燕山山脉地区进行生产试栽。2004年11月通过河北省林木品种审定委员会审定，并开始在上述地区大面积推广。

2.果实经济性状 栗蓬椭圆形，中等大，刺束较稀，刺长0.6cm左右，斜生，一字开裂或十字开裂，平均出实率40.0%左右。果粒椭圆形，平均粒重9.7g左右，果粒外观整齐均匀，紫褐色，色泽光亮，茸毛少；肉质细腻、性糯，香味浓，风味甜。干物质含量51.72%，总糖含量37.91%，淀粉含量40.28%，脂肪含量2.75%，维生素C含量252.8μg/g，除淀粉含量外，各项营养物质含量指标均高于母本品种燕山魁栗（干物质48.81%、总糖36.82%、淀粉42.14%、脂肪1.20%、维生素C含量252.7μg/g）和遵化短刺等生产中主要栽培的优良品种。

3.生长结果特性 板栗新品种遵玉树冠紧凑、矮小，7年生母树树高2.85m，干径15.12cm，冠幅4.40m×4.05m。嫁接树3年生树高、干径、冠径分别为1.85m、4.61cm、1.63m。遵玉嫁接在2年生砧木上，接后第2年平均单株结蓬28.5个，第3年平均单株结蓬82.3个，折合株产1.79kg，按栽植行株距为2m×2m计算，折合每667m^2产量297.1kg。

遵玉平均果枝率为71.1%，每个结果母枝可抽生结果枝3.2个，平均每个结果枝结蓬2.9个，平均每个栗蓬出坚果2.67个，结果系数（结果母枝抽生果枝数×平均每个果枝结蓬数×平均每个栗蓬出果粒数×单果重）为240.3，丰产能力较强。遵玉有二次结果特点，如果全树的结果母枝全部进行短截修剪，其平均果枝抽生率为35.7%，平均单株结蓬39.1个，折合株产0.79kg，这一特殊性状极适于应用短截修剪，十分便于修剪控冠。

4.物候期 在河北省遵化地区，遵玉4月中下旬萌芽，4月底至5月初展叶，5月中旬至5月底为新梢速长期（幼旺树新梢生长可延续到8月上旬），6月12日左右为雄花开放盛期，6月18日雌花进入开放盛期。8月上旬栗蓬进入迅速发育期，8月下旬至9月上旬为果实迅速膨大期，果实9月18日左右成熟，10月下旬至11月上旬落叶。

5.抗逆性和适应性 多点试验及大范围中间试验结果表明，板栗新品种遵玉无论在山地、沙地及平地均未发现特殊病虫害，均表现出良好的适应性和抗逆性。

【丽抗】（见彩版23图13-5）

选育单位：山东省莒南县林业局 莒南县洙边镇果茶站 莒南县洙边镇林业站

1.选育经过 1994年秋，在山东省莒南县洙边镇东黄埝村发现坚果平滑光亮、树体抗逆性强（尤其是叶片抗红蜘蛛）、早果、高产、稳产的优良母株（编号为东黄埝1号）。通过8年的试栽和品种对比鉴定，东黄埝1号优良性状表现稳定，在坚果商品性状、植株抗旱、耐瘠薄、叶片抗红蜘蛛等方面明显好于对照品种石丰，2002年12月通过专家鉴定并定名。

2.果实经济性状 栗蓬中大，近圆形，蓬刺较短，长1.2cm，排列较紧密。坚果近圆形，饱满整齐，平均单粒重11.2g，色泽深褐而均匀，果面光滑，无纵棱突起，美观亮丽，商品性状优良。坚果皮薄，易剥离，果肉细糯香甜，适于炒食。坚果抗烂果病，极耐贮藏和运输。鲜果含蛋白质4.46%、脂肪1.30%、淀粉33.07%、总糖5.80%、锌5.8μg/g、钙20.4μg/g。

3.生长结果特性 树冠较大，生长势旺盛，8年生树平均冠径3.1m，干周31.5cm，结果母枝平均长26.5cm、粗0.5cm，果前梢长4.7cm，果前梢有饱满芽3.5个；每个母枝抽生果枝2.3条，每个果枝结板栗蓬2.0个，每蓬有坚果2.2粒；蓬皮薄，为0.14cm，出实率43%。采用实生苗建园，种子播种的行株距为3m×3m，第3年春嫁接板栗新品种丽抗，嫁接苗于嫁接后第2年开始结果，第3年株产1.8kg，每667m^2产量133.2kg；嫁接后第5年株产3.7kg，每667m^2产量273.8kg；嫁接后第8年株产5.86kg，每667m^2产量433.6kg，树冠每平方米投影面积产坚果0.91kg。

4.物候期 在山东省莒南县，丽抗萌芽期在4月下旬，展叶期为5月上旬，雄、雌花开放盛期在6月下旬，栗蓬迅速膨大期为8月中旬至9月中旬，9月下旬果实成熟，11月中旬落叶。

5.抗逆性 板栗新品种丽抗的抗性较强。抗旱、耐瘠薄，2002年莒南县遭遇特大旱灾，建于瘠薄丘陵地的丽抗试验园，其板栗树生长结果良好。板栗红蜘蛛是莒县栗产区的主要害虫，干旱年份严重影响板栗的产量和质量，通过多年对果前梢叶片虫口密度和落叶后越冬害虫基数调查，丽抗板栗红蜘蛛虫口密度较石丰少33.7%，表现叶色深，"大芽"数量多且饱满，果前梢不易枯死。抗烂果病，2000年秋季降雨较多，其他板栗品种在坚果近成熟时，于刺苞开裂前后出现坚果烂顶现象，有的板栗品种的坚果失去商品价值，如石丰、玉丰、烟青等品种坚果烂果率10%左右，没发现丽抗坚果有烂果病发生。

【辽栗10号 辽栗15号 辽栗23号】（见彩版23图13-6）

选育单位：辽宁省经济林研究所

1.选育经过 辽栗10号（9210）母本为丹东栗，父本为板栗；辽栗15号（915）、辽栗23号（923）母本为丹东栗，父本为板栗与日本栗。3个新品种分别于1980年在本所品种园杂交，1992年选出优良单株，经扩繁建立无性系复选，1996年进行决选，2002年9月由辽宁省林木良种审定委员会与辽宁省科技厅组织良种审定与命名。

2.品种简介

(1) 辽栗10号 树姿较开张，枝干表皮具较大白色皮孔。坚果三角状卵圆形，褐色，果面光亮，涩皮较易剥离，果肉黄色，较甜，有香味。辽宁省凤城地区，嫁接树第2年，结果株率90%以上，嫁接树4～6年生平均株产5.3kg，平均苞内粒数2.4粒，平均单果重18.9g，出实率65.7%，9月下旬成熟。抗栗瘿蜂能力与抗寒性较强。

(2) 辽栗15号　树姿直立，树冠圆头形，早期丰产性强，适于密植栽培。坚果椭圆形，红褐色，有光泽。辽宁省凤城地区，2年生嫁接树结果株率在85%以上；嫁接树4～6年生平均株产3.7kg，平均苞内粒数2.5粒，平均单果重15.2g，出实率47.4%，9月中旬成熟。抗栗瘿蜂能力与抗寒性较强。

(3) 辽栗23号　树姿较直立，树冠圆头形，早期丰产性强，适于密植栽培。坚果椭圆形，浅褐色，果面有少量短茸毛。辽宁省凤城地区，嫁接树第2年结果株率90%以上，嫁接树4～6年生平均株产4.0kg，平均苞内粒数2.0粒，平均单果重14.7g，9月中旬成熟。抗栗瘿蜂能力与抗寒性较强。

十四、榛子

【辽榛3号】（见彩版23图14-1）

选育单位：辽宁省经济林研究所

1.选育经过 辽榛3号（原代号84−226）是辽宁省经济林研究所以平榛（*Corylus heterophylla*）优良单株作母本、欧洲榛（*Corylus avellana*）实生优良单株的混合花粉作父本，远缘杂交育成。1984年杂交，1985年春季播种。代号为84−226的杂交单株于1988年开始结果，1989年选为优良单株，1995年开始将包括84−226在内的24个优良单株分别在大连、沈阳、鞍山、抚顺等地开展品种比较与区域试验。经过多年观察分析，将优良单株84−226复选为优良品系。2006年11月通过辽宁省林木良种审定委员会审定，命名为辽榛3号。

2.坚果经济性状 辽榛3号果苞坛状，浅绿色，表面有浅绿色刚毛，果苞长度中等。坚果椭圆形，三径平均值2.18cm，平均单果重为2.9g；棕红色，具浅沟纹，果壳表面茸毛量中。果壳薄，壳厚1.15mm。果仁大，单个果仁重1.38g。果仁饱满，有香味，风味好，品质优良。出仁率为47.6%。脂肪含量56.2%，蛋白质含量21.5%。

3.生长结果特性 辽榛3号生长势强壮，树冠紧凑。6年生树高为2.43m，新梢长为55.70cm，新梢粗度为0.68cm。辽榛3号苗木定植后，第3年开始结果，平均簇结实粒数为2.82个，簇坐果率为77.0%。

6年生树每平方米树冠投影面积产量为870.0g，其盛果期树每667m^{2}产量150.0kg以上，丰产性强，产量级别为5级。

4.物候期 在辽宁省大连地区，辽榛3号3月中下旬雌、雄花开花，4月上旬芽萌动，11月上旬落叶，全年生长期为210～220天。在沈阳地区，辽榛3号3月中下旬雌、雄花开花，3月下旬到4月上旬芽萌动，10月中旬落叶，全年生长期为180～195天。在大连、沈阳，5月下旬子房开始膨大，8月上中旬果实成熟，果实发育期75天左右。

5.适应性与抗逆性 辽榛3号适应性强，适合在土壤pH值8.0以下各类型土壤栽培，在土层深厚地块种植，树体发育健壮，营养生长快，产量高，果仁品质优。

辽榛3号抗寒性强，在沈阳、抚顺栽培无冻害。辽榛3号适合在辽宁省抚顺以南地区推广应用。

辽榛3号存在的缺点是结实量大时，果实不整齐。

【辽榛4号】（见彩版23图14-2）

选育单位：辽宁省经济林研究所

1.选育经过 辽榛4号（原代号85-41）是辽宁省经济林研究所以平榛（*Corylus heterophylla*）优良单株作母本、欧洲榛（*Corylus avellana*）实生优良单株的混合花粉作父本，远缘杂交育成的榛子新品种。1985年杂交，代号为85-41的杂交单株于1988年开始结果，1989年选为优良单株，1995年开始将包括85-41在内的24个优良单株在大连、沈阳、鞍山、抚顺等地开展品种比较与区域试验。经过多年观察分析，将优良单株85-41复选为优良品系。2006年12月通过辽宁省林木品种审定委员会审定，命名为辽榛4号。

2.坚果经济性状 辽榛4号果苞坛状，绿色，表面有浅绿色刚毛，果苞中长。坚果圆形，平均单果重2.5g。黄色。果壳厚1.05mm。果仁大，单个果仁重1.15g。烘烤后内种皮易脱落，适宜食品加工，果仁饱满，有香气，风味好，品质优良。出仁率46%。脂肪含量55.9%，蛋白质含量17.4%。

3.生长结果特性 辽榛4号生长势中庸，树冠开张。6年生树高为2.30m，冠幅1.85m×1.85cm。1年生枝长为64.1cm，粗为0.67cm。辽榛4号苗木定植后，第3年开始结果，平均簇结实粒数2.18个，簇坐果率为78.57%。6年生树每平方米树冠投影面积产量为395.3g，其盛果期树每667m^{2}产量200kg以上，丰产性强。

4.物候期 在辽宁大连地区，辽榛4号3月中旬雌、雄花开花，4月上旬芽萌动，11月上旬落叶，全年生长期为204～210 天。在沈阳地区，辽榛4号3月中下旬雌、雄花开花，3月下旬到4月上旬芽萌动，10月中旬落叶，全年生长期为180～195天。

在大连、沈阳，5月下旬子房开始膨大，8月上中旬果实成熟，果实发育期80天左右。

5.适应性与抗逆性 辽榛4号适应性强，适合在土壤pH值8.0以下各类型土壤栽培，在土层深厚地块种植，树体发育健壮，营养生长快，产量高，果仁品质优。

辽榛4号抗寒性较强，在大连、沈阳冻害级别分别为0、1。辽榛4号适合在年平均气温9℃以上地区推广应用。

辽榛4号存在的缺点是结实量大时，果实大小不整齐。

【辽榛2号】（见彩版23图14-3）

选育单位：辽宁省经济林研究所 北京林业大学

1.选育经过 辽榛2号（原代号84－524）是辽宁省经济林研究所以平榛（*Corylus heterophylla*）优良单株作母本、欧洲榛（*Corylus avellana*）实生优良单株的混合花粉作父本，采用远缘杂交育成。1984年杂交，1985年春季播种，代号为84－524的杂交单株于1988年开始结果，1989年选为优良单株，1995年开始将包括84－524在内的24个优良单株在大连、沈阳、鞍山、抚顺等地开展品种比较与区域试验。在品种比较与区域试验期间，对优良单株84－524的坚果品质、产量、物候期、树体生长发育、越冬性进行了调查评价，将优良单株84–524复选为优良品系。该优良品系于2006年12月通过国家林业局林木品种审定委员会认定，命名为辽榛2号。

2.坚果经济性状 辽榛2号果苞杯状，绿色，表面有浅绿色刺毛，果苞较长。坚果矮圆形，三径平均值1.95cm，平均单果重2.6g，棕色。果壳薄，果壳厚度1.10mm。果仁大，单仁重1.11g。果仁饱满，有香味，风味好，品质优良。出仁率43.19%，脂肪含量53.9%，蛋白质含量21.0%。

3.生长结果特性 辽榛2号生长势较弱，6年生树树高为2.12m，冠幅1.30m×1.30m。1年生枝长63.20cm，粗0.61cm。辽榛2号苗木定植后第3年开始结果，平均簇结实粒数2.91个，每簇多坐3、4个果；簇坐果率为76.4%。6年生树每平方米树冠投影面积产量为900.0g，其盛果期树每667m^{2}产量150kg以上，丰产性强，产量级别为5级。

4.物候期 在辽宁省大连地区，辽榛2号3月中旬雌、雄花开花，4月上旬芽萌动，11月上旬落叶，全年生长期为204～210天。在沈阳地区，辽榛2号3月中下旬雌、雄花开花，3月下旬到4月上旬芽萌动，10月中旬落叶，全年生长期为180～195天。

在大连、沈阳，5月下旬子房开始膨大，8月中下旬果实成熟，果实发育期90天左右。

5.适应性和适栽地 辽榛2号适合在土壤pH值8.0以下各类土壤栽培，在土层深厚地块种植，树体发育健壮，营养生长快，产量高，果仁品质优。

抗寒性较强，在大连、沈阳、抚顺冻害级别分别为0.5、1.5、1.5，而对照品种薄壳红的冻害级别分别为0、0、0.25，对照品种平榛（G–80–0452）冻害级别分别为0、0、0.5。辽榛2号适合在年平均气温8℃以上地区推广应用。

辽榛2号存在的缺点是结实量大时，果实大小不整齐。

【辽榛1号】（见彩版23图14-4）

选育单位：辽宁省经济林研究所

1.选育经过 辽榛1号（原代号84–349）是辽宁省经济林研究所以平榛（*Corylus heterophylla*）优株作母本、以欧洲榛（*Corylus avellana*）实生优株的混合花粉作父本，采用远缘杂交育成。1984年杂交，1985年春季播种。代号为84–349的杂交单株于1988年开始结果，1989年选为优良单株，1995年开始将包括84–349在内的24个优良单株分别在大连、沈阳、鞍山、抚顺等地开展品种比较试验与区域试验。经过多年观察分析，将优良单株84–349复选为优良品系。2006年12月通过辽宁省林木良种审定委员会审定，命名为辽榛1号。

2.坚果经济性状 辽榛1号果苞坛状，浅绿色，表面有浅绿色刚毛，果苞较短。坚果椭圆形，三径平均值为2.18cm；平均单果重为2.6g。果壳黄色，具浅沟纹，果壳表面多茸毛，果壳厚1.10mm。单个果仁重1.04g，果仁饱满，有香味，风味好，品质优良。出仁率为40.0%；脂肪含量为50.7%；蛋白质含量为21.5%。

3.生长结果特性 辽榛1号生长势中庸，树冠紧凑。6年生树树高为2.24m，冠幅为1.65m×1.65m。新梢长50.00cm；新梢粗0.61cm。辽榛1号苗木定植后，第3年开始结果，平均簇结实粒数为2.78个，簇坐果率为67.4%。6年生树每平方米树冠投影面积产量为820.0g，其盛果期树每667m^2产量150.0kg以上，产量级别为5级。

4.物候期 在辽宁大连地区，辽榛1号3月中旬雌雄花开花，4月上旬芽萌动，5月下旬子房开始膨大，9月上旬果实成熟，果实发育期90天左右，11月上旬落叶，年生育期为204～210天。

在沈阳地区，辽榛1号3月中下旬雌雄花开花，3月下旬至4月上旬芽萌动，5月下旬子房开始膨大，9月上旬果实成熟，果实发育期90天左右，10月中旬落叶，年生育期为180～195天。

5.适应性与抗逆性 辽榛1号适应性强，适合在pH值8.0以下各类型土壤栽培，在土层深厚地块种植，树体发育健壮，生长快，产量高，品质优。

辽榛1号抗寒性强，在大连、沈阳、抚顺冻害级别为0、1.5、1.5，而对照品种薄壳红的冻害级别分别为0、0、0.25，对照品种平榛（G−80−0452）冻害级别分别0、0、0.5。辽榛1号适合在年平均气温8℃以上地区推广。

辽榛1号存在的缺点是，结实量大时，坚果大小不整齐。

十五、柑橘

【少核红橙】（见彩版24图15-1）

选育单位：广东省农业科学院果树研究所　广东省廉江市农业局

1.选育经过　1979年1月从红江橙树上剪取成熟秋梢，去叶后用$^{60}Co-\gamma$射线照射处理，辐射处理结束后，将接穗单芽嫁接，培育为结果树。1987年1月，从辐射处理接穗所长成树上剪取接穗，再次用$^{60}Co-\gamma$射线照射处理。辐射处理结束后，再次以单芽嫁接繁殖。

1988年初，从1987年1月辐射处理接穗所嫁接的47株苗木上，剪取具有表型畸变的枝条作为接穗，高接到广东省农业科学院果树研究所柑橘园。1988年冬从这些高接树上剪取接穗并嫁接育苗，所繁殖的2 100株苗木于1989年5月定植在广东省廉江市红壤坡地果园。1991年，这批苗木开始结果，经过鉴定初选出综合性状较好的4个少籽突变株系。经过了连续3年的观察，编号为3–9–15变异单株所结果实种子较少，丰产性稳定，果实品质保留了原来母本红江橙的优良特性，复选为新品系，并开始生产试栽。生产试栽结果表明，新品系3–9–15在不同试栽地表现出果实少籽性状稳定、结果早、丰产、果实大小和品质与母树相当。2007年12月通过广东省农作物品种审定委员会品种登记。

2.果实经济性状　果实近圆球形，纵横径6.2cm×6.4cm。平均单果重136.0g，与原品种红江橙相差不大。果皮橙红色，光滑，油胞较密。果肉深橙红色，汁液多，化渣，风味浓郁。种子子叶白色，多胚。可溶性固形物含量13.2%，全糖含量10.29%，酸含量0.77%，维生素C含量362.0μg/g，与原品种红江橙基本相同。

少核红橙单果种子数在不同试栽地和不同年份稍有差异，单果有种子2.9～3.4粒，原品种红江橙一般单果有种子16.3～18.4粒。

3.生长结果特性　少核红橙生长结果特性与原品种红江橙基本相同。幼树在适宜的气候环境和良好的栽培条件下，1年可抽梢4～5次。苗木栽植后第3年可试投产，株产6.6～7.5kg，丰产性较好，与红江橙的早结丰产性无明显差异。

4.物候期　在广东省中南部地区，少核红橙于2月春梢开始萌动，并形成花蕾，3月上中旬盛花，3月下旬至4月上旬谢花，4月上中旬第一次生理落果，4月下旬至5月上旬开始第二次生理落果。果实成熟期为12月中旬至来年1月上旬，果实发育期250～270天。

5.适应性与抗逆性　少核红橙的区域适应性与甜橙相似，少核红橙品质风味最佳的栽培区域为广东省西南部沿海及其附近地区，这些地区栽培的果实高糖低酸风味浓。栽培在广东省中部以及东部的其他地区的果实则高糖中酸皮色深橙红色。

抗逆性与对照品种红江橙相似，在台风高发区域，要注意防治柑橘溃疡病。在育苗和整个栽培环节中，均要注意预防和控制柑橘黄龙病。

【春橙1号】（见彩版24图15-2）

选育单位：广西农业科学院园艺研究所

1.选育经过　1995年3月从湖南省湘西州国家农业部品种资源圃引进甜橙（品种名称不详）接穗，繁育苗木。1998年结果，1999年发现有1个单株所结果实的成熟期是2月，其他单株果实成熟期是11月中、下旬，该单株果实成熟期比其他单株晚2个多月，成熟果为橙红色，而且该单株树势壮旺，在相同管理水平下抗逆性强，不因大量挂果而引起树势衰退现象，选为优良单株。2000年扩繁并详细观察，经2002～2004年连续3年观察鉴定，发现该单株性状稳定。此后嫁接繁育三代苗，并分别在宾阳、来宾、百色、武鸣进行多点试种，经过2006～2008年连续3年观察，并于果实成熟期聘请专家进行现场测产和品种鉴评，确认该单株果实成熟晚、品质优良、丰产稳产，性状稳定，选为新品系，同年以春橙1号品种名称申请新品种登记，2008年获得广西壮族自治区农作物品种登记证书，审定编号：桂审果2008005号。

2.果实经济性状 果实近圆球形，果实横径7.19cm、纵径6.52cm。果个中等大，单果重150.0～220.0g，果皮橙红色，鲜艳有光泽，光滑，果顶无明显印圈。果皮薄，厚度为0.25～0.28cm。每个果实中种子数量为14～16粒。果肉橙黄色，果肉细嫩、化渣，风味甜酸适中，品质上等。可溶性固形物含量和全糖含量分别为11.50%～13.50%、10.25%，柠檬酸含量为0.81%。春橙1号果实可食率73.6%。

3.生长结果特性 春橙1号生长势壮旺，树势较强，4年生树龄平均树高1.73m，冠幅1.55m×1.55m，干周14.5cm，分枝多。嫁接苗木定植后一般第2～3年开始结果，4年生树平均单株挂果98.6个，最多单株挂果152个，平均株产16.2kg，第5年进入盛产期，平均株产25～50kg。

4.物候期 在广西南宁，春橙1号春梢萌动期为2月上旬，现蕾期为2月中旬，初花期3月下旬，花期持续12～15天。夏梢抽生期为5月中旬，秋梢抽生期为8月中、下旬。果实着色期为10月下旬，果实成熟期2月上旬，最佳收获期2月中旬至2月下旬，果实成熟期比红江橙晚80天，比桂夏橙早60天。

5.适宜发展的地区和存在的缺点 春橙1号适宜国内柑橘适栽区种植。由于该品种长势壮旺，枝梢直立性强，幼龄树容易抽生徒长枝，应注意剪除或拉枝，培养开心形树冠。

十六、香蕉

【大丰1号】（见彩版24图16-1）

选育单位：广东省农业科学院果树研究所

1.选育经过　1999年在广东省农业科学院大丰基地从广东香蕉2号优系18–20香蕉组织培养后代中初选出1个优良单株，该优良单株所结的香蕉果指长、产量高，取名大丰1号。选育单位采用组织培养法繁殖该优良单株苗木，先后在广东省东莞市万江、广州市五山进行区域试验，并在广东省东莞万江、广州市番禺、中山市坦洲等地观察其遗传稳定性、丰产性、果实质量、抗逆性等。2004年香蕉新品种大丰1号在广州市增城等地大面积示范种植。于2007年3月通过广东省农作物品种审定。

2.果实经济性状　大丰1号果穗长度为78cm，粗度为123cm；果轴长度56cm，粗度为22.4cm。平均每个果穗有7.6梳，每个果穗有香蕉130～136根，比对照品种广东香蕉2号稍多。大丰1号香蕉比广东香蕉2号大，单果重为157.0g。果指长度比对照品种广东香蕉2号长，平均果指长度为20.9cm；大丰1号果指粗度为11.0～11.2cm，与对照品种广东香蕉2号基本相同。

大丰1号果实可溶性固形物含量20.80%，可溶性糖含量18.03%，蔗糖含量9.87%，还原糖含量8.16%，可滴定酸含量0.28%，风味香甜，品质明显比广东香蕉2号好。大丰1号香蕉果指长大、品质优良是其特点。

3.生长结果特性和物候期 大丰1号株产高于广东香蕉2号，大丰1号株产22.2kg，广东香蕉2号株产19.9kg。在肥水充足、果实发育生长期气温较高时，大丰1号长果丰产的特性更加明显。

在珠江三角洲蕉区，3月种植6～8片叶龄大丰1号组织培养假植苗，9月上中旬抽蕾，12月底至翌年1月下旬可收获，新植蕉生长周期10～11个月；宿根蕉（与新植蕉的）收获周期间隔为8～9个月。

4. 抗逆性和抗病性 大丰1号香蕉的耐寒性稍差，冬季低温期抽蕾，其果穗的下弯生长稍差，建议避开在低温的冬季抽蕾。大丰1号香蕉的抗病虫性与多数香牙蕉品种一样，感4号香蕉枯萎病及叶斑病、黑星病等。

大丰1号香蕉的头梳梳形有时稍差，尤其是果穗喷植物生长调节剂时；断蕾后果穗套双薄膜袋（内窄外阔）防止因果实太重而下坠生长。

【大丰2号】 （见彩版24图16-2）

选育单位：广东省农业科学院果树研究所

1.选育经过 对香蕉主栽品种广东香蕉2号组织培养苗进行筛选，从中选出香蕉品系4–1。2002年从广东省中山市三角镇梁冠祥蕉园种植的香蕉品系4–1中选出大丰2号（原V4–1），母株具有植株较高、果指长、丰产的特点。取其吸芽经繁殖后，在广州市的五山、汕头市的澄海区进行新品系试验，大丰2号表现出果指长、丰产的特点。茎尖培养苗于2004年春在中山市坦洲镇、汕头市澄海区、广州市番禺东涌等地进行试栽（对照品种为广东香蕉2号和巴西蕉），鉴定其遗传稳定性、丰产性、品质、抗逆性等。

2.果实经济性状 大丰2号香蕉第二梳、中间梳与末梳等3梳的平均果指长21.4cm，果指周长11.2cm，单果重167.0g，果柄长3.0cm。后熟果实深黄色。果皮中等厚，香气浓，风味甜，品质优。可溶性固形物含量19.5%，可溶性糖含量14.66%，可滴定酸含量0.26%，维生素C

含量16.0μg/g，可食率70.4%。

3.生长结果特性 大丰2号春季栽植新蕉假茎平均高度为2.5m。叶长221.0cm，叶宽87.0cm，叶形比为2.54。果穗呈圆柱形，长81.0cm，梳形整齐，花轴垂直向下且具几梳中性花（以下裸）。假茎基部周长70.4cm，中部周长48.0cm。株产22.5kg。

4.物候期 在广东省珠江三角洲香蕉产区，3月种植6～8片叶龄的大丰2号香蕉组培假植苗，9月上中旬抽蕾，12月底至翌年1月下旬可收获，新植蕉生长周期10～11个月，宿根蕉与新植蕉的收获周期间隔为8～9个月。

5.存在问题 香蕉新品系大丰2号植株稍高，抗风性稍差，注意立防风桩。另外，大丰2号香蕉果穗梳数较多，收获高档香蕉时要注意疏果，一般每穗留果7～8梳。

十七、荔枝

【贵妃红】（见彩版24图17-1）

选育单位：广西农业科学院园艺研究所　广西钦州市钦北区水果局

1.选育经过　1993年通过群众申报，在广西成片荔枝自然实生树中发现许多优良实生单株。贵妃红是其中之一，其母树在钦州市钦北区贵台镇发现，树龄约40年生，干高1.75m，干周78cm，树高约4.8m，冠幅4.5m×5.2m。贵妃红果个大，外观好，品质优，较耐贮藏，丰产性、稳产性俱佳，2005年1月通过广西壮族自治区农作物品种审定委员审定，并命名为贵妃红。

2.果实经济性状　果实心脏形，果肩一边隆起一边平，果顶钝圆，纵径3.59cm，横径4.24cm，果个大，平均单果重35.4g。果皮鲜红色，龟裂片大、平坦或隆起，龟裂片峰钝尖或钝圆、裂纹浅而果顶深、宽度中等；果实较硬，果皮厚2.3mm，有蜡质，不吸水，较少发生霜疫病。果肉乳白色、半透明，果肉厚，味甜，有香气，果肉质地爽脆细嫩、不流汁；可溶性固形物含量18.7%，可食率73.5%，焦核率46%，种子重量仅占果重的4.6%。果实较耐贮藏，商品果率高。

3.生长结果特性　贵妃红生长势旺盛，枝条粗壮，成枝力强，在桂南地区每年可萌发4～6次梢，易形成自然圆头形树冠。以大造作为砧木的嫁接苗定植后第3年树高1.5m，冠幅2.1m×2.4m，结果母枝数有18

条以上，结果株率达85%，平均株产4.5kg。8年生树树高2.8m，冠幅4.1m×4.4m，平均株产42kg。单株全花期为38～52天，单穗花期为23～32天；每个花序的雌雄花比为1∶1.6左右，雌花坐果率3.2%。较容易成花，无隔年或大小年结果现象，丰产稳产性好。

4.物候期 在广西南部，贵妃红开花期3月下旬至4月中旬。果实成熟期为6月中下旬，果实发育期为74～88天。

5.适应性和抗性 田间观察发现，贵妃红较耐旱和耐瘠薄。此外，贵妃红对荔枝瘿蚊和荔枝瘿螨有较强的抗性，试验期间，植株上基本没有发现荔枝瘿蚊和荔枝瘿螨为害。

贵妃红主要缺点是花序中偏短，花量较大，阴雨天花穗易积水，因此花期雨后要及时摇花防止“沤花”。

【红绣球】（见彩版24图17-2）

选育单位：广东省农业科学院果树研究所

1.选育经过 荔枝新品种红绣球1997年发现于广东省东莞市大朗镇，大朗镇的水平村种植最早，树龄最老，种植较多，附近各镇、村有零星栽培。红绣球在当地又称“大种糯米糍”或“踏死牛”，当地农民误认为是糯米糍，经过调查分析研究，认为该品种性状与糯米糍没有相似之处，不是糯米糍。经调查，初步认为该品种丰产、稳产、果大、色艳、优质、裂果少、果实成熟期晚。2003年通过广东省农作物品种审定委员会审定。

2.果实经济性状 果实短心形，纵径4.20cm，横径4.39cm。果个特大，平均单果重35.0g，最大单果重50.2g，果皮鲜红色，龟裂片乳状隆起，峰钝，裂纹深、窄；缝合线宽、浅；果肩耸起，平，果梗较粗；果顶浑圆；果皮较厚，软。肉质黄腊色，汁液多，有蜜香味，品质优。可溶性固形物含量18.1%～21.5%，总酸含量0.15%～0.20%，果汁中维生素C含量260.0～300.0μg/g。可食部分占全果重的75.0%～80.5%，焦核率70.0%～80.0%，有的年份超过95.0%。耐贮藏。

3.生长结果特性 生长势中等，树势中庸。用怀枝作砧木进行改良合接，成活率80.0%以上，苗木生长正常。有球状、穗状挂果特性，球状结果，最多的1穗可挂34个果，丰产稳产。结果母树花穗较粗壮，特殊气候造成全省荔枝少花，但该品种成花率在80.0%以上，株产高于对照品种糯米糍，7～8年生树株产56kg，同树龄对照品种糯米糍株产34kg。选育单位先后在广东省农业科学院果树研究所种植100株、广州市郊白云区帽峰山果场种植200株、鹤山双合镇种植200株、深圳宝安区种植300株、从化温泉森林公园种植200株，生长结果正常。

4.物候期 开花期4月上中旬，果实成熟期7月上旬。

5.抗性和适宜发展区域 红绣球是抗裂果新品种，其裂果率仅1.5%。目前，通过几年的推广，已在广东全省各地零星栽培，主要有广州、博罗、深圳、惠州、鹤山、肇庆等地。红绣球属于果大、优质少裂、耐贮藏新品种。

十八、龙眼

【桂花】（见彩版24图18-1）

选育单位：仲恺农业技术学院园艺系

1.选育经过 1990年，在广东省台山市红岭种子园进行选种调查，该果园主栽品种为石硖龙眼。发现该龙眼园用圈枝苗种植的第3小区第4行第13株树的1个主枝所结的果粒特别大，且果粒大小均匀，果穗短而紧凑，果肉具有特殊的桂花香味，丰产，选育者将其列为芽变母枝。从1991年起观察与分析芽变母枝及无性繁殖的第1代、第2代树的植物学特征、果实性状、生长结果特性等性状。从该芽变母枝和原品种石硖分别剪取接穗分别繁殖苗木40株，于1991年在该园定植，苗木于1994年开始挂果，经鉴定变异性状稳定。1996～1998年栽植近7hm^2，2005年7月通过广东省科学技术厅组织的成果鉴定，定名为桂花。

2.果实经济性状 连续3年对龙眼新品种桂花和原品种石硖果实性状比较分析。新品种桂花果穗大，且紧凑，单果重10.6～11.2g，果粒大小均匀，果皮光洁，外观好，果实具有特殊的桂花香味。可溶性固形物含量17.82%～17.91%，可食率65.8%～66.3%。经色-质联用分析，在桂花果实的芳香成分中，苯乙醇、薄荷醇和乙酸香茅脂等芳香味是原品种石硖所没有或含量很低的。

3.生长结果特性 根据多年观察，桂花龙眼的花序短，雌花率较高，坐果率高达17.0%。丰产稳产，据广东省台山市红岭种子园记录，该果园7年生桂花和原品种石硖平均株产分别为51.4、50.3kg。桂花龙眼复叶短，节间短，使得树冠内枝叶紧凑成球，树冠外层的透光性好，在一定程度上改善了树冠内膛的光照，树冠内膛结果多。桂花花序短、果穗短，减少了营养消耗。

4.物候期 在广东省台山市，桂花龙眼幼年树1年抽梢5～6次，春梢于2月上旬抽出，夏梢5月上旬至7月底抽出，秋梢8～10月抽出，早冬梢11月抽出。结果树的秋梢第1次在8月中下旬抽出，第2次在9月下旬至10月中旬抽出。开花期与石硖相同，始花期3月15日左右，盛花期4月5～12日，末花期4月25日左右。果实成熟期7月25～30日，熟期比原品种石硖晚约5天。

【东莞三号】（见彩版25图18-2）

选育单位：广东省东莞市农业科学研究中心　华南农业大学园艺学院

1.选育经过 1994年4月杂交，母本为储良，父本为石硖和广西大乌圆的混合花粉。1999年这些杂交苗木开始开花结果，从中选出5个优良单株并逐一编号。2000年春将编号为3号的优良单株嫁接在3年生实生苗上，嫁接苗2003年开始结果，经过鉴定其单果重11.7～16.1g、可食率69.8%左右、果实可溶性固形物含量21.5%，风味甜、口感好，丰产。与父本品种石硖相比，优良性状明显，选为新品系，因该品系在杂交后代中列为3号，因此定名为东莞三号。

2.果实经济性状 东莞三号果实扁圆形，平均单果重为13.7g，单果重接近于母本品种储良（13.0～15.0g/果），比石硖平均值重8.0～9.0g，但不及广西大乌圆；果个大小比较均匀。果皮黄褐色，龟状纹和疣状突起不明显。种子近圆形，棕黑色，单核重1.96g，易离核。果肉黄白色，肉质不透明、脆，表面不流汁，风味清甜。可溶性固形物含量21.0%，最高可达23.5%；鲜果维生素C含量914.2μg/g，可食率71.6%左右。

3.生长结果特性 东莞三号龙眼树冠半圆形，叶片大。生长势壮旺，抽梢能力强，具有速生快长的特点，3月定植的嫁接苗当年可抽梢3～4次，苗木定植后第2年起至投产前，在肥水充足的管理条件下，每年可抽梢5～6次（春梢1次，夏梢1～2次，秋梢2次，冬梢0～1次），结果树1年抽梢2～3次（夏梢0～1次，秋梢2次）。苗木定植第2年冠幅达2.2m×2.4m，部分单株株产达3～6kg，第5年株产达15～20kg，丰产稳产性好。

4.物候期 在广东省东莞，东莞三号龙眼12月底开始进行花芽分化，1月下旬至2月上旬顶芽开始萌动，2月中下旬可见到蟹眼，3月上旬抽出花穗，3月中下旬进入始花期，3月底至4月上中旬为盛花期，4月中下旬为谢花期。4月底至8月上旬为果实发育期，果实成熟期为7月底至8月上旬，属早中熟品种。

5.适应性和抗性 东莞三号龙眼在珠江三角洲地区种植，适应性强，生长势壮旺，对高、低温与水涝干旱等环境胁迫有较强耐受力，1999年年底东莞遇到罕见霜冻和2008年年初遇到的寒害都没有对该品种造成灾害损伤。东莞三号龙眼早结、丰产稳产和较易管理，适宜推广。

【良庆1号】（见彩版25图18-3）

选育单位：广西壮族自治区南宁市水果生产技术指导站
南宁市良庆区农业服务中心

1.选育经过 20世纪80年代末，在广西南宁市良庆区良庆镇坛泽村发现了1株果实综合性状优良、晚熟实生龙眼单株，从该单株采集接穗、繁殖苗木和高接换种栽培试验。1992～2007年对该实生单株母树及第一代、第二代无性系繁殖植株的植物学特征、果实经济性状、生长结果特性、物候期、丰产稳产性等性状进行了田间观察和鉴定，结果表明该龙眼单株遗传性状稳定。2003～2005年通过了初选、复选和决选，2008年5月通过广西壮族自治区农作物品种审定委员会审定，并命名为良庆1号。

2.果实经济性状 良庆1号果穗重350.0～752.0g，果粒分布紧凑均匀，果穗易成穗状。果实近圆形，果实纵径2.63cm，横径2.74cm，平均单果重12.6g。果皮黄褐色，表面较粗糙，龟状纹和疣状突起明显。种子红棕色，种子重1.9～2.1g，种脐边缘皱褶少而浅，易离核。果皮较厚，果肉蜡白色，肉质爽脆，干胞不流汁，半透明，微香，风味清甜，品质上等。可溶性固形物含量 20.76%，可食率69.51%。适宜鲜食和加工。

3.生长结果特性 生长势旺盛，枝条粗壮，发梢力强，在广西南宁地区每年可萌发新梢4～6次，易形成自然圆头形树冠。9年生树高 3.7m，冠幅5.3m×5.4m。嫁接苗定植后第4年可结果投产，1999～2003年连续5年称量韦寿长果园，其单株产量分别为30.0、35.0、50.0、42.5、37.5kg，不易落果，大小年结果现象不明显，丰产稳产性能好。2007年8月底，广西壮族自治区农作物品种审定委员会专家在坛兴果园测产14年生良庆1号单株产量，其平均单株产量为94.5kg，折合每667m^2产量1 134kg。

4.物候期 在广西南宁市，良庆1号2月底至3月上中旬开始出现花序原基，抽穗期为3月中下旬，始花期为4月上旬，盛花期为4月中下旬，谢花期为4月下旬，花期为25～28天，果实成熟期为9月上中旬。

5.适应性 良庆1号已在广西南宁市良庆、邕宁、武鸣、马山和横县等县、区经济栽培，获得良好效益。广西灵山、大化县等县引种栽培试验表明，良庆1号能够适应当地的环境条件。适合在广西桂南地区种植发展。

【桂明一号】（见彩版25图18-4）

选育单位：广西职业技术学院

1.选育经过 1995 年在石硖龙眼的群体中发现1个单株所结的龙眼，其果实的成熟期比龙眼品种大乌圆晚、果个比龙眼品种石硖大、品质与龙眼品种储良不相上下，经过进一步考察评鉴，确认此单株为晚熟优良变异单株。以后经过连续多年观察、栽植，认为用该单株繁殖的龙眼树表现出母树果实成熟晚、丰产稳产、品质优良，性状稳定。以桂明一号品种名称于2006年申请新品种登记，获得了广西壮族自治区农作物品种登记证书。

2.果实经济性状　果实扁圆形，果个大小均匀，平均单果重13.1g。果实黄褐色，龟裂纹及疣状突起不明显。皮薄，种核重1.9g，粉红色，圆形。果肉乳白色，半透明，易离核，表面不流汁，肉质韧脆，化渣一般，汁液多，风味甜，品质中上等。果实可溶性固形物含量20.4%。平均可食率为72.5%。

3.生长结果特性　桂明一号生长势中等，较容易成花，开花时间较长，较能适应不良的早春气候，坐果率高，果实在树上挂果时间长，且不易落果，果实成熟后不易退糖。丰产稳产性较好，4年生树平均株产11.0kg，5年生树平均株产23.0kg，6年生树平均株产略有降低，2004～2006年（树龄4～6年生）3年平均株产为16.5kg。

4.物候期　在广西南宁市，桂明一号花芽形态分化较早，谢花较晚，花期较长。果实成熟期为9月中旬，果实成熟期比当地主栽品种石硖、储良晚1个月左右，比大乌圆晚20多天。

5.抗性　桂明一号适应性广，抗病虫害能力与主栽品种石硖和储良基本相同，没有发现发生鬼帚病，更耐旱、耐瘠薄。

【友谊106】（见彩版25图18-5）

选育单位：福建省莆田市农业局

1.选育经过　1995年从莆田市涵江区秋芦镇友谊村许品禄龙眼园的龙眼实生群体树中选出1个优良单株，村民称为友谊九月乌、国庆本，1996年母树果实成熟期为10月6日，因此暂定名为96106，1997年更名为友谊106。母树和无性系一代果实参加福建省龙眼晚熟优良单株（株系）评选，专家一致认为母树和无性系果实性状相对稳定，综合性状在所有参评品种和优良单株（株系）中表现突出。2003年9月通过福建省科学技术厅成果鉴定，2004年1月通过福建省非主要农作物品种认定委员会认定。

2.果实经济性状　果穗大，果粒分布紧凑，果粒近圆形或扁圆形，大小均匀，平均单果重15.5g，果皮青褐色，果肩平或微耸，果顶浑圆，厚度0.8mm，疣突较明显。种子侧扁圆形，紫黑色，易离核。果肉厚0.7cm，肉质嫩脆，化渣，不流汁，风味清甜。可溶性固形物含量21.6%，可食率70.6%，维生素C含量904.0μg/g，可溶性糖含量15.4%，还原糖含量6.2%。

在室温（温度26～30℃）、相对湿度80%～88%下贮藏，友谊106鲜果贮藏7天，2/3果面变为褐色。在低温条件下（冰箱5℃）贮藏，友谊106贮藏30天，1/2果面变为褐色。速冻（冰箱-18℃）贮藏，友谊106贮藏15天，好果率74.0%。

1997年9月27日采收的友谊106鲜果1.5kg在烘干箱焙干试验，烘干率为32.2%，烘干的果实凹陷较少，桂圆干的果肉黄色透明，滋味浓甜，耐嚼，品质十分优异。

3.丰产能力　友谊106母树长在山谷南麓梯田边缘，与下梯田高差6.0m，海拔250m，红泥土，果园土壤肥沃。母树每年抽3～4次梢，一般不抽冬梢，有时11月上旬会抽发冬梢。母树1996～2003年平均株产294kg。2002年9月20日，专家组在原莆田县果树研究所龙眼基地现场测定4年生友谊106初结果树产量，每667m^{2}栽植48株，平均株产4.8kg，折合每667m^{2}产量230.4kg。2003年9月18日，专家组在涵江区梧塘镇漏头村王文芳果园现场测定5年生友谊106初结果树的产量，平均每667m^{2}栽植31.4株，平均株产7.6kg，折合每667m^{2}产量238.6kg。据南安市、漳州市、宁德市和云南省永胜县反馈资料表明，嫁接苗定植后第3～4年有产量，5～6年生初结果树每667m^{2}产量在150kg以上。

4.物候期　在福建莆田，友谊106花穗出现时间较当地主栽中熟品种乌龙岭晚5～7天，与松风本、立冬本相近，果实成熟期9月下旬至10月上旬，果实发育期120～125天，成熟期比乌龙岭晚20天左右。

5.抗病性与适应性　2002年5月，原莆田县植保植检站调查原所内基地栽植的200株、江口基地1 000株树，友谊106丛枝病病株分别为2株和16株，病株率为1.0%和1.6%，同园栽植的对照品种乌龙岭病株率为3.0%，松风本病株率为8.3%。

在福建全省龙眼适栽区均可种植友谊106，湿度大、土壤肥沃，避风果园更能充分发挥该新品种优良品质。在生态条件较差或栽培管理粗放的果园，友谊106果实明显变小；久旱遇雨或连降暴雨易发生裂果 果实成熟后应及时采收，否则品质下降。

十九、其他树种

【越橘品种蓝丰】（见彩版25图19-1）

引种单位：吉林农业大学园艺系小浆果研究所

1.品种来源及引种经过 蓝丰（Bluecrop）是1952年美国农业部由（Jersey×Pioneer）×（Stanley×June）杂交育成的品种。在美国、新西兰、德国等国家均为越橘主栽品种。1988年，由美国俄勒冈州国家种质资源库引入枝条，经组织培养扩繁，1995年定植于吉林农业大学小浆果园和松江河林业局果园。经4年观察，于1999年重点扩繁，2000年建立示范基地10hm^2，2001年建立示范基地20hm^2。

2.果实经济性状 果实扁圆形，平均单果重2.5g，最大单果重3g，果实大小较均匀，蓝色，覆一层果粉，果实从顶端开始着色。采收过早，未完全成熟的果实与果柄相连处呈暗红色，影响果实的外观品质。完全着色和未完全成熟的果实切开后，果肉绿色，风味偏酸，影响鲜食口味。完全成熟的果实，果肉淡绿色，酸甜可口。果实完全着色后，5～10天才能完全成熟。果蒂痕小且干。果实成熟后，质地较硬，酸甜适口，具清淡芳香，鲜食风味极佳。采收后常温可贮存15天左右，0～4℃可贮藏2个月。果实可溶性糖含量6.79%，可滴定酸含量1.82%，维生素C含量44.9μg/g，维生素E含量3.8μg/g，色素含量778μg/g，总氨基酸2.55%（占干重）。

3.开花结果习性及物候期　蓝丰为两性花，自然授粉结实率90%以上，配置授粉树可使蓝丰果个增大，并改善其品质。当年生基生枝在年无霜期少于160天的地区（长春地区）不能形成花芽，而在年无霜期160天以上的地区，基生枝秋梢的第5～15节也可以形成花芽，2年生基生枝上抽生的新梢大多可形成花芽，花芽多为顶花芽。果实在结果枝上呈穗状结果，果穗较紧密，果柄与果实易分离。

该品种为中熟品种，在长春地区栽培7月中旬果实开始着色，8月上旬第一批果实完全成熟，即使是同一植株、同一果穗上的果实也是陆续成熟，熟期持续45天以上，应分期分批采收。

4.丰产性和适应性　在年无霜期160天以上地区栽培，定植1年生苗木当年即可形成花芽，第2年株产可达2.5kg，第3年即可进入盛果期。在东北地区由于无霜期短，生长量不足，定植后第3年才开花结果。在温室和塑料大棚内栽培，第2年即可开花结果。一般定植4年后进入丰产期，株产可达5kg，最高株产可达10kg。此后，连年丰产。

蓝丰适应性强，辽宁、吉林、山东、河北等省已引入试栽并结果。向南发展时，要注意满足≤7.2℃ 1 020小时。蓝丰抗寒力强，可抵抗−30℃。长白山冬季雪大地区可露地越冬，但在长春地区因冬季雪少，越冬抽条严重，需埋土防寒。

【黑穗醋栗品种晚丰】

选育单位：黑龙江省农业科学院牡丹江农业科学研究所

1.选育经过　晚丰原代号牡育90-6-16，1990年以寒丰为母本、黑丰为父本进行杂交，1993年杂交苗开始结果，1996年选为优系，1997年开始在黑龙江省黑穗醋栗主产区的海林市山市镇、尚志市帽儿镇、海林市横道河子镇、桦川县悦来镇、牡丹江市温春镇等地进行区域适应性试验。连续5年观察各区试点，牡育90-6-16表现出抗寒、晚熟、丰产等优点，2002年通过黑龙江省农作物品种审定委员会审定，并命名为晚丰。

2.果实经济性状　果穗长6.6cm，单穗重7.9g。果实圆形，纵径

1.18cm，横径1.25cm，平均单果重0.91g，果皮黑色，果肉淡绿色，种子褐色，平均每个果实内含种子29粒。可溶性固形物含量14.6%，维生素C含量1 423.5μg/g。

3.生长结果特性和物候期 树势较强，株丛较大，基生枝萌发较多，每丛基生枝萌发枝量34个，苗木栽后第2年见果，第4年丰产，2～4年生枝均能结果，以2～3年生枝结果为主。自花结实率及自然授粉率均较高，自交花朵坐果率高达58.7%，自然授粉花朵坐果率74.6%，无需配置授粉品种。

在黑龙江省牡丹江地区，4月中旬萌芽，5月初展叶，5月上旬现蕾，5月中旬初花期，5月20日盛花期，花期比对照品种抗寒薄皮晚7～8天，7月下旬果实成熟，10月中旬落叶。

4.抗寒性 从1998年开始连续3年在各试栽点进行越冬不埋土试验，结果表明，无论冬季雪量大小，气温高低，晚丰都未遭受冻害。2000～2001年冬季绝对最低气温达-41.5℃，晚丰翌年仍能正常生长结果。晚丰在黑龙江省越冬不用埋土，可节省大量的防寒用工。

5.抗病性 黑穗醋栗白粉病是危害黑穗醋栗的最主要病害。经各试栽点连续5年调查，在未喷布杀菌剂情况下，晚丰均未发生白粉病。

【枇杷新品种东湖早】（见彩版25图19-2）

选育单位：福建省福州市农业科学研究所 福建省连江县东湖镇

1.选育经过 1986年福建省连江县东湖镇祠台村村民江新官在原耕山队枇杷园中发现优良单株，属实生变异。1993年嫁接繁育苗木，1994年在低丘陵山地共种植约0.3hm²。1998年邀请省、市专家鉴定，并定名为东湖早。2002年4月福州市科技局组织福建省、市有关专家进行评审。

2.果实经济性状 果实近圆形，平均纵横径为5.37cm×5.03cm；单果重50～60g，最大果重110g；果皮橙红色，锈斑少。果皮中厚，易剥离，果肉橙红色，平均肉厚0.64cm，肉质细化渣，味清甜，可食率70.5%以上。可溶性固形物含量10.8%～11.2%，总糖含量6.49%～8.08%，含酸量0.21%～0.36%，果汁维生素C含量56.1～75.7mg/L。每果有种核3～5粒，平均粒重3.3g，裂果少。

3.生长结果习性 东湖早枇杷母树为47年生，树高7.2m，冠幅8.3m×6.4m，干周29cm。东湖早枇杷生长充实的春梢和春梢发育枝上抽生的夏梢，以及采果后自果痕下方抽生的夏梢均可成为结果母枝，初果期春延夏梢占结果母枝比率最大，采果后萌发的夏梢生长充实的亦可成为良好的结果母枝，没有明显的落果现象，坐果率9.5%～11.3%。年抽发新梢4～5次，幼年树可萌发2次夏梢，且冬梢生长较旺；夏梢抽生早，比一般品种早15～20天。

1999～2001年在连江县东湖镇祠台村试验点连续3年在同片5年生果园验收测产，1999年平均株产16.5kg，2000年平均株产20.4kg，2001年平均株产24.8kg，在其他地方试栽也都表现结果早、丰产、稳产。

4.物候期 在福州地区，东湖早枇杷多数枝梢花穗形成期在9月上旬至10月上旬，开花初期在10月上旬至11月中旬，开花盛期在10月上旬至11月下旬，开花末期在10月下旬至12月上旬，终花期在11月上旬至12月上旬，从开花初期到终花期历时10～21天，果实成熟期为3月下旬至4月上旬，比生产主要枇杷品种早熟15～20天以上，果实发育期115～120天。

5.抗逆性和适应性 东湖早枇杷夏梢萌生早，黄毛虫的为害较轻，叶片抗叶斑病的能力较强。果实不易发生裂果、日灼、皱果，果锈、紫斑病均少，在雨水偏多年份，其裂果明显少于解放钟等品种。早熟果抗寒性较强，在1999年大冻害中，东湖早枇杷果实虽遭受一定冻害，仍有50%的果实恢复生长。

【杨梅地方品种桐子杨梅】 （见彩版25图19-3）

选育单位：浙江省三门县林业特产局

1.选育经过 1992年对浙江省三门县松门等地的杨梅地方品种桐子梅开展调查和实地考察，从其实生树中选出3个优良单株，编为01号、02

号、03号。1994年春季每个优株高接3株，经进一步观察鉴定，确定02号为优选品系，同时建立高接换种基地和种植推广基地，经多点试栽观察，该品系优良性状稳定。2000年进行了鉴定，2001年通过浙江省农作物品种审定委员会审定。

2.果实经济性状 果实圆球形，纵横径3.26cm×3.38cm，平均单果重16.0g，最大单果重28.0g，完熟果实紫黑色，外观好，果蒂平，果面整齐，有光泽。果实肉质致密，肉柱较硬，汁液中多，品质上乘，可溶性固形物含量12.2%。果实是加工制罐的原料，果实浸酒或加工罐头，果形保持丰满不变形，色泽、汤汁十分理想。桐子杨梅较耐挤压、翻动，不易破碎出汁。桐子杨梅果实常温条件下贮藏3天，其品质、风味基本不变。

3.生长结果习性及物候期 桐子杨梅1年抽梢2～3次，春梢生长期在4月上旬至5月上旬，6～7月为夏梢生长期，秋梢一般在8～9月抽生；成年强树以夏梢抽发量最大，春梢次之，秋梢少量抽发，春梢往往抽发夏梢二次枝。春梢、夏梢及二次枝只要发育充实，都能形成良好的结果枝，以短果枝结果为主。桐子杨梅结果早，苗木栽植后第5年即可投产，8～9年生进入盛果期，一般株产50～75kg，最高株产达180kg，丰产稳产，母树40多年生仍保持丰产。采前落果少。

在浙江省三门县，桐子杨梅始花期为3月底，盛花期在4月中旬，终花期4月下旬。果实6月17日成熟。

4.适应性 桐子杨梅适应性强，耐瘠薄，抗干旱，在荒山瘠地生长良好。

【杨桃新品种大果甜杨桃1号】（见彩版25图19-4）

选育单位：广西壮族自治区农业科学院园艺研究所　广西钦州市林业局种苗站　广西水果生产技术指导总站

1.选育经过 1986～1990年，我国从马来西亚引入甜杨桃品种B10系列苗木及接穗，苗木按行株距5m×3m定植，接穗高位嫁接在成年树上。1990年，发现引入甜杨桃品种B10中有1株生长势比B10旺，结果比B10早，果实比B10稍大，果顶稍突，而B10为钝圆，成熟果为金黄色，而B10为蜡黄色，果实可溶性固形物明显高于B10，其小叶先端钝尖，而B10为急尖。果实成熟期调查该优良单株产量，并分析果实品质，再经连续2年观察，发现其性状稳定，初选为优良单株，暂定名为92-1。1992～1995年获广西壮族自治区农业科学院立项“杨桃优良品种单株选育”继续进行单株复选和决选。2007年通过广西壮族自治区农作物品种审定委员会审定。

2.果实经济性状 果实长椭圆形，纵径12.8cm，横径8.6cm，敛厚2.2cm，敛高3.3cm，均比对照（原）品种马来西亚B10大。单果也比对照（原）品种马来西亚B10重，平均单果重为221.0g，最大单果重为535.0g。未成熟的果实青绿色、无白斑，成熟果实金黄色，果尖中央微突、钝。果皮薄而光滑，有光泽，有腊质。肉质细、爽脆，纤维少，风味清甜，品质上等，对照（原）品种马来西亚B10品质中等。可溶性固形物含量11.5%，含酸量0.20%～0.35%，较耐贮藏。大果甜杨桃1号果实的外观、内质等经济性状明显优于对照（原）品种马来西亚B10。

3.生长结果特性 大果甜杨桃1号生长势旺，抽梢力强，全年抽梢达5次以上，在广西南宁地区，每年3月中旬开始萌发新梢，到12月中旬止，约269～279天。1年能多次开花期结果，坐果率高，自花结实，不需配植授粉树，亚主枝至成熟枝之间范围的枝条是杨桃最佳的结果部位。经多年观察调查，在广西南宁定植1年后便可形成直径1.3m以上的树冠，并可结果，第2年可正式投产，株产可达15kg，第3年株产达30kg，第4年进入盛产期，株产在50kg以上。

4.物候期 在广西南部，大果甜杨桃1号每年有3～4次花期，即5月中下旬至6月上旬开花，8月中下旬至9月初果实成熟；7月中下旬至8月中旬开花，10月中旬至11月上旬初成熟；10月下旬至11月中旬开花，翌年1月中旬至2月下旬成熟。

5.适应性和抗性 大果甜杨桃1号适宜在广西东南以及类似气候地区栽培。大果甜杨桃1号生长势较旺，其抗叶片赤斑病能力强于对照品种马来西亚B10，适应性强。